Principles of Thermodynamics

Second Edition

II Stability, Phase Transition, Chemical Thermodynamics, Gravity, Statistical and Quantum Mechanics

熱力学の基礎

［第2版］

II

安定性・相転移・化学熱力学・重力場や量子論

清水明［著］

Akira Shimizu

東京大学出版会

Principles of Theormodynamics, 2nd Edition Vol.II:
Stability, Phase Transition, Chemical Thermodynamics,
Gravity, Statistical and Quantum Mechanics

Akira SHIMIZU

University of Tokyo Press, 2021
ISBN978-4-13-062623-1

第2版への序

本書の初版は，幸いにして，学部学生のみならず，大学院生やプロの研究者まで，幅広い層の読者に受け入れていただき，何回も増刷を重ねた．

ただ，もっとも適用範囲が広い形で熱力学を解説したために，その副作用として，わかりにくい箇所もあるというご指摘を受けた．また，タイトル通りに「基礎」は徹底的に解説したものの，具体例や応用は紙数の都合から十分には解説できなかった．たとえば，本書は一次相転移があっても破綻しないもっとも適用範囲が広い論理構成になっていることが特徴であるが，一次相転移の具体例は一成分系しか書いていなかった．しかし，化学はむろんのこと，生物学においても一次相転移に伴う相共存が極めて重要になっているが，それは多成分系の一次相転移である．また，強い重力場のせいで平衡状態の温度が均一でなくなってしまうときにも，温度を前面に出している通常の教科書とは異なり，本書の論理構成ならびくともしないのだが，その具体例を説明していなかった．実用面でも，便利な計算法が付録に回してあって不親切な点があった．

読者の方々から頂戴したフィードバックは，増刷のたびに取り入れてきたが，さすがにこれらの不満点をすべて解消するような変更は，増刷では対応できない．そこで，大幅に改訂・加筆して二巻に分けた「第2版」を上梓することにした．

第I巻は，物理系の標準的な熱力学のカリキュラム（たとえば東京大学教養学部の理科一類向けの「熱力学」）の内容を包含したうえで，そこに不足している要素を加えて論理を再構成して，高い視点から理解できるようにしたものである．初版において説明不足だった点を何ヵ所も改訂し，冗長だった箇所はスリム化したので，初版の該当部分よりもわかりやすくなり，論理も明確になったと思う．

第II巻の半分以上は，今回の改訂で追加したり，大幅に書き直した章である．15章は新たに加えた章で，実用的な計算法を解説した．16章の安定性の議論には15章の計算法をとり入れた．17章の相転移の章は，多成分系の一次相転移などについて大幅に加筆した．18章にも改訂を加えた．19章は新たに加えた章で，化学への応用の基本になりそうな事項を解説した．いわゆる「化学熱力学」の論理的なサポートになればと思う．20章も新たに加えた章で，外場で不均一が生じる系の熱力学について解説し，重力場の影響で平衡状態の温度が一様でなくなる現象も本書の理論体系で自然に論じられることも説明しておいた．21 章にも改訂を加えた．

今回の執筆の際にも，多くの方々に助けていただいた．とくに清水研究室の千葉侑哉氏と米田靖史氏には，たいへんお世話になり感謝に堪えない．白石直人氏や，筆者の講義を受講した金澤貴弘氏ら学生さんからもコメントを頂戴した．羽馬哲也氏と氏の講義の受講生の中の有志である，妹尾梨子，植田大雅，大野智洋，掛川桃李，齊藤孝太朗，徐亦航，曽宮一恵，竹下潤，田中健翔，谷本拓，長嶺直，平岡大和，宮崎出帆，村井亮太，村松朋哉，毛利優希，持田偉行フィッチ，矢野祥睦，山田耀，米倉悠記の各氏も原稿にコメントをくださった．深く感謝したい．また，澄さんには，猫が隠れている素敵な題字を書いていただいた．

なお，出版後に訂正や改良箇所が見つかった場合には，「熱力学の基礎 清水」で検索すればサポートページが見つかるようにしておくつもりである．

本書が，物理，化学，生物，地学，天文学，工学などで活躍される方々のお役に立つことを願っている．

2021 年 2 月

清水 明

はじめに（初版の序）

自然現象は，我々が見るスケールによってまったく違った振る舞いを示し，それぞれのスケールごとに普遍的な理論構造が隠れている．そして，異なるスケールの異なる理論が，深いところで結びついて，壮大な理論体系を成している．このように考える現代的な物理学では，ミクロなスケールの理論の主柱が量子論であり，マクロなスケールの理論の主柱が熱力学である．もちろん，化学や生物学にも熱力学は欠かせない．

このように現代の科学の主柱となっている熱力学だが，昔から，わかりにくい理論だと言われている．プロの物理学者でも，プロになって何年も経ってからようやく熱力学がわかるようになってきたという話をよく聞く（筆者もそうだった）．

そのようにわかりにくい理由は，熱力学の基本的な論理構成が，力学のみならず量子論や統計力学に比べても難しいからだと思われる．その高度な論理を，歴史的な発展を追いながら教えてゆく従来の教科書のスタイルでは，十分に説明できていないのではないか？　歴史は，熱力学を身につけた後で学べばよいのではないか？

そこで本書では，歴史的な発展を追うのではなく，完成した熱力学の姿を最初から示すことにした．それも，適用範囲を限定した妥協した形で示すのではなく，どんな熱力学系にも適用できるような普遍的な理論として提示した．

具体的には，相加変数を基本的な変数にとることによって，相転移があっても破綻しない堅固な論理構成とした（詳しくは1.3節）．さらに，単純系だけでなく複合系にも適用できる一般的な原理を提示した．また，相転移の理解に欠かせないのに従来のほとんどの教科書では解説されていなかった，特異性のある関数のルジャンドル変換を詳しく解説し，それを用いて，既習者の多くが苦手とする一次相転移もきちんと解説した．

このように書くと，何か難しい本のように思われるかもしれない．しかし本書は，東京大学の教養学部の（物理を専門とする学科には進まない学生が大多数の）1年生向けの講義ノートを元にしており，まったくの初学者にも理解できるように懇切丁寧な説明に努めた．その副作用として厚い本になってしまったが，それは説明が丁寧であることと，適用範囲を狭めて簡単化するようなごまかしをしなかった結果である．（薄い本では，内容かわかりやすさかどちらかが犠牲になる！）厚さに怖じ気づくことなく読み進めば，そのことを実感していただけると思う．

最後になったが，本書の執筆にあたり，大野克嗣，小嶋泉，森越文明，小芦雅斗，竹川敦，北野正雄，武末真二，向山信治，早川尚男，弓削達郎，加藤岳生，関本謙，田崎晴明，佐々真一，杉田歩，戸松玲治，堺和光，山本昌宏，畠山温，加藤雄介，原隆，田崎秀一，本堂毅，原田僚，立本貴大，田中晋平の各氏には様々なご教示を頂戴した．筆者の講義を受けた学生諸君の質問や指摘も有益だった．また，教科書の薄さを競う昨今において，東京大学出版会の岸純青氏は，このような厚い本の出版を推進してくださった．この場を借りて皆様に感謝したい．

なお，出版後にミスプリントなどが発見された場合は，http://as2.c.u-tokyo.ac.jp（「清水研」で検索しても見つかる）に公開してゆくので，利用していただきたい．

2007 年 2 月

清水 明

本書の読み方

- 本書はやや厚いですが，それは丁寧に説明しているためです．ですから，**斜め読みをしないできちんと読めば**，スムーズに理解できると思います．
- ♠ の付いた項目はやや難しいので，**初めて熱力学を学ぶ人は読む必要はありません**．興味がある場合は，いったん読了してから戻って読んでください．物理学科の 4 年生ぐらいまでに習う知識を前提にしている項目も含まれるので，**1〜2 年生の段階ではわからなくても気にしなくていい**です．
- ♠♠ の付いた項目は，さらに難しいか，詳細な議論です．特に興味があるか，研究に役立てたい読者向けの内容です．
- 脚注は，本文を読んでいて疑問がわかない限り，初学者は読む必要はありません．脚注とはそういうものです．
- 本書の練習問題をすべて解き終えた人は，市販の演習書を買う前に，本書の内容を手で隠して，その内容を自分で反復できるかどうかテストしてください．これは，決して**暗記せよという意味ではない**です．むしろそれとは正反対で，**自分で論理を組み立てられるようになれ**，ということです．具体的には，本書の記述のとおりでなくて良いから，それと内容的に同じ事を，自分自身の頭で論じられるかどうかをテストするわけです．これは，熱力学とか量子論のようなとっつきにくい学問を修得するための**最も効果的な勉強法**です．
- それでも時間が余って仕方がない人は，市販の演習書（たとえば参考文献[5]）の問題を解くのもいいでしょう．しかし，上記を怠っていきなり演習書に手を出すのは，最悪です．
- **用語や記号は本によって違う**のが常識ですから，1.4 節に目を通してから読むことを勧めます．

教員の方へ

- 初めて熱力学を学ぶ学生向けに，半年間で講義する場合は，1 章から 14 章まで（または 16 章まで）を，♠ や ♠♠ の付いた項目を飛ばして講義するとよいと思います．東京大学の例で言えば，これで教養学部理科 I 類の 1 年生向けのシラバスの内容をカバーした上に，様々な「表示」の関係などの，シラバスには含まれない有用で一般的な内容も教えることができます．

- 化学熱力学を教える場合には，上記に加えて 16 章，17 章，19 章を（やはり ♠ や ♠♠ の付いた項目を飛ばして）教えれば，標準的なシラバスの内容を十二分にカバーして高い視点から教えることができます．

- 講義の際には，詳細な議論はテキストに書いてありますから，**要点だけを講義すればよい**と思います．上記の範囲のページ数を，講義の総コマ数で割り算したページ数だけ 1 コマで進むことになりますが，筆者の経験では，それでまったく無理なく講義を進めることができています．

- 講義と並行して演習の時間があると理想的ですが，（東京大学のように）それが設けられていない場合には，毎回レポート問題を（本書の練習問題の中からでも構いませんから）出して，各回の講義の内容を，学生に着実に理解させるようにお願いいたします．

- 当然のことではありますが，復習を欠かさないように学生に強く言ってあげてください．本書は，最小限の仮定（要請）から様々な結果を導き出してゆくスタイルですから，とりわけ復習が大事です．

目　次

第 2 版への序 iii

はじめに v

本書の読み方 vii

教員の方へ viii

本書で用いる主な記号 xvii

熱力学の基本原理と本書第 I 巻の定義と定理 xix

第 15 章　熱力学量を別の熱力学量で表す方法　1

15.1 Born の熱力学的正方形 1

15.2 ヤコビアン 3

15.3 計算の処方箋 5

15.4 応用例 8

15.4.1 断熱容器に入れた物質に圧力を加えたときの温度変化 . . 8

15.4.2 ♠Joule-Thomson 過程 9

第 16 章　熱力学的安定性　13

16.1 様々なタイプの乱れと安定性 13

補足：乱れの種類に関する言葉遣いの違い 14

16.2 Le Chatelier の原理 15

16.2.1 エントロピーの自然な変数の値を変えない乱れの場合 . . 15

16.2.2 エントロピーの自然な変数の値を変える乱れの場合 . . . 16

16.2.3 具体例 17

16.3 安定性と熱力学関数の最大・最小の原理および凸性 18

16.3.1 局所平衡エントロピーの減少と増大 18

16.3.2 簡単な熱力学的不等式 19

16.3.3 $C_P \geq C_V$ の証明 20

16.3.4 ♠ 熱力学的不等式その 2 21
16.3.5 ♠ 具体例 23
16.3.6 ♠♠ 熱力学的不等式その 3 24

第 17 章 相転移 26

17.1 相と相転移 26
♠♠ 様々な「相」の定義と「定義すること」自体の問題 . 29
17.2 相共存 29
17.2.1 共存する相の数 29
17.2.2 見ない変数 30
♠ 補足：自然な変数から秩序変数を落としても辻褄が合う理由 31
17.3 一成分系の相図 32
17.3.1 狭義示強変数で見た相図 32
♠♠ 補足：対称性が異なる相の間の相転移は迂回できるか 36
17.3.2 エントロピー密度の自然な変数で見た相図 37
17.4 相転移の分類 40
補足：相転移の分類の変遷 41
17.5 TPN 表示による液相・気相転移の記述 42
17.5.1 Gibbs エネルギー 43
17.5.2 相転移における S, V の変化 47
17.5.3 相共存領域における狭義示強変数 49
17.5.4 潜熱 51
補足：化学における潜熱や反応熱 52
17.5.5 Clapeyron-Clausius の関係式 53
17.5.6 臨界点と連続相転移 55
17.6 TVN 表示による相転移の記述 56
17.6.1 相図と $\boldsymbol{F}$ の解析的性質 56
17.6.2 液相・気相転移点付近の $\boldsymbol{F}$ の振舞い 57
17.6.3 F が直線になる物理的理由 61
17.6.4 ♠ 三重点における F の振舞い 63
17.7 多成分系の相図 64

17.7.1 相図を描くときの変数 64
17.7.2 相律とその一般化 65
17.7.3 相共存が広く見られる理由 68
17.8 例：2 成分系の気液転移 70
17.8.1 相図 70
17.8.2 片方の成分を増やしてゆく実験 73
17.8.3 温度を上げてゆく実験 75
17.9 相共存や一次相転移についての一般論 77
17.9.1 相共存の判別 77
補足：定理 17.2 の証明 78
17.9.2 ♠ 一次相転移・相共存・不連続相転移 80
17.9.3 ♠ 相共存状態は単相の状態の凸結合 81
17.9.4 ♠♠ 異なる相共存領域の間の境界の定め方 83
17.9.5 ♠♠ 対称性があっても成り立つ相律 85
17.9.6 ♠♠ 従来の相律の成立条件と共存する相の割合の一意性の条件 89
17.9.7 ♠♠ 準安定状態 90

第 18 章　秩序変数と相転移 **93**
18.1 秩序変数 93
18.1.1 秩序の発生と対称性の破れ 93
18.1.2 秩序変数の満たすべき条件 95
♠♠ 補足：固相の秩序変数 96
18.2 強磁性体 97
18.2.1 常磁性・強磁性転移 97
♠ 補足：対称性を破る場 101
♠ 補足：強磁性相で $\chi(T,\vec{0})$ が有限な理由 101
18.2.2 強磁性体の秩序変数と対称性の破れ 101
18.2.3 強磁性体の Helmholtz エネルギー 103
18.2.4 強磁性体の Gibbs エネルギー 107
18.2.5 ドメイン構造 109
18.3 ♠ 磁性体の例からわかること 111
18.3.1 ♠ 臨界指数 111

18.3.2 ♠ 等温磁化率と断熱磁化率 113
18.3.3 ♠ 理論は各オーダーごとに階層的に適用してゆく 115
18.3.4 ♠♠ 強磁性体特有の注意 116

第 19 章 化学への応用 118

19.1 理想混合気体 118
19.1.1 Helmholtz エネルギー 119
19.1.2 Gibbs エネルギー 121
19.1.3 温度と圧力が一定の実験に便利な形への変形 122
19.2 溶液・固溶体 124
19.2.1 理想希薄溶液 124
19.2.2 van 't Hoff 係数 126
19.3 浸透圧 128
19.3.1 理想希薄溶液の場合 129
19.3.2 応用例 131
19.3.3 ♠♠ 一般の溶液の場合 133
19.4 希薄溶液と気体の接触 136
19.4.1 モル分率 136
19.4.2 化学ポテンシャルが満たすべき等式 137
19.4.3 Raoult 則 138
19.4.4 蒸気圧降下 139
19.4.5 Henry 則 140
♠ 補足：Henry 定数が全圧には鈍感なこと 141
19.5 沸点上昇と凝固点降下 142
19.6 化学反応が起こる系 146
19.6.1 化学反応式と反応進行度 146
19.6.2 等温・等圧環境における化学反応 148
♠ 補足：化学平衡の条件式を満たす状態が存在すること 150
19.6.3 平衡定数 — 理想混合気体と理想希薄溶液の場合 151
19.6.4 ♠ 活量と平衡定数 154
19.6.5 化学反応と熱力学関数 158
19.7 ♠ 電気化学 — 電池を例に 158

19.7.1 ♠ 動作 159
19.7.2 ♠ 起電力 161
19.7.3 ♠ クーロン相互作用と電気化学 162

第 20 章　外場で不均一が生じる系の熱力学　164

20.1 非相対論的な場合 164
20.1.1 単純系への分割 165
20.1.2 温度と化学ポテンシャル 166
20.1.3 導出 168
20.1.4 別の導出と解釈 170
20.1.5 理想気体の場合の密度と圧力 172
20.1.6 狭義示強変数の間の不平等の由来と帰結 173
20.2 ♠ 相対論的な場合 174
20.2.1 ♠ 相対論の効果はどんな場合に考慮すべきか 174
20.2.2 ♠♠ 固有温度と固有化学ポテンシャル 175
20.2.3 ♠♠ 導出 178
20.2.4 ♠♠ 別の導出と解釈 180
20.2.5 ♠♠ 結果の物理的な由来 181

第 21 章　統計力学・場の量子論などとの関係　183

21.1 物理学の基礎的な理論の分類と相互の関係 183
21.2 ♠Boltzmann エントロピー 185
♠ 補足：それぞれのオーダーごとのエントロピー 187
21.3 ♠♠ 統計力学・場の量子論に熱力学が与える知見 188
21.4 ♠♠ マクロ系の様々な状態 192
21.4.1 ♠♠ 絶対零度極限は基底状態とは限らない 192
21.4.2 ♠♠ ドメイン構造を持たずに相が「共存」する状態 . . . 192
21.4.3 ♠♠ 場の量子論や統計力学における対称性の破れ 195
♠♠ 補足：Nernst-Planck の仮説が成り立つ訳 196
21.5 ♠♠ 相対論などとの関係 197

あとがき 199
参考文献 201
付録 C　二次形式 203
問題解答 204
索　引 205

第I巻　目　次

第 1 章　熱力学の紹介と下準備

第 2 章　「要請」を理解するための事項

第 3 章　熱力学の基本的要請

第 4 章　要請についての理解を深める

第 5 章　エントロピーの数学的な性質

第 6 章　示強変数

第 7 章　仕事と熱 — 簡単な例

第 8 章　準静的過程における一般の仕事と熱

第 9 章　2 つの系の間の平衡

第 10 章　エントロピー増大則

第 11 章　熱と仕事の変換

第 12 章　ルジャンドル変換

第 13 章　他の表示への変換

第 14 章　大きな系・小さな系

付録 A　本書で用いる数学記号など

付録 B　♠♠ ルジャンドル変換していない変数についての偏微分
— 微分可能でない領域

本書で用いる主な記号

S：エントロピー　U：エネルギー　V：体積　N：物質量　$\vec{M}$：全磁化

$U, \boldsymbol{X} \equiv U, X_1, \cdots, X_t$：エントロピーの自然な変数の一般的な表記
$S, \boldsymbol{X} \equiv S, X_1, \cdots, X_t$：エネルギーの自然な変数の一般的な表記

$S^{(i)}$：部分系 i のエントロピー（上付き添え字 (i) は部分系 i の量を表す）
$\widehat{S} = \sum_i S^{(i)}$：局所平衡エントロピー
$\boldsymbol{C} \equiv C_1, C_2, \cdots, C_b$：複合系に課された内部束縛

B：逆温度　T：温度　P：圧力　μ：化学ポテンシャル
$\vec{H}$：外部磁場
$\Pi_0, \Pi_1, \cdots, \Pi_t$：エントロピー表示の狭義示強変数の一般的な表記で，たとえば $\Pi_0 = B$
$P_0, P_1, \cdots, P_t$：エネルギー表示の狭義示強変数の一般的な表記で，たとえば $P_0 = T$

s：エントロピー密度　u：エネルギー密度　v：体積密度
n：物質量密度　x_t：X_t の密度

F：Helmholtz エネルギー　G：Gibbs エネルギー　H：エンタルピー

Q：熱　W：仕事　η：効率
C_V, C_P：定積熱容量，定圧熱容量　c_V, c_P：定積モル比熱，定圧モル比熱
α：熱膨張率

N_{A}：アボガドロ定数　R：気体定数　$\gamma = 1 + 1/c$：理想気体の内部自由度に関わる定数

$h(p) \equiv [f(x) - xp](p)$：凸関数 $f(x)$ のルジャンドル変換
他の数学記号については第 I 巻付録 A

■：例を述べるとき，その終わりを示すマーク

第 II 巻だけに出てくる記号

添え字 $*$：転移点 (transition point)　例：T_*, P_*
q_*：潜熱

$\boldsymbol{\zeta}$：一般の系の議論における，$U, \boldsymbol{X}$ の密度（から独立でないものを省いたもの）
$\boldsymbol{\Pi} \equiv \Pi_0, \Pi_1, \cdots, \Pi_t$

m：多成分系の成分数（ただし，20 章では粒子 1 個の質量）
x_k：成分 k のモル分率（ただし，21.3 節では X_k の密度）
$\boldsymbol{x} \equiv x_1, \cdots, x_{m-1}$（$x_m$ は残りの x_k で決まるので入れてない）

σ_i：i 番目の相（添え字にするときは上付き）
r：共存する相の数　　R：共存しうる相の数
D(変数)：括弧内の変数の組を選んで相図を描いたときの相共存領域の次元

ν_k：化学量論係数（stoichiometric coefficient）
ξ：反応進行度 (extent of reaction)

添え字 $\ominus$：標準状態 (standard state)　例：$T^{\ominus}$, $P^{\ominus}$

$\phi_{\rm ex}$：外場の一粒子ポテンシャル
$\varphi_{\rm ex}$：$\phi_{\rm ex}/m$（m は粒子の質量）

$\boxed{\text{公式}}$：よく使われる公式を四角で囲った．

熱力学の基本原理と本書第I巻の定義と定理

要請 I：平衡状態

(i) **[平衡状態への移行]** 系を孤立させて（静的な外場だけはあってもよい）十分長いが有限の時間放置すれば，マクロに見て時間変化しない特別な状態へと移行する．このときの系の状態を平衡状態と呼ぶ．

(ii) **[部分系の平衡状態]** もしもある部分系の状態が，その部分系をそのまま孤立させた（ただし静的な外場は同じだけかける）ときの平衡状態とマクロに見て同じ状態にあれば，その部分系の状態も平衡状態と呼ぶ．平衡状態にある系の部分系はどれも平衡状態にある．

要請 II：エントロピー

(i) **[エントロピーの存在]** 任意の系の様々な平衡状態のそれぞれについて，値が一意的に定まるエントロピーという量 S が存在する．

さらに，系に対して行う操作の範囲を決めたとき，それらの操作を含む適当な一群の操作たちと，それらによって移り変わる状態たちについて，以下が成り立つ．

(ii) **[単純系のエントロピー]** 単純系の S は，エネルギー U と，いくつかの相加変数 $\boldsymbol{X} \equiv X_1, ..., X_t$ の関数である：

$$S = S(U, \boldsymbol{X}) \qquad (\text{単純系}).$$

これを（エントロピー表示の）基本関係式と呼び，$U, \boldsymbol{X}$ $(= U, X_1, \cdots, X_t)$ をエントロピーの自然な変数と呼ぶ．変数の数 $t+1$ は，変数の値と無関係である．単純系の部分系は，元の単純系と同じ基本関係式を持つ．

(iii) **[基本関係式の解析的性質]** 基本関係式は，連続的微分可能であり，特に U についての偏微分係数は，正で（U が物理的に許される範囲のすべての値をとりうるならば）下限は 0 で上限はない．

(iv) **[均一な平衡状態]** 平衡状態にある単純系は，それぞれがマクロに見て空間的に均一な部分系たちに分割できる（部分系の間の境界はマクロに見て無視できる）．それぞれの均一な部分系の状態は，エントロピーの自然な変数 $U, \boldsymbol{X}$ が適切に選んであれば，その部分系の $U, \boldsymbol{X}$ の値で一意的に定まる．また，その部分系には，それと同じ $U, \boldsymbol{X}$ の値を持つ不均一な平衡状態は存在しない．

(v) **[エントロピー最大の原理]** 単純系 i $(= 1, 2, \cdots)$ のエントロピーの自然な変数を $U^{(i)}, \boldsymbol{X}^{(i)}$ $(= U^{(i)}, X_1^{(i)}, \cdots, X_{t_i}^{(i)})$，基本関係式を $S^{(i)} = S^{(i)}(U^{(i)}, \boldsymbol{X}^{(i)})$ とするとき，これらの単純系の複合系は，与えられた条件の下で，すべての単純系が平衡状態にあって，かつ

$$\widehat{S} \equiv \sum_i S^{(i)}(U^{(i)}, \boldsymbol{X}^{(i)})$$

が最大になるときに，そしてその場合に限り，平衡状態にある．そのときの複合系のエントロピーは，$\widehat{S}$ の最大値に等しい．

Nernst-Planck の仮説（熱力学第三法則）

単純系において，エントロピーの自然な変数 $U, X_1, X_2, \cdots$ のうち X_1, $X_2, \cdots$ が有限にとどまるようにして $T \to +0$ の極限をとると，必ず $S \to 0$ となる．

定義：マクロ系の 2 つの状態について，2.3 節の (a)〜(c) のタイプのマクロ物理量をすべて比較したとき，どの量の値の差もマクロに見て無視できるほど小さければ，この 2 つの状態は**マクロに見て同じ状態**であると言う．そうでない場合には，この 2 つの状態は**マクロに見て異なる状態**であると言う．

定義：系の中の，同じ形の同じ体積（形も体積も任意）の 2 つの部分系に着目したとき，その部分系たちをどこから取り出しても，マクロに見て同じ状態であれば，その系の状態は**マクロに見て均一な状態**と言う．

定義：内部束縛がなく，外場や外力はかかっていないか，もしくは，かかっていてもそれによって平衡状態に生ずる空間的な不均一が無視できるほど小さいとき，そのような系を，**単純系** (simple system) と呼ぶ．

定義：系と外部系との間のエネルギー移動のうち，マクロに見た力とマクロに

見た位置座標を用いて，外部系がした仕事量を (7.7) のように素朴に計算した量 W_M を，外部系が系に行った**力学的仕事** (mechanical work) と呼ぶ．他方，（後述する他の「仕事」が行われない場合）W_M と真のエネルギー移動量の差

$$Q \equiv [\text{外部系から系に流れ込んだエネルギーの正味の総量}] \\ -[\text{外部系から系になされた力学的仕事の正味の総量}]$$

を「外部系から系に流れ込んだ**熱** (heat)」と呼ぶ．そして，ある過程で $Q \neq 0$ であったとき，「熱が流れた」とか「熱が移動した」と言い表す．

定義：各平衡状態に対して一意的にその値が定まる物理量を**状態量**と呼ぶ．

定義：ある系が，平衡状態を連続的に移り変わってゆくと見なせるような過程を，その系**にとって準静的な過程**と呼ぶ．特に，着目系にとって準静的な過程のことを単に，**準静的過程** (quasistatic process) と呼ぶ．

定義：他の系と仕事を通じてエネルギーのやり取りを行うのだが，その際に，自分自身のエントロピー変化が無視できて，エネルギー変化が仕事だけで勘定できる系を，**可逆仕事源** (reversible work source) と言う．

定義：はじめ平衡状態にあった着目系が，いくつかの外部系と熱や力学的仕事をやりとりしたあげく，最後に落ち着いた状態が最初と同じ平衡状態であるとき，この過程を（この着目系に関する）**サイクル過程** (cyclic process) と呼ぶ．

定理 4.1　任意の内部束縛 C_k について，(それがあるときのエントロピー) $\leq$ (ないときのエントロピー) である：

$$S(U, \boldsymbol{X}; \cdots, C_{k-1}, C_k, C_{k+1}, \cdots) \leq S(U, \boldsymbol{X}; \cdots, C_{k-1}, C_{k+1}, \cdots).$$

定理 4.2　複合系の S は，どの部分系も単純系になるように任意に分割したときに，その部分系たちのエントロピー $S^{(i)}$ との間で

$$S(U, \boldsymbol{X}; \boldsymbol{C}) \geq \sum_i S^{(i)}(U^{(i)}, \boldsymbol{X}^{(i)}) \quad \text{（等号は平衡状態）}$$

を満たし，等号は，$\{U^{(i)}, \boldsymbol{X}^{(i)}\}$ の値が平衡値を持つときに，そしてその場合に限り成立する．ただし，右辺の $\{U^{(i)}, \boldsymbol{X}^{(i)}\}$ の値の範囲は，左辺の引数とし

て与えられた $U, \boldsymbol{X}; \boldsymbol{C}$ の下で，相加性を満たすような範囲内とする．

定理 5.1 エントロピーは相加的である．したがって，均一な平衡状態では示量的である．

定理 5.2 単純系のエントロピーは，その自然な変数の 1 次同次関数である．

定理 5.3 エントロピーの自然な変数の数が $(t+1)$ 個であるような単純系の性質は，t 個の変数をもつ関数であるエントロピー密度 s で決まり，基本関係式は次のように表せる：

$$S = S(U, V, N, \cdots, X_t) = Vs(u, n, \cdots, x_t) \qquad (\text{単純系}).$$

定理 5.4 単純系のエントロピーは，その自然な変数について上に凸な関数である．

定理 5.5 単純系のエントロピーは，その自然な変数の各々について，上に凸な関数である．

定理 5.6 単純系のエントロピー密度は，上に凸な関数である．

定理 5.7 単純系のエントロピーの，その自然な変数 $U, X_1, \cdots, X_t$ についての偏微分係数は，連続な減少関数である．エントロピー密度の $u, \cdots, x_t$ についての偏微分係数も，連続な減少関数である．

定理 5.8 単純系のエネルギー U は，$S, X_1, \cdots, X_t$ について連続的微分可能な下に凸な関数で，したがって偏微分係数は連続な増加関数である．特に，S に関する偏微分係数は，正で連続な増加関数である．

定理 5.9 単純系のエネルギー U は，$S, X_1, \cdots, X_t$ の 1 次同次関数である．

定理 5.10 単純系のエネルギー密度は，下に凸な関数である．

定理 6.1 単純系では，逆温度 $B = B(U, X_1, \cdots, X_t)$ は U の関数としては連続な減少関数で，値は正で下限は 0 で上限はない．

定理 6.2 単純系においては，任意の正数 λ について

$$\Pi_k(\lambda U, \lambda X_1, \cdots, \lambda X_t) = \Pi_k(U, X_1, \cdots, X_t),$$
$$P_k(\lambda S, \lambda X_1, \cdots, \lambda X_t) = P_k(S, X_1, \cdots, X_t).$$

定理 6.3 単純系では，温度 T を $S, X_1, \cdots, X_t$ の関数として表した $T(S, X_1, \cdots, X_t)$ は，S の関数としては連続な増加関数（つまり強減少しない）で，値は正で下限は 0 で上限はない．また，（S は U の連続的微分可能な強増加関数だから）T を $U, X_1, \cdots, X_t$ の関数として表した $T(U, X_1, \cdots, X_t)$ も同様に，U の関数としては連続な増加関数で，値は正で下限は 0 で上限はない．

定理 6.4 エネルギーの自然な変数が $S, V, N, \cdots, X_t$ であるような単純系の示強変数（$T, P, \mu, \cdots$ や $B, \Pi_V, \Pi_N \cdots$）は，$s \equiv S/V$, $n \equiv N/V$, $\cdots$, $x_t \equiv X_t/V$ だけの関数としても表せるし，$u \equiv U/V$, n, $\cdots$, x_t だけの関数としても表せる．

定理 7.1 加熱によるエントロピーの強増加：エントロピーの自然な変数が $U, X_1, \cdots, X_t$ であるような単純系に，$X_1, \cdots, X_t$ を変えないようにして熱を加えてから断熱壁で囲って平衡状態になるまで待つと，熱を加える前の平衡状態と比べて，エントロピーは必ず強増加する．

定理 7.2 状態量の値や差が過程に依存しないこと：ひとつの平衡状態における状態量の値は，その平衡状態にどういう過程で到達しようが，常に同じ値を持つ．また，ある過程の前後における状態量の差は，その過程がどんなものであったかとは無関係に，最初と最後の平衡状態だけで決まる．

定理 7.3 準静的過程において，系に外部から流れ込む熱は，系の温度と系のエントロピー変化の積に等しい：

$$d'Q = TdS \qquad (\text{準静的過程}).$$

定理 7.4 準静的過程において，系に外部から流れ込む熱の総量は，系の温度とエントロピーで表せる：

$$Q = \int_{\text{始状態}}^{\text{終状態}} TdS \qquad (\text{準静的過程}).$$

定理 7.5 準静的過程において，系のエントロピー変化は，外部から流れ込む熱と温度とで表せる：

$$\Delta S = \int_{\text{始状態}}^{\text{終状態}} \frac{d'Q}{T} \qquad \text{(準静的過程)}.$$

定理 7.6　準静的断熱過程においては，系のエントロピーは変化しない．

定理 9.1　平衡状態における温度の一致：平衡状態においては，熱の交換が可能な 2 つの単純系の温度は一致する．したがって，任意の複合系を，任意に単純系に分割したときに，（どの 2 つの単純系についてもこれが当てはまるのだから）平衡状態においては，熱の交換が可能なすべての単純系の温度は一致する．

定理 9.2　平衡状態における狭義示強変数の一致：2 つの単純系の間で，U, $X_k, X_{k'}, \cdots$ を，他の相加変数とは（またお互いにも）独立にやりとりできる場合には，平衡状態において，温度も，$X_k, X_{k'}, \cdots$ に共役な示強変数 P_k, $P_{k'}, \cdots$（や $\Pi_k, \Pi_{k'}, \cdots$）の値も一致する．

定理 9.3　2 つの単純系の間で，$U, X_k, X_{k'}, \cdots$ を，他の相加変数とは（またお互いにも）独立にやりとりできるとする．もしも，単純系がそれぞれ平衡状態にあり，温度も $X_k, X_{k'}, \cdots$ に共役な示強変数の値も両者で一致するのであれば，2 つの単純系の間の平衡が達成されている（すなわち，この 2 つの単純系よりなる複合系は平衡状態にある）．

定理 9.4　エネルギー最小の原理：複合系は，どの部分系も単純系になるように分割したときに，(9.19) のような与えられた条件の下で，すべての単純系が平衡状態にあって，かつ

$$\widehat{U} \equiv \sum_i U^{(i)}(S^{(i)}, X_1^{(i)}, \cdots, X_{t_i}^{(i)})$$

が最小になるときに，そしてその場合に限り，平衡状態にある．そのときの複合系のエネルギーは，$\widehat{U}$ の最小値に等しい：

$$\text{複合系の } U = \min_{\text{許される範囲の } \{S^{(i)}, X_1^{(i)}, \cdots\}_i} \widehat{U}(\{S^{(i)}, X_1^{(i)}, \cdots\}_i).$$

定理 10.1　孤立系の内部束縛を除去した後に達成される平衡状態のエントロピーは，除去する前の平衡状態のエントロピーよりも，大きいか，または値が

変わらない．後者の場合は，マクロには何も変化が起こらないが，そのようになるのは，内部束縛を除去する前から，部分系が内部束縛がないときの平衡状態と同じ状態であった場合に限られる．

定理 10.2 平衡状態にある孤立系に，どの相加変数の値も直接には変えないようにしてあらたに内部束縛を課すと，マクロには何も変化が起こらず，エントロピーの値も変わらない．

定理 10.3 孤立系のエントロピー増大則：平衡状態にある孤立系に対して，外部から操作できるのが，どの相加変数の値も直接には変えないようにして内部束縛をオン・オフすることだけだとすると，系のエントロピーは増加する（つまり，強増加するか変わらないかのいずれかであり，決して強減少しない）．

定理 10.4 部分系のエントロピー増大則：断熱・断物の壁で囲まれた系に力学的仕事をすると，系のエントロピーは増加する．特に，（系にとって）準静的に仕事がなされる場合には，一定値を保つ．

定理 10.5 熱の移動の向き（準静的とは限らないが熱しかやりとりできない場合）：熱しか通さない堅くて断物の透熱壁を介して 2 つの系を熱接触させると，熱は高温の系から低温の系へと移動する．

定理 10.6 熱の移動の向き（準静的だがやりとりするのが熱に限らない場合）：温度の異なる 2 つの系を透熱壁を介して接触させると，どちらの系にとっても準静的過程であれば，熱は高温の系から低温の系へと移動し，2 つの系を合わせた複合系のエントロピーは強増加する．

定理 10.7 系がいくつかの外部系と熱や力学的仕事をやりとりするとき，熱を交換する相手の外部系 e にとって準静的過程であれば，系のエントロピー変化（最後の平衡状態と最初の平衡状態におけるエントロピーの差；**系は途中は非平衡でもよい**）は，e の温度を $T^{(\mathrm{e})}$ として次の不等式を満たす：

$$\Delta S \geq \int_{\text{始状態}}^{\text{終状態}} \frac{d'Q}{T^{(\mathrm{e})}}.$$

定理 10.8 系がいくつかの外部系と力学的仕事をやりとりしながら，外部系

$\mathrm{e}_1, \mathrm{e}_2, \cdots$ と次々に熱接触する過程が，系が熱を交換する相手の外部系 $\mathrm{e}_1, \mathrm{e}_2, \cdots$ にとって準静的過程であれば，系のエントロピー変化（最後の平衡状態と最初の平衡状態におけるエントロピーの差；**系は途中は非平衡でもよい**）は，e_i の温度を T_i として次の不等式を満たす：

$$\Delta S \geq \sum_i \int_{\mathrm{e}_i\text{と接触する始状態}}^{\mathrm{e}_i\text{と接触する終状態}} \frac{d'Q}{T_i}.$$

定理 11.1　系が，いくつかの外部系と力学的仕事をやりとりしながら，外部系 $\mathrm{e}_1, \mathrm{e}_2, \cdots$ と次々に熱接触するサイクル過程において，$\mathrm{e}_1, \mathrm{e}_2, \cdots$ がすべて熱浴であれば，e_i から系に流れ込んだ熱 Q_i は，e_i の温度を T_i として次の不等式を満たす：

$$\sum_i \frac{Q_i}{T_i} \leq 0.$$

これを，**Clausius** (クラウジウス) **の不等式**と呼ぶ．特に，次の 2 条件が満たされる場合には等号が成り立つ：
(i) 系にとっても，系と熱をやりとりする外部系にとっても，準静的な過程である．
(ii) 系が熱を e_i とやりとりするときは，系の温度 T は T_i と等しい．

定理 11.2　**熱機関の効率**：高温系 H から低温系 L への熱の移動を外部系への仕事に変換するサイクル過程の変換効率 $\eta_{Q\to W}$ は，H の（一番熱かったときの）温度を T_{H}，L の（一番冷たかったときの）温度を T_{L} として，次の不等式を満たす：

$$\eta_{Q\to W} \leq 1 - \frac{T_{\mathrm{L}}}{T_{\mathrm{H}}}.$$

特に，熱機関にとって準静的な過程で，H, L が熱浴で，熱をやりとりするとき熱機関と熱浴の温度が等しいならば，等号が成り立つ．

定理 11.3　外部系がなす仕事を利用して低温系 L から高温系 H へと熱を移動するサイクル過程の冷却効率 $\eta_{\text{冷}}$ は，H の（一番冷たかったときの）温度を T_{H}，L の（一番熱かったときの）温度を T_{L} として，次の不等式を満たす：

$$\eta_{\text{冷}} \leq \frac{T_{\mathrm{L}}}{T_{\mathrm{H}} - T_{\mathrm{L}}} = \frac{1}{T_{\mathrm{H}}/T_{\mathrm{L}} - 1}.$$

特に，冷却器にとって準静的な過程で，H, L が熱浴で，熱をやりとりするとき冷却器と熱浴の温度が等しいならば，等号が成り立つ．

定理 11.4 外部系がなす仕事を利用して低温系 L から高温系 H へと熱を移動するヒートポンプの暖房効率 $\eta_{暖}$ は，L の（一番熱かったときの）温度を $T_{\rm L}$，H の（一番冷たかったときの）温度を $T_{\rm H}$ として，次の不等式を満たす：

$$\eta_{暖} \le \frac{T_{\rm H}}{T_{\rm H} - T_{\rm L}} = \frac{1}{1 - T_{\rm L}/T_{\rm H}}.$$

特に，ヒートポンプにとって準静的な過程で，H, L が熱浴で，熱をやりとりするときヒートポンプと熱浴の温度が等しいならば，等号が成り立つ．

定理 11.5 第二種永久機関は不可能である．

定理 13.1 もしも，考えている T, V, N の値付近で $F(T, V, N)$ が連続的微分可能であれば，その微分は，

$$dF = -S(T, V, N)dT - P(T, V, N)dV + \mu(T, V, N)dN$$

となり，右辺に現れた偏微分係数 $S(T, V, N), P(T, V, N), \mu(T, V, N)$ はそれぞれ，温度，体積，物質量が T, V, N のときのエントロピー，圧力，化学ポテンシャルである．一方，もしも $F(T, V, N)$ が T について偏微分可能でなければ，その左右の微係数 $S(T \pm 0, V, N)$ は温度，体積，物質量が T, V, N のときのエントロピーの上下限を（複号同順で）与える．（$F(T, V, N)$ が V や μ について偏微分可能でない場合は 17 章や付録 B の議論を適用せよ．）

定理 13.2 もしも，考えている T, P, N の値付近で，$G(T, P, N)$ が連続的微分可能であれば，その微分は，

$$dG = -S(T, P, N)dT + V(T, P, N)dP + \mu(T, P)dN$$

となり，右辺に現れた偏微分係数 $S(T, P, N), V(T, P, N), \mu(T, P)$ はそれぞれ，温度，圧力，物質量が T, P, N のときのエントロピー，体積，化学ポテンシャルである．一方，もしも $G(T, P, N)$ が T について偏微分可能でなければ，その左右の微係数 $S(T \pm 0, P, N)$ は温度，圧力，物質量が T, P, N のときのエントロピーの上下限を（複号同順で）与える．また，もしも $G(T, P, N)$ が P について偏微分可能でなければ，その左右の微係数 $V(T, P \pm 0, N)$ は温度，圧力，物質量が T, P, N のときの体積の上下限を（複号逆順で）与える．

定理 14.1　Helmholtz エネルギー最小の原理：温度 T の熱浴と熱接触する複合系を考える．その中には，断熱壁で完全に囲まれて熱的に隔離された部分系はないとする．そのような複合系は，どの部分系も単純系になるように分割したときに，与えられた条件の下で，すべての単純系が平衡状態にあって，かつ

$$\widehat{F} \equiv \sum_i F^{(i)}(T, \boldsymbol{X}^{(i)})$$

が最小になるときに，そしてその場合に限り，平衡状態にある．そのときの複合系の Helmholtz エネルギーは，許される範囲で $\boldsymbol{X}^{(1)}, \boldsymbol{X}^{(2)}, \cdots$ を様々に変えたときの $\widehat{F}$ の最小値に等しい：

$$\text{複合系の } F = \min_{\text{許される範囲の } \boldsymbol{X}^{(1)}, \boldsymbol{X}^{(2)}, \cdots} \widehat{F}.$$

定理 14.2　最大仕事の原理（熱浴に浸かっている場合）：熱浴と熱だけやりとりできる系が，外部系に対してする仕事 W の上限値は，系の Helmholtz エネルギーの減少分に等しい：

$$W \le F_{\text{始}} - F_{\text{終}}.$$

定理 14.3　Gibbs エネルギー最小の原理：温度 T の熱浴と熱だけを通す「壁」を介して接触すると同時に，圧力 P の圧力溜と断熱断物の可動壁を介して接触している（あるいは熱浴かつ圧力溜であるような系と断物透熱可動壁を介して接触している）複合系は，どの部分系も単純系になるように分割したときに，与えられた条件の下で，すべての単純系が平衡状態にあって，かつ

$$\widehat{G} \equiv \sum_i G^{(i)}(T, P, X_2^{(i)}, X_3^{(i)}, \cdots)$$

が最小になるときに，そしてその場合に限り，平衡状態にある．そのときの複合系の Gibbs エネルギーは，$\widehat{G}$ の最小値に等しい：$\min \widehat{G} = G$.

定理 14.4　エンタルピー最小の原理：圧力 P の圧力溜と断熱断物可動壁を介して接触するような複合系は，どの部分系も単純系になるように分割したときに，与えられた条件の下で，すべての単純系が平衡状態にあって，かつ

$$\widehat{H} \equiv \sum_i H^{(i)}(S^{(i)}, P, X_2^{(i)}, \cdots)$$

が最小になるときに，そしてその場合に限り，平衡状態にある．そのときの複合系のエンタルピーは，$\widehat{H}$ の最小値に等しい：$\min \widehat{H} = H$.

定理 14.5　熱力学関数最小の原理（一般の場合）：溜に浸かった系の平衡状態は，溜とやりとりできる相加変数に関して U をルジャンドル変換して得られる熱力学関数の和が最小の状態である．

定理 14.6　最大仕事の原理（熱浴と圧力溜に浸かっている場合）：熱浴かつ圧力溜であるような系と断物透熱可動壁を介して接触している系が，堅い壁を介して外部系にする（電磁気的仕事などの）仕事 W の上限値は，系の Gibbs エネルギーの減少分に等しい：

$$W \leq G_{\text{始}} - G_{\text{終}}.$$

定理 14.7　最大仕事の原理（一般の場合）：溜と接触する系が，溜とはやりとりできない種類の仕事をやりとりする外部系に対して，成しうる仕事の最大値は，溜とやりとりできる相加変数に関して U をルジャンドル変換して得られる熱力学関数の減少分に等しい．

第15章 熱力学量を別の熱力学量で表す方法

熱力学の実用的な計算において，ひとつの量を，もっと測りやすい量の組み合わせで表したい，ということがよくある．その計算は，偏微分の独立変数を取り替えたりするので，ややこしくなりがちである．そこで，そのような計算を半ば機械的に行うことができる手法をこの章で解説する．これは内容理解に重点を置く本書の中では異質な内容ではあるが，16.3.3 項で証明する $C_P \geq C_V$ のような重要な結果も見通しよく示せるので，利用価値が高い．なお，式を見やすくするために，エネルギーの自然な変数が S, V, N であるケースについて書くが，一般化は容易だろう[1]．

15.1 Born の熱力学的正方形

実際に計算を行う際に，Maxwell の関係式などを参照するためにいちいち教科書を見るのは面倒なので，M. Born は**熱力学的正方形** (thermodynamic square) と呼ばれる，図 15.1 のダイアグラムを編み出した[2]．

このダイアグラムでは，変数 N は省いて描いてあると見なす．また，左側の S や P **についているマイナス符号は，これらを独立変数として扱うときには無視する**という約束をする．その上で，まず，完全な熱力学関数に関しては次のように使う．

- 上段の U は，その自然な変数が両脇の S, V（および書くのを省いている N）である．このとき，S は独立変数として扱うのだから，マイナス符号は無視する．つまり，$U = U(S, V, N)$ が基本関係式である．

---

1) たとえば 18.3.2 項で，別のケースについて述べる．

2) 時計回りに “Good Physicists Have Studied Under Very Fine Teachers” と覚えればいいそうだ．teacher としては教えにくい記憶術である．S, P に負符号が付いていることは，”but negative results are found in SPecial cases”とでも続ければいいかもしれない．

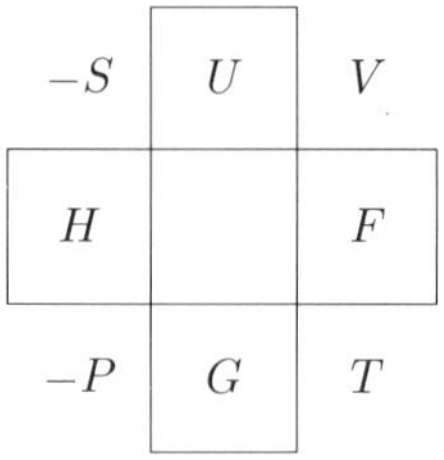

図 15.1　Born の熱力学的正方形.

- U を S で偏微分すると対角線上にある T になる．このときも，S を独立変数としているからマイナス符号は無視する．U を V で偏微分すると対角線上にある $-P$ になる．このときは P を独立変数にしていないので，マイナス符号は必要．これから，微分も $dU = TdS - PdV + \mu dN$ とわかる．

- U を S についてルジャンドル変換すると，独立変数は対角線上にある T に替わり，その T と V を自然な変数として両脇に従えた，Helmholtz エネルギー $F = F(T, V, N)$ を得る．

- F を T で偏微分すると対角線上にある $-S$ になる．F を V で偏微分すると対角線上にある $-P$ になる．これから，微分も $dF = -SdT - PdV + \mu dN$ とわかる．

- Gibbs エネルギー G やエンタルピー H についても同様であり，たとえば，$G = G(T, P, N)$ も $dG = -SdT + VdP + \mu dN$ もただちにわかる（このとき，P は独立変数として扱うからマイナス符号は無視する）．

問題 15.1　上段の U を出発点として説明したが，四角の中にある U, F, G, H のどれを出発点にしても同様なので，確かめてみよ．

次に，Maxwell の関係式を書き下す仕方である．上記のように基本関係式の微係数がただちにわかるのだから，そこから Maxwell の関係式を導くのは容易ではあるが，何も考えなくても次のように得られてしまう．

(i)　左側の列の $-S$, $-P$ に着目する．P の方を独立変数と見なして（だから $-P$ のマイナス符号は無視して），S の対角にある T（と省いてある N）

を固定した，$-\left(\dfrac{\partial S}{\partial P}\right)_{T,N}$ という偏微分係数をノートの左側に書く．（これは，$G(T,P,N)$ を T,P の順に2階偏微分した量であった.）

(ii) 次に，その反対側の列の V, T に着目する．上で固定した T を今度は独立変数と見なし，V の対角にある P を固定した，$\left(\dfrac{\partial V}{\partial T}\right)_{P,N}$ という偏微分係数をノートの右側に書く．（これは，$G(T,P,N)$ を P,T の順に2階偏微分した量であった.）

(iii) （$G(T,P,N)$ は，相転移が起こる領域を除くと，何階でも微分可能だから）2つの偏微分係数の間に等号を書く．これは，Maxwell の関係式のひとつ (13.73) になっている！

問題 15.2 他の Maxwell の関係式 (13.70)-(13.72) も，同様にして熱力学的正方形から書き下せるので，やってみよ．

最後に，Gibbs-Duhem 関係式 (13.58) の書き下し方である：

(i) ダイアグラムの四隅から，狭義示強変数である $T,-P$ を独立変数に選ぶ（だから $-P$ のマイナス符号は無視する).

(ii) これらの狭義示強変数の微分と，それぞれの対角線上にある共役な相加変数の積の和，$-SdT+VdP$ をノートに書く．

(iii) 上記の和 $=\ Nd\mu$ と書けば，それが Gibbs-Duhem 関係式 (13.58) である．

問題 15.3 ♠(i) エントロピー表示の熱力学的正方形を描いてみよ．(ii) それを用いて，上記と同様のことをやってみよ．

15.2 ヤコビアン

次に，多変数関数の偏微分係数を扱うのに便利な，「ヤコビアン」を使った計算手法を説明する．15.4 節の実例でもわかるように，熱力学では実質的に2変数関数のケースを利用することが多いので，2変数関数で説明するが，多変数関数への拡張は容易である．微分可能性や割り算するときにゼロでないことなどの，必要な条件は満たされているとする．

変数 x, y の関数 $X = X(x,y), Y = Y(x,y)$ について，その偏微分係数からなる 2×2 行列の行列式

$$\frac{\partial(X,Y)}{\partial(x,y)} \equiv \begin{vmatrix} \dfrac{\partial X}{\partial x} & \dfrac{\partial X}{\partial y} \\ \dfrac{\partial Y}{\partial x} & \dfrac{\partial Y}{\partial y} \end{vmatrix} = \frac{\partial X}{\partial x}\frac{\partial Y}{\partial y} - \frac{\partial X}{\partial y}\frac{\partial Y}{\partial x} \tag{15.1}$$

を，関数 X, Y の**ヤコビアン** (Jacobian) とか**関数行列式**と呼ぶ[3)]．ヤコビアンは，成分が数ではなくて関数だ，という以外は普通の行列の行列式と同じだから，**行列式の様々な性質を有している**．たとえば，関数や変数を入れ替えると，行や列が入れ替わるので，**1 回入れ替えるごとに符号が反転する**：

$$\frac{\partial(X,Y)}{\partial(x,y)} = -\frac{\partial(Y,X)}{\partial(x,y)} = \frac{\partial(Y,X)}{\partial(y,x)} = -\frac{\partial(X,Y)}{\partial(y,x)}. \tag{15.2}$$

このような普通の行列式の性質に加えて，ヤコビアンは，関数を様々に選ぶことによって，有用な関係式が得られる．まず，$Y = y$ と選べば，

$$\frac{\partial(X,y)}{\partial(x,y)} = \begin{vmatrix} \dfrac{\partial X}{\partial x} & \dfrac{\partial X}{\partial y} \\ 0 & 1 \end{vmatrix} = \left(\frac{\partial X}{\partial x}\right)_y \tag{15.3}$$

と，**偏微分係数を，偏微分するときに固定する変数を分母分子に共通に入れたヤコビアンで表すことができる**．たとえば，

$$\frac{\partial(X,x)}{\partial(y,x)} = \left(\frac{\partial X}{\partial y}\right)_x, \quad \frac{\partial(Y,y)}{\partial(x,y)} = \left(\frac{\partial Y}{\partial x}\right)_y \tag{15.4}$$

という具合である．さらに，x, y が別の変数 ξ, η の関数であれば，まるで $\partial(x,y)$ を約分したかのような次の結果が示せる：

$$\frac{\partial(X,Y)}{\partial(\xi,\eta)} = \frac{\partial(X,Y)}{\partial(x,y)}\frac{\partial(x,y)}{\partial(\xi,\eta)}. \tag{15.5}$$

3) n 個の変数 $x_1, x_2, \cdots, x_n$ の関数の場合には，関数も $X_1, X_2, \cdots, X_n$ のように n 個考え，その偏微分係数 $\dfrac{\partial X_i}{\partial x_j}$ を i 行 j 列目の行列要素とする $n \times n$ 行列の行列式がヤコビアンになる．

この式でとくに $\xi = X, \eta = Y$ と選べば，

$$\frac{\partial(X,Y)}{\partial(x,y)} = 1 \Big/ \frac{\partial(x,y)}{\partial(X,Y)} \tag{15.6}$$

もわかる．要するに，**$\partial(\cdots)$ を普通の数のように扱って分数のかけ算・割り算をしてよい**．

これらの公式の簡単な応用例は，変数 x, y の関数 $z = z(x,y)$ について，$\dfrac{\partial(z,y)}{\partial(x,y)} = 1 \Big/ \dfrac{\partial(x,y)}{\partial(z,y)}$ から，

$$\left(\frac{\partial z}{\partial x}\right)_y = 1 \Big/ \left(\frac{\partial x}{\partial z}\right)_y. \tag{15.7}$$

ただ，この等式はヤコビアンを用いずとも自明である．と言うのも，一般に，変数 $x_1, \cdots, x_n$ の関数 $z = z(x_1, \cdots, x_n)$ について，x_1 以外の変数を固定して x_1 について偏微分するのは，1 変数関数の普通の微分と同じことだから，

$$\left(\frac{\partial z}{\partial x_1}\right)_{x_2,\cdots,x_n} = 1 \Big/ \left(\frac{\partial x_1}{\partial z}\right)_{x_2,\cdots,x_n} \tag{15.8}$$

となるからだ．もう少し非自明な例としては，下の問題を解いてみよ．ヤコビアンがもっと本格的に活躍する様子は，15.4 節や後の章の具体例を見て欲しい．

問題 15.4　(i) 変数 x, y の関数 $z = z(x,y)$ について，次の綺麗な公式を導け：

$$\left(\frac{\partial x}{\partial y}\right)_z \left(\frac{\partial y}{\partial z}\right)_x \left(\frac{\partial z}{\partial x}\right)_y = -1. \tag{15.9}$$

(ii) 比較のため，ヤコビアンを使わずに z の微分 $dz = \left(\dfrac{\partial z}{\partial x}\right)_y dx + \left(\dfrac{\partial z}{\partial y}\right)_x dy$ を用いて，(15.9) を導いてみよ．

15.3　計算の処方箋

準備が整ったので，ひとつの熱力学量を，もっと測りやすい量の組み合わせで表すための処方箋《しょほうせん》を紹介しよう．

まず，**結果をどんな熱力学量（の組）で表したいかを決める**．通常は，実験で測りやすく，物性値表などに載っている量で表したいことが多い．たとえば，14.2 節で紹介した**定圧モル比熱**

$$c_P = \frac{T}{N}\left(\frac{\partial S}{\partial T}\right)_{P,N} \tag{15.10}$$

や，気体の**熱膨張率** (coefficient of thermal expansion)

$$\alpha \equiv \frac{1}{V}\left(\frac{\partial V}{\partial T}\right)_{P,N} \tag{15.11}$$

である．α の物理的意味は，「読んで式のごとし」で，圧力一定のまま温度を上げたときに体積が増す割合（温度を 1 K 上げたときの体積の増し高と，もとの体積の比）である．

こうして，どんな熱力学量で結果を表したいかを決めたら，**元の熱力学量を，それらの量に還元できる偏微分係数で表せるように式変形していく**．そのためには，以下の処方箋を用いればよい．

a) 独立変数（つまり偏微分する変数やその際に固定したい変数）を変更するにはヤコビアンを使う．独立変数を変更するといっても，ルジャンドル変換を実行せよ，というわけではなく（たとえ実際にはそれと同じになっていたとしても）そういうことを気にせずに機械的に計算しよう，というわけだ．

たとえば，独立変数を (S, P, N) から (T, P, N) に変更するには[4)]，次のようにすればよい：

$$\begin{aligned}\left(\frac{\partial T}{\partial P}\right)_{S,N} &= \frac{\partial(T,S)}{\partial(P,S)} \quad \text{の独立変数を } T, P \text{ にしたいので (15.5) を用いて}\\ &= \frac{\partial(T,S)}{\partial(T,P)}\frac{\partial(T,P)}{\partial(P,S)} \quad \text{に (15.2), (15.3), (15.7) を用いて}\\ &= -\left(\frac{\partial S}{\partial P}\right)_{T,N}\bigg/\left(\frac{\partial S}{\partial T}\right)_{P,N}. \end{aligned} \tag{15.12}$$

なお，この式を見てもわかるように，当然ではあるが，**ずっと固定してお**

4) 13.5 節で説明したように，狭義示強変数のすべてを独立変数にとるのは不可能なので，相加変数 N は残しておいた．

く変数（この場合は N）**は，省略して構わない**．以後，しばしば，その種の省略を行う．

b) 相加変数 X_i を狭義示強変数 P_k で偏微分した $\partial X_i/\partial P_k$ を，**別の相加変数 $\boldsymbol{X_j}$ を同じ狭義示強変数 $\boldsymbol{P_k}$** で偏微分した $\partial X_j/\partial P_k$ に置き換えるには，元の相加変数 X_i の微分 dX_i の表式を使う．
たとえば $X_i = U, P_k = T$ なら，(7.19) の $dU = TdS - PdV + \mu dN$ を使う．この式は，どんな dS, dV, dN の値についても成り立つから，S, V, N のいずれかとは限らない何かの量 Ξ（複数の量の組でもよい）を一定に保つ，という条件を課しても成り立つ．その条件下で dT で割算すれば，

$$\left(\frac{\partial U}{\partial T}\right)_\Xi = T\left(\frac{\partial S}{\partial T}\right)_\Xi - P\left(\frac{\partial V}{\partial T}\right)_\Xi + \mu\left(\frac{\partial N}{\partial T}\right)_\Xi \tag{15.13}$$

を得るので，$\left(\frac{\partial U}{\partial T}\right)_\Xi$ を右辺の量で表せた，というわけだ．このように，一般に，$\boldsymbol{\partial X_i/\partial P_k}$ **はいくつかの種類の** $\boldsymbol{\partial X_j/\partial P_k}$ **で表すことができる**．

c) 狭義示強変数 P_i を相加変数 X_k で偏微分した $\partial P_i/\partial X_k$ を，**別の狭義示強変数 $\boldsymbol{P_j}$ を同じ相加変数 $\boldsymbol{X_k}$** で偏微分した $\partial P_j/\partial X_k$ に置き換えるには，Gibbs-Duhem 関係式 (13.57) を使う．
たとえば $P_i = \mu$，$X_k = N$ なら，Gibbs-Duhem 関係式 (13.58) である $SdT - VdP + Nd\mu = 0$ を，何かの量 Ξ（複数の量の組でもよい）を一定に保つという条件下で，dN で割算すれば，

$$N\left(\frac{\partial \mu}{\partial N}\right)_\Xi = V\left(\frac{\partial P}{\partial N}\right)_\Xi - S\left(\frac{\partial T}{\partial N}\right)_\Xi \tag{15.14}$$

を得るので，$\left(\frac{\partial \mu}{\partial N}\right)_\Xi$ を右辺の量で表せた，というわけだ．このように，一般に，$\boldsymbol{\partial P_i/\partial X_k}$ **はいくつかの種類の** $\boldsymbol{\partial P_j/\partial X_k}$ **で表すことができる**．

d) 偏微分する変数もされる変数もそっくり置き換えるには，Maxwell の関係式を使う．
たとえば，(13.70)-(13.73) を用いれば，偏微分する変数もされる変数もそっくり置き換えることができる．13.7 節で説明したように，他にもいろいろな形の Maxwell の関係式が導けるので，目的に応じて選んで使えばよい．

もちろん，この処方箋では対応しきれない場合もあるだろうが，その場合には，あとひと工夫を各自ですればよい．

15.4　応用例

上で述べた処方箋は，実例で納得するのが手っ取り早い．この節では 2 つの実例を示すが，後の 16.3.3 項や 18.3.2 項でも実例を示す．

15.4.1　断熱容器に入れた物質に圧力を加えたときの温度変化

物質を断熱容器に入れ，ゆっくり（準静的に）圧力を加えていったら，物質の温度はどれくらい変わるだろうか？　その変化率は $\left(\dfrac{\partial T}{\partial P}\right)_{S,N}$ で与えられる．準静的断熱過程だから S が一定，物質の出入りがないから N も一定，という条件で偏微分している．この量を，定圧モル比熱 c_P や熱膨張率 α という，物性値表などに載っている量で表すことにより，具体的な値を計算したいとする．それには次のようにすればよい．

式を見やすくするために，変数 N は略す．独立変数を T, P にしたいので，まず，ヤコビアンを使って (15.12) の変形をする．続いて，

$$
\begin{aligned}
\left(\frac{\partial T}{\partial P}\right)_S &= -\left(\frac{\partial S}{\partial P}\right)_T \Big/ \left(\frac{\partial S}{\partial T}\right)_P && \text{に (15.10) を用いて} \\
&= -\frac{T}{Nc_P}\left(\frac{\partial S}{\partial P}\right)_T && \text{に Maxwell の関係式 (13.73) を用いて} \\
&= \frac{T}{Nc_P}\left(\frac{\partial V}{\partial T}\right)_P && \text{に熱膨張率の定義 (15.11) を用いて} \\
&= \frac{T\alpha}{c_P}\cdot\frac{V}{N} && \text{で目的達成！} \qquad (15.15)
\end{aligned}
$$

最後の式で V/N をまとめたのは，左辺が物質量に依らない量だから，右辺もそういう量の組み合わせで表した方がきれいだからである．

この導出過程で，たとえば Maxwell の関係式のような，**熱力学なくしては想像すらできない関係式を用いた**ことに注意して欲しい．さらに，**求めたかった量を，まったく別の実験で得られる量**（この例では c_P や α）**で表すことができてしまうので，元の量を測る実験をしなくても値がわかってしまう**．この結果が実際に**すべての物質について成り立つ**という実験事実が，熱力学の強大

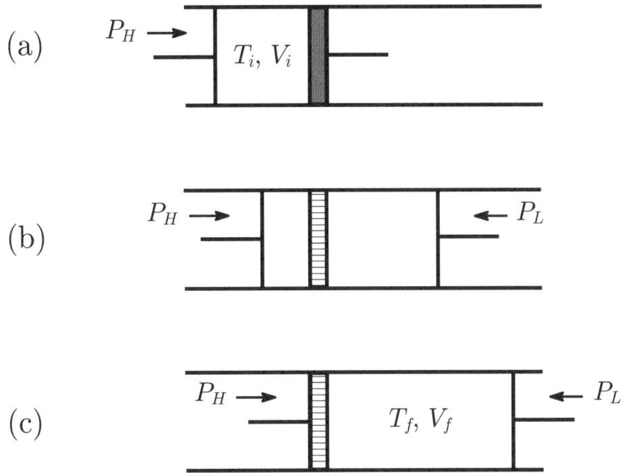

図 15.2 Joule-Thomson 過程の模式図.

さを如実に物語っている.

問題 15.5 上記の計算を，ヤコビアンを使った変形 (15.12) を含めて，自分で最初からやってみよ.

15.4.2 ♠Joule-Thomson 過程

図 15.2 のように，両端に断熱ピストンが付いている断熱容器を用意する．まず，(a) のように中央に気体を通さない仕切り壁を設け，その左側に，圧力 $P_{\rm H}$，温度 T_i，物質量 N の気体を入れる．左側のピストンは，この圧力を保つように，圧力に換算してちょうど $P_{\rm H}$ の力（$= AP_{\rm H}$，A はピストンの断面積）を加える．このときの気体の体積を V_i とする．次に，(b) のように仕切り壁を細かい穴があいたもの（たとえば綿の壁）に変えると，気体が徐々に透過して右側に出てくる．この間も，左側のピストンは圧力に換算して $P_{\rm H}$ の力を加え続ける．一方，右側のピストンは，右側に透過した気体の圧力が $P_{\rm L}$ ($< P_{\rm H}$) になるように，圧力に換算してちょうど $P_{\rm L}$ の力（$= AP_{\rm L}$）を加え続ける．このような過程を **Joule-Thomson** (ジュール-トムソン) **過程**と言う．

この過程で，(c) のように左側のピストンを押し切ったときの気体の体積を V_f，（平衡状態に落ち着いた後の）温度を T_f として，T_f がいくらになっているかを求めよう．

図の (b) の状態では，気体が透過する速さは遅いとはいえ，どんどんマクロ状態が変化してゆくのだから，**気体全体は非平衡状態にある**[5)]．その間も断熱されているので，エネルギーの変化 $U_f - U_i$ は，ピストンを介して系に行われた仕事の総量に等しい．どちらのピストンにかかる圧力も一定なので仕事の計算は易しく，

$$U_f - U_i = P_{\mathrm{H}} V_i - P_{\mathrm{L}} V_f. \tag{15.16}$$

仮に気体が理想気体だったとしたら，$U = cRNT$ と $PV = RNT$ を代入すれば，この式は $cRN(T_f - T_i) = RN(T_i - T_f)$ を与えるので，整理すれば $(c+1)(T_f - T_i) = 0$ となり，$T_f = T_i$ とわかる．つまり，理想気体の場合は Joule-Thomson 過程で温度は変わらない．しかし，**実在の気体は理想気体ではないので，温度が変わる**．その場合の T_f を求めたい．

そのために，上式を

$$U_f + P_{\mathrm{L}} V_f = U_i + P_{\mathrm{H}} V_i \tag{15.17}$$

と書いてみると，これは，エンタルピー $H = U + PV$ が（途中の状態は非平衡状態で定義できないかもしれないが）最初と最後で等しいことを言っている．もしも圧力変化が微小な値 $dP = P_{\mathrm{L}} - P_{\mathrm{H}}\ (< 0)$ であれば，温度変化も微小な値 $dT = T_f - T_i$ であろう[6)]．そのような場合の dT と dP の比

$$\xi_{\mathrm{JT}} \equiv \left(\frac{\partial T}{\partial P} \right)_{H,N} \tag{15.18}$$

を，**Joule-Thomson**（ジュール-トムソン）**係数**と言う．ここで，Joule-Thomson 過程では，最初と最後で H, N が変わらないことから，「H, N を固定したときの dT と dP の比（の極限）」をとるべきなので，偏微分に添え字 H, N を付けた．

処方箋に従って計算すれば，この係数 ξ_{JT} を，以下のように，実験的に測りやすい定圧熱容量 c_P と熱膨張率 α で表すことができる．例によって値が変

5) ただし，壁の左側にある部分はほとんど平衡状態と見なせる．このため，(a) で，始状態を平衡状態にするために仕切り壁を気体を通さないものにしておいたことは，実は必要なかった．ここでは考えやすいようにそうしておいた．

6) この仮定が正しいことは，dT と dP の比である ξ_{JT} が (15.23) のように発散しない有限の値になることから確認できる．

わらない変数 N を略し，まず，ヤコビアンを用いて独立変数を (H,P) から (T,P) に替える：

$$\left(\frac{\partial T}{\partial P}\right)_H = \frac{\partial(T,H)}{\partial(P,H)} = \frac{\partial(T,H)}{\partial(T,P)}\Big/\frac{\partial(P,H)}{\partial(T,P)}$$
$$= -\left(\frac{\partial H}{\partial P}\right)_T\Big/\left(\frac{\partial H}{\partial T}\right)_P. \tag{15.19}$$

H の偏微分が出てきてしまったので，別の相加変数の偏微分に替えるために，処方箋の b) を使う．まず分母だが，熱力学的正方形からただちにわかる $dH = TdS + VdP$ を，P を一定に保って dT で割算して，

$$\left(\frac{\partial H}{\partial T}\right)_P = T\left(\frac{\partial S}{\partial T}\right)_P = Nc_p \tag{15.20}$$

と c_p で表せた．次に分子だが，$dH = TdS + VdP$ を，T を一定に保って dP で割算して，

$$\left(\frac{\partial H}{\partial P}\right)_T = T\left(\frac{\partial S}{\partial P}\right)_T + V. \tag{15.21}$$

この式の右辺第 1 項は，熱力学的正方形からただちにわかる Maxwell の関係式を用いて，

$$T\left(\frac{\partial S}{\partial P}\right)_T = -T\left(\frac{\partial V}{\partial T}\right)_P = -T\alpha V \tag{15.22}$$

と α で表せる．ゆえに，

$$\xi_{\mathrm{JT}} = \frac{\alpha T - 1}{c_P}\cdot\frac{V}{N} \tag{15.23}$$

を得る．α も c_P も容易に測定できるので，これが，ξ_{JT} を実験的に測りやすい量で表した公式になっている．すなわち，この公式の右辺の諸量に，気体の始状態における値を代入すれば，ξ_{JT} がわかり，**どの気体がどれだけの温度変化を起こすかが，Joule-Thomson 過程の実験をする前から予言できる**．

理想気体では，$V = RNT/P$ より $\alpha = RN/PV = 1/T$ であるから，$\xi_{\mathrm{JT}} = 0$ になる．すなわち，上でも見たように $T_f = T_i$ である．一方，多くの実在気体では，室温では $\alpha T > 1$ となっており，$\xi_{\mathrm{JT}} > 0$ になる．すると，$dP = P_{\mathrm{L}} - P_{\mathrm{H}} < 0$ であったから，$dT = T_f - T_i = \xi_{\mathrm{JT}} dP < 0$ となり，気体が冷えることがわかる．しかしもっと高温では，$\alpha T < 1$ となることが多く，そうなると $\xi_{\mathrm{JT}} < 0$ になるので気体は暖まる．冷えるか暖まるかの境目，すなわち $\xi_{\mathrm{JT}} = 0$ となる温度 T_{JT} を**逆転温度**と呼ぶが，それは (15.23) より

$$\alpha T = 1 \quad (\text{at } T = T_{\rm JT}) \tag{15.24}$$

を満たす T として与えられる．$T < T_{\rm JT}$ であれば気体は冷え，$T > T_{\rm JT}$ なら暖まるわけだ．

なお，ここでは図 15.2 のような理論的な解析がやりやすい状況を想定して分析したが，Joule-Thomson 過程の本質は，気体が高圧の状態から低圧の状態へと断熱変化するところにある．したがって，たとえば，ボンベに入れた高圧の気体のバルブを開けて空気中に気体を放出するケースでも，大気圧は一定だし熱はすぐには大気に伝わらないから，近似的に Joule-Thomson 過程と見なすことができる．だから，ボンベの温度が $\xi_{\rm JT} > 0$ となる温度だったならば，放出される気体は（大気によって暖められるまでの間は）冷たくなる．

第16章 熱力学的安定性

ある状態に乱れがもたらされても，系が自発的に元の状態に戻るとき，その状態はその乱れに対して**安定** (stable) だ，あるいは**安定性** (stability) を持つ，と言う．そうでなければ，**不安定** (unstable) だと言う．この章では，平衡状態の安定性を論ずる．

16.1 様々なタイプの乱れと安定性

一口に「乱れ」といっても様々なタイプがあるので，分類しておこう．まず，つまらない例を排除する．たとえば，一部の粒子を取り出してから断物壁で囲ってしまうようなことをしたら，もはや系が自発的に元の状態に戻ることができないのは自明である．そういったつまらない例を考えても仕方がないので，以下では，この例のような**束縛条件から元に戻れないことが自明な乱れは考えない**ことにする．

次に，乱れが生ずる範囲に着目しよう．乱れが系の中の小さな（系全体の体積に比べればずっと小さな体積の）部分に限定されている場合，**局所的** (local) な乱れと呼ぶ．乱れが局所的とは限らない（局所的かもしれないしそうでないかもしれない）ときは，**大域的** (global) な乱れと呼ぶことにしよう（用語についての注意は下の補足）．これらは要するに，乱れの範囲が（系の空間的広がりに比べて）狭い範囲に限定されているか，そうとは限らないかを区別する言葉である．

それぞれの場合について，乱れによって生ずる部分系の相加変数の変化の大きさが，与えられた条件下で許される幅（(3.11) の最大値を探すときに振る値の範囲）に比べてずっと小さいときは**小さな乱れ**と呼び，そうとは限らない（小さいかもしれないしそうでないかもしれない）ときは**大きな乱れ**と呼ぶことにする．これらは，乱れの大きさが（その許される最大値に比べて）小さいか，そうとは限らないかを区別する言葉である．

たとえば，平衡状態ではエネルギー密度が一様であるような系で，容器の右半分の方が左半分よりもエネルギー密度がわずかに高くなるような乱れは，「小さな大域的な乱れ」である．一方，容器のとても小さな部分を瞬時に熱してそこだけエネルギー密度が極端に高くなるようにする乱れは，「大きな局所的な乱れ」である．

安定性を論ずるときは，どんなタイプの乱れに対する安定性かをはっきりさせて議論する必要がある．たとえば，大域的な乱れに対して安定であれば，その状態は**大域的な安定性** (global stability) を持つと言う．一方，局所的な乱れに対しては安定だが，大域的な乱れに対しては必ずしも安定ではないときは，**局所的な安定性** (local stability) を持つと言う．ここの定義では，局所的な乱れは大域的な乱れの特殊なケースになるから，**大域的な安定性を持てば局所的な安定性も持つ**.

また，小さな乱れは大きな乱れの特殊なケースになるから，**大きな乱れに対して安定なら小さな乱れに対しても安定**である．実は，以下で述べる結果はすべて大きな乱れに対して安定であるという内容で，その特殊なケースとして小さな乱れに対する安定性を 16.3.2 項で論じる．だから，結果としては，(「準平衡状態」などへ拡張しない純粋な）熱力学系では，局所的か否かだけが安定性の違いをもたらす[1)]，ということになる．

補足：乱れの種類に関する言葉遣いの違い

本書で言うところの「小さな乱れ」を「局所的な乱れ」と呼び，小さくない乱れを「大域的な乱れ」と呼ぶ文献もあるので注意して欲しい（たとえば参考文献 [6]）．また，「ゲージ理論」[2)]などでは，「大域的」という言葉を「全体にわたって一様に」という意味に使うので，本書の「大域的」よりずっと限定的であり，大域的なゲージ変換に対する不変性は局所的なゲージ変換に対する不変性を意味しない．ゲージ理論のような言葉使いをすれば，本書の「大域的な乱れ」と言うのは，局所的な乱れが系全体にわたって起こるケースまで含んでいることになる．これらは，どれが正しいかというような問題ではなく，単に

1) 局所的な乱れに対して安定だが，大域的な乱れに対しては不安定な例は，強磁性体の磁化を乱すような乱れである．この場合，すべての磁気モーメントの向きを一斉に変えてしまうような大域的な乱れに対して不安定である．

2) 例に出しているだけだから，ここではゲージ理論がどういう理論であるかを知っている必要はない．

言葉遣いの違いである．

16.2 Le Chatelier の原理

エントロピーの自然な変数が $U, \boldsymbol{X}$ $(= U, X_1, \cdots, X_t)$ であるような系を考える．この系が単純系であれば $U, \boldsymbol{X}$ で平衡状態が（実質的に）定まるし，複合系の場合にも，通常の系では，$U, \boldsymbol{X}$ の値と内部束縛条件で平衡状態が定まるのであった．そのような単純系または複合系を考える．その平衡状態が何らかの原因で乱されて非平衡状態になったときの安定性を議論する．ただし，16.1 節の冒頭で述べたように，束縛条件から元に戻れないことが自明な乱れは考えない．なお，一般の場合を説明するが，$U, \boldsymbol{X} = U, V, N$ の場合を想定して読めばわかりやすいと思う．

16.2.1 エントロピーの自然な変数の値を変えない乱れの場合

まず，$U, \boldsymbol{X}$ がすべて保存量であり，これらの値が変わらないような乱され方をされた場合を考えよう．たとえば，粒子を容器の片側に寄せて，物質量密度に空間的な偏りをもたらす（全物質量 N は変わらないが各部分系の物質量は変わる）のが典型的な乱し方である．乱す際にした仕事で U が上昇してしまったら，冷やすなどして U は元の値に戻しておく．

このような乱れた状態でも，放っておけば，要請 I から再び平衡状態になる．その間も，保存量である $U, \boldsymbol{X}$ はずっと値が変わらないから，その平衡状態は元の平衡状態と同じである．ということは，乱された状態から平衡状態へと向かうときには，乱れを打ち消すような変化が起こることになる[3)]．つまり，

定理 16.1 エントロピーの自然な変数 $U, \boldsymbol{X}$ がすべて保存量であり，これらの値と内部束縛条件で平衡状態が一意的に定まるような系の平衡状態に，$U, \boldsymbol{X}$ の値が変わらない（各部分系の相加変数の値は変わる）ような乱れを生じさせると，その乱れを打ち消すような変化が誘起され，や

3) **途中ではむしろ乱れを助長する方向の変化が起こることもありうる**が，最終的には乱れを打ち消す．

がて元の平衡状態に戻る.

これは，**Le Chatelier**（ル・シャトリエ）**の原理**と呼ばれる法則の一例である．この議論では乱れは局所的である必要もないし小さい必要もないので，**大域的な大きな乱れに対する安定性を持っている**というわけである.

16.2.2 エントロピーの自然な変数の値を変える乱れの場合

次に，平衡状態にあった系が，$U, \boldsymbol{X}$ の値が変わるような仕方で乱された場合を考えよう．簡単のため，系は単純系であり，どの $U, \boldsymbol{X}$ の値についても平衡状態は空間的に均一だとしよう.

初め均一な平衡状態にあった系を，空間的な不均一が生ずる仕方で任意に乱したとする.（これは，外力により無理矢理乱したのであり，平衡状態が自発的に不均一になったわけではないことに注意して欲しい.）このとき，一般には $U, \boldsymbol{X}$ の値も最初とは異なってしまうだろう．たとえば，系の左半分だけ瞬時に熱すると，エネルギーが左半分だけ高いような不均一な状態が生じ，系の左右のエネルギーの合計値である U の値も大きくなる．このような乱された（不均一な）状態を放っておけば，新しい $U, \boldsymbol{X}$ の値を持った平衡状態へと移行するが，仮定によりそれは均一な状態である．ということは，乱されて不均一になった状態から平衡状態へと向かうときには，不均一性を打ち消すような変化が起こることになる（ただし脚注 3)．このことは，エントロピーの自然な変数が保存量でなくても成り立つので，次の定理を得る：

定理 16.2 平衡状態が均一であるような単純系が乱されて不均一な状態になると，その不均一を打ち消すような（途中はともかく最終的には打ち消しているような）変化が誘起される.

これも **Le Chatelier**（ル・シャトリエ）**の原理**の一例である．これは，最後の平衡状態が，乱す前の平衡状態とは（$U, \boldsymbol{X}$ の値を変えてしまったために）異なるので，純粋な意味の安定性を意味しない．しかし，均一な状態から均一な状態へと「戻ってくる」という意味で，この場合も「平衡状態は**安定性** (stability) を持つ」と言うことが多い．これについても，乱れは局所的である

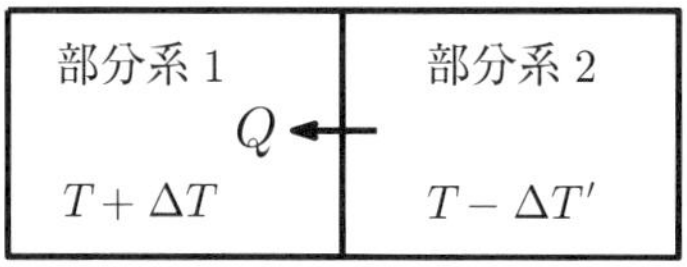

図 16.1 内部に透熱固定壁を持つ複合系が，温度 T の平衡状態にあったとする．あるとき，何らかの理由で，部分系 2 から部分系 1 に熱 Q が流れたとする．

必要もないし小さい必要もないので，**大域的な大きな乱れに対する安定性を持っている**．

16.2.3 具体例

図 16.1 のような，内部に透熱固定壁を持つ複合系が平衡状態にあったとする．このとき，部分系 1 と部分系 2 の温度は等しい．あるとき，何らかの理由で，部分系 2 から部分系 1 に熱 Q (>0) が流れたとする．単純には，ヒートポンプで（この複合系全体の U は変わらないように調整しながら）熱を移動させたと思えばよい[4)]．何が起こるか見やすいように，透熱固定壁の熱伝導があまり良くないために熱の流れがゆっくりで，それぞれの部分系にとって準静的な過程になっているとして，それぞれの部分系の温度がどのように変化するかを見てみよう．熱 Q が流れると，$Q>0$ と仮定したから部分系 1 の温度は上昇し，部分系 2 の温度は下降する．そのため，Q とは逆向きの，部分系 $1\to$ 部分系 2 の向きの熱の流れが新たに生じ，元の平衡状態に戻っていく．これはまさに，定理 16.1（p.15）の一例になっている．

別の例として，図 16.2 のような単純系を考えよう．初めは均一な平衡状態にあったとする．あるとき，点線より左側の部分にだけ外部から熱 Q (>0) を加える．点線のところには何の壁もないわけだが，便宜上，左側を部分系 1，右側を部分系 2 と呼ぶことにする．熱を加える速さはそれぞれの部分系にとって準静的だとすると[5)]，それぞれの部分系の温度を議論できる．すると，

4) ♠ ヒートポンプなどの外部的要因ではなく，系の内部の自発的なゆらぎで熱が移動するケースは，微妙だが重要である．「微妙」というのは，自発的なゆらぎでは $Q=o(N)$ だから，はたしてここで想定している $O(N)$ の変化に対する結果に当てはまるかどうか，という点である．Onsager は，それが当てはまると仮定して有名な「相反定理」を導いた．それが「重要」な点である．彼はその業績によりノーベル化学賞を受賞した．

5) たとえば，熱を伝える速さが遅い物質でできていると考えればよい．

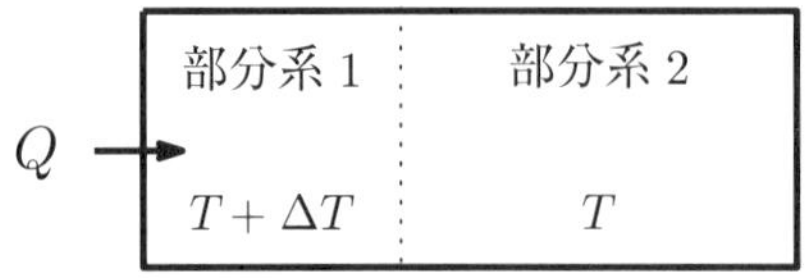

図 16.2 単純系が初めは均一な平衡状態にあったとする．あるとき，点線より左側の部分にだけ外部から熱 Q を加える．点線の左側を部分系 1，右側を部分系 2 と呼ぶことにする．

上の例と同様に，部分系 1→ 部分系 2 の向きの熱の流れが生じることがわかる．これは，Q によって生じた不均一を打ち消す方向の熱の流れだから，定理 16.2（p.16）の一例になっている．

16.3 安定性と熱力学関数の最大・最小の原理および凸性

前節の議論では，要請 II-(v)（エントロピー最大の原理）は直接には使わなかった．それでも安定性についてかなり強いことが言えたわけだが，要請 II-(v) も用いると，安定性と物理量を結びつけて議論することができるようになるので，より詳しいことが言える．以下ではそれを説明する．なお，エントロピーの自然な変数の中に保存量でないものを持つ系の場合には個別の系の性質に応じて立ち入った考察が必要になるケースが出てくるので，**以下ではエントロピーの自然な変数がすべて保存量である場合について論ずる**ことにする．

16.3.1 局所平衡エントロピーの減少と増大

定理 16.1（p.15）のように，$U, \boldsymbol{X}$ の値が変わらないような乱れが生じた場合を考える．そして，乱れた状態がたまたま，系をうまく部分系に分けてやればどの部分系も平衡状態にあると見なせるような，局所平衡状態だったとする．すると，各部分系のエントロピー $S^{(1)}, S^{(2)}, \cdots$ が定義できるので，局所平衡エントロピー $\widehat{S} = \sum_i S^{(i)}$ が（仮想的な状態に対する量ではなく）現実の状態に対する量として定義できている．その $\widehat{S}$ と，最後の平衡状態（= 最初の平衡状態；定理 16.1 による）のエントロピー S に対してエントロピー最大の原理 $S \geq \widehat{S}$ が成り立ち，平衡状態に戻った後には等号が成り立つのだから，次のことが言える：

定理 16.3　定理 16.1 の状況で，局所平衡状態へと系の状態を乱すと，局所平衡エントロピー $\widehat{S}$ が減少し，しばらく放っておくと，再び $\widehat{S}$ が最大の平衡状態に戻る．

これは，定理 16.1 の特殊なケースに過ぎないが，$\widehat{S}$ の値について語っているので，若干具体的になっている．また，系が単純系であるとすると，$S \geq \widehat{S}$ は，5.3 節で述べたようにエントロピーの凸性を導いた．したがって，**上記の安定性はエントロピーの凸性と結びついている安定性である**とも言える．ただし，（局所平衡状態を仮定していないから）より一般的である定理 16.1 はエントロピーの凸性を直接には用いていなかったことを再度注意しておく．

同様にして，**様々な熱力学関数の最大・最小の原理は，局所平衡状態になるような大域的な大きな乱れに対する安定性を導き**，またそれが，それぞれの**熱力学関数の凸性と結びついている**ことが示せる．

16.3.2　簡単な熱力学的不等式

次に，小さな乱れに対する安定性と結びついた不等式を紹介する．定理 5.8 より，単純系のエネルギー $U(\vec{X})$ は下に凸な関数である．ただし $\vec{X} \equiv (S, \boldsymbol{X}) \equiv (X_0, X_1, \cdots, X_t)$ と記した（$X_0 = S$）．したがって，個々の変数 X_k についても下に凸である．ゆえに，(5.23) を下に凸なケースに翻訳した式より，

定理 16.4　熱力学的不等式その 1： 単純系を考える．そのエネルギー表示の基本関係式 $U = U(\vec{X})$ が 2 階偏微分可能である点 $\vec{X}$ において，

$$\frac{\partial^2 U(\vec{X})}{\partial X_k^2} = \frac{\partial P_k(\vec{X})}{\partial X_k} \geq 0 \quad (k = 0, 1, \cdots, t). \qquad (16.1)$$

これを**熱力学的不等式** (thermodynamic inequality) と呼ぶ.

この定理は，$U(\vec{X})$ の凸性の一側面にすぎない．その $U(\vec{X})$ の凸性はエントロピー $S(\vec{X})$ の凸性の帰結だった．すぐ上で見たように，$S(\vec{X})$ の凸性は大きな乱れに対する安定性と関係していたので，微小変化しか見ていない上の定理は（したがって熱力学的不等式は），その特殊なケースであるところ

の**小さな乱れに対する安定性と関係している**．しかしながら，$U(\vec{X})$ の微係数は様々な物理量を表すので，この結果はとても有用である．そのことを，$S, \boldsymbol{X} = S, V, N$ の場合について見てみよう．

たとえば，(16.1) で $k = 1$ に選んだ式は，圧力 P に関して

$$\left(\frac{\partial P}{\partial V} \right)_{S,N} \leq 0 \tag{16.2}$$

を与える．これは，S, N を一定にして V を増すと圧力が減少する（強減少するか一定値を保つ）ことを示している．すなわち，**断熱断物して準静的に単純系の体積を増すと，どんな単純系でも圧力は減少する**のである．誤解がないように注意しておくと．**圧力自身の符号は正でも負でも構わない**．たとえば，引き延ばしたゴムの圧力は負である．それをもっと引き延ばすと圧力はもっと大きな負の値になるので圧力は減少したことになり，上記の不等式が成り立つ．

同様に，(16.1) で $k = 2$ に選んだ式は，化学ポテンシャル μ に関して

$$\left(\frac{\partial \mu}{\partial N} \right)_{S,V} \geq 0 \tag{16.3}$$

を与える．これは，**堅い断熱容器に入れた単純系の物質量を準静的に増すと，どんな単純系でも化学ポテンシャルが増加する**ことを示している．**化学ポテンシャル自身の符号は正でも負でも構わない**が，物質量を増すと増加する，ということだ．

なお，(16.1) で $k = 0$ に選んだ式は，温度 T に関して

$$\left(\frac{\partial T}{\partial S} \right)_{V,N} \geq 0 \tag{16.4}$$

を主張していることがわかるが，この結果は，$U(S, V, N)$ が 2 階偏微分可能という限定条件のない定理 6.3 に含まれている．（この定理より，定積熱容量も定圧熱容量も正であること（(14.4), (14.19)）が導かれたのであった．）

16.3.3　$C_P \geq C_V$ の証明

熱力学的不等式の応用例として，14.2 節で直感的に説明した $C_P \geq C_V$ という不等式 (14.19) を証明しよう．

そのために，まず，この不等式を書き換える．(15.8) を用いて，

$$C_P = T \left(\frac{\partial S}{\partial T}\right)_{P,N} = T \Bigg/ \left(\frac{\partial T}{\partial S}\right)_{P,N} \tag{16.5}$$

$$C_V = T \left(\frac{\partial S}{\partial T}\right)_{V,N} = T \Bigg/ \left(\frac{\partial T}{\partial S}\right)_{V,N} \tag{16.6}$$

と書けるので，$C_P \geq C_V$ は，

$$\left(\frac{\partial T}{\partial S}\right)_{P,N} \leq \left(\frac{\partial T}{\partial S}\right)_{V,N} \tag{16.7}$$

と書き換えられる．左辺を 15.3 節の処方箋を用いて変形して，左辺 = 右辺 + 正にはなれない量，という形の式に持っていく方針で証明しよう．

式を見やすくするために，変数 N は略すと，

$$\begin{aligned}
\left(\frac{\partial T}{\partial S}\right)_P &= \frac{\partial(T,P)}{\partial(S,P)} \quad \text{の独立変数を } S,V \text{ にしたいので (15.5) を用いて} \\
&= \frac{\partial(T,P)}{\partial(S,V)}\frac{\partial(S,V)}{\partial(S,P)} \quad \text{これに (15.1), (15.3) を用いて} \\
&= \left[\left(\frac{\partial T}{\partial S}\right)_V \left(\frac{\partial P}{\partial V}\right)_S - \left(\frac{\partial P}{\partial S}\right)_V \left(\frac{\partial T}{\partial V}\right)_S\right] \left(\frac{\partial V}{\partial P}\right)_S .
\end{aligned} \tag{16.8}$$

これに (15.7) とマクスウェルの関係式 (13.70) を用いれば，

$$\left(\frac{\partial T}{\partial S}\right)_P = \left(\frac{\partial T}{\partial S}\right)_V + \left(\frac{\partial V}{\partial P}\right)_S \left[\left(\frac{\partial T}{\partial V}\right)_S\right]^2 \tag{16.9}$$

を得る．右辺の「+」以下は，熱力学的不等式 (16.2) と (15.7) より ≤ 0 であるから，(16.7) が従う．こうして $C_P \geq C_V$ が証明できた．

重要なことは，この証明には，基本関係式の具体的な表式を一切使っていないことである．したがって，**不等式 (14.19) は，あらゆる物質について成り立つ普遍的な不等式**である！

16.3.4 ♠ 熱力学的不等式その 2

上記の証明では，$C_P \geq C_V$ を不等式 (16.7) に変形してから証明した．後者の不等式は，((6.6) でそうしたように）$S = X_0$，$V = X_1$，$N = X_2$，$T = P_0$，$P = -P_1$ と書くと，

$$\left(\frac{\partial P_0}{\partial X_0}\right)_{P_1} \le \left(\frac{\partial P_0}{\partial X_0}\right)_{X_1} \quad (\text{両辺とも } X_2 \text{ は固定}) \tag{16.10}$$

と綺麗な形になる．ところで，この不等式の証明において，ここに現れた番号が $0, 1, 2$ でなければ成り立たないようなことは一切使っていなかった．したがって，ただちに一般化できる：

定理 16.5　熱力学的不等式その 2： 単純系では，エネルギーの自然な変数 $X_0, X_1, \cdots$ のうちの，X_j, X_k 以外のすべての変数の値を固定したとき，

$$\left(\frac{\partial P_j}{\partial X_j}\right)_{P_k} \le \left(\frac{\partial P_j}{\partial X_j}\right)_{X_k} \quad (j \ne k). \tag{16.11}$$

これも**熱力学的不等式** (thermodynamic inequality) と呼ばれる．

たとえば，$j = 1, k = 0$ と選べば，

$$\left(\frac{\partial P}{\partial V}\right)_{T,N} \ge \left(\frac{\partial P}{\partial V}\right)_{S,N} \tag{16.12}$$

を得る．$P_1 = -P$ であるから不等号が反転していることに注意せよ．

また，この節と同様な議論をすれば，U 以外の熱力学関数の凸性からも様々な不等式が導かれる．それらも**熱力学的不等式** (thermodynamic inequality) と呼ばれることがある．たとえば，F は V について下に凸だから，2 階偏微分可能なところでは次の熱力学的不等式が成り立つ：

$$\left(\frac{\partial P}{\partial V}\right)_{T,N} \le 0. \tag{16.13}$$

(16.2) とは固定している変数が違うが，不等号の向きは同じである．

問題 16.1　熱力学的不等式 (16.11) の X_j, X_k, X_l, P_j, P_k に様々な具体的な変数を入れ，様々な不等式を書き下してみよ．そのうちで物理的に解釈できるものは解釈せよ．

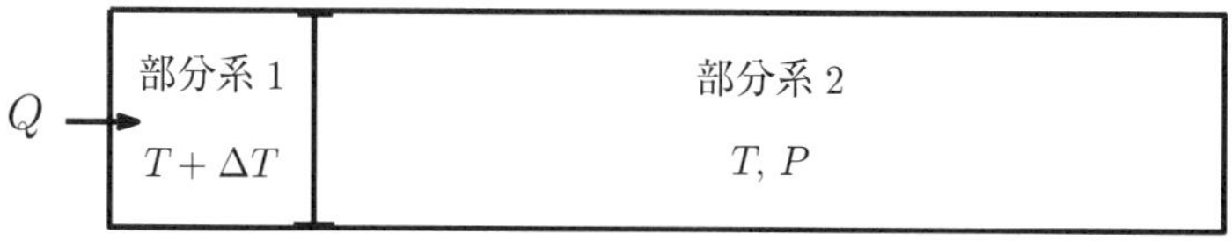

図 16.3 内部に透熱可動壁を持つ複合系が，温度 T 圧力 P の平衡状態にあったとする．あるとき，部分系 1 に外部から熱 Q を加える．

16.3.5 ♠ 具体例

図 16.3 のように，内部に透熱可動壁を持つ複合系の部分系 1 にゆっくりと熱 Q (> 0) を加えた場合を考えよう．この過程がそれぞれの部分系にとって準静的だとすると，それぞれの部分系の温度を議論できる．すると，16.2.3 項の例と同様に，部分系 1→ 部分系 2 の向きの熱の流れが生じることがわかる．

ただし，このケースでは，変化はそれだけではない．もしも壁が固定されていたならば，温度上昇に伴って部分系 1 の圧力が増すだろう．しかし，今の場合は可動壁であるから，部分系 1→ 部分系 2 の向きに壁が動くであろう．このとき，部分系 2 の体積が十分大きいとすると，部分系 2 の圧力 P は一定に保たれ，（熱を加えるのはゆっくりだから）部分系 1 の圧力はほとんど P に等しく保たれて壁がゆっくりと動くであろう．定理 16.5 の熱力学的不等式 (16.11) によると，これは壁が動かない場合に比べて温度上昇が小さくなることを示している．これは，定理 16.1 や定理 16.2 の状況には当てはまらないが，（熱を加えるという）乱れによって生ずる（温度の）変化を軽減する向きに（壁の移動という）変化が起こるということなので，やはり安定性を表している．これも，**Le Chatelier**（ル・シャトリエ）**の原理**と呼ばれ，熱力学的不等式が有用になる顕著な例である．

また，図 16.1 や図 16.2 の場合には，「熱を加えると，温度が上昇して，変化を緩和する向きに熱が流れる」という，乱れそのものと同質な変化，あるいはそれに共役な示強変数の変化を言っている．それは，熱力学的不等式で言えば (16.1) から導かれることであった．それに対して，図 16.3 の場合には，「熱を加えるとその変化を緩和する向きに壁が移動する」という，乱れとは異質な量の変化を言っている．それは，熱力学的不等式 (16.11) から導かれることであった．このような違いを強調するときには，**Le Chatelier**（ル・シャトリエ）**の原理**という言葉を前者に限定して用い，後者を **Le Chatelier-Braun**（ル・シャトリエ-ブラウン）**の原理**と呼ぶこともある．

16.3.6 ♠♠ 熱力学的不等式その 3

最後に，定理 16.4 を拡張しておこう．そのために，まず凸関数の 2 階偏微分係数の性質を見ておく．下に凸な多変数関数の定義は，(5.26) の不等号をひっくり返した $f(\lambda\vec{a}+(1-\lambda)\vec{b}) \le \lambda f(\vec{a})+(1-\lambda)f(\vec{b})$ である．この式で，適当な 2 つのベクトル $\vec{x}, d\vec{x}$ を用いて，$\vec{a}=\vec{x}+d\vec{x}, \vec{b}=\vec{x}-d\vec{x}, \lambda=1/2$ と選ぶと，

$$f(\vec{x}) \le \frac{f(\vec{x}+d\vec{x})+f(\vec{x}-d\vec{x})}{2} \tag{16.14}$$

を得る．もしも点 $\vec{x}=(x_1,x_2,\cdots)$ において f が C^2 級であれば，右辺を $d\vec{x}$ の 2 次までテイラー展開[6)]することができる．すると，任意の微小な $d\vec{x}$ の 2 次までの精度で，

$$\sum_{k,l} \frac{\partial^2 f(\vec{x})}{\partial x_k \partial x_l} dx_k dx_l \ge 0 \tag{16.16}$$

を得る．$d\vec{x}$ は任意だから，この式は $\dfrac{\partial^2 f(\vec{x})}{\partial x_k \partial x_l}$ を係数とする二次形式が「非負定値」（付録 C 参照）であることを示している．f は C^2 級だとしたのだから，数学の定理 1.2（第 I 巻 p.12）より，この係数は k と l について対称である．

この結果はただちに熱力学に適用できる．すなわち，単純系を考えると，定理 5.8 より，そのエネルギー $U(\vec{X})$ は下に凸な関数である．ただし $\vec{X} \equiv (S,\boldsymbol{X}) \equiv (X_0,X_1,\cdots,X_t)$ と記した（$X_0=S$）．したがって，上記のことより次の定理を得る：

定理 16.6 熱力学的不等式その 3： 単純系では，そのエネルギー表示の基本関係式 $U=U(\vec{X})$ が C^2 級以上である点 $\vec{X}$ において，$\dfrac{\partial^2 U(\vec{X})}{\partial X_k \partial X_l}$ を k 行 l 列成分とする実対称行列 $\left(\dfrac{\partial^2 U(\vec{X})}{\partial X_k \partial X_l}\right)$ は非負定値である．したがって，付録 C で述べた非負定値行列に関する様々な結果がすべて成り立

6) n 変数関数 $f(\vec{x})$ が，ある点 $\vec{x}=(x_1,\cdots,x_n)$ の近傍において C^2 級関数であるとき，$f(\vec{x}+d\vec{x})$ は次のように 2 次の**テイラー展開** (Taylor expansion) ができる：

$$f(\vec{x}+d\vec{x}) = f(\vec{x}) + \sum_{i=1}^{n} \frac{\partial f(\vec{x})}{\partial x_i} dx_i + \frac{1}{2!}\sum_{i=1}^{n}\sum_{j=1}^{n} \frac{\partial^2 f(\vec{x})}{\partial x_i \partial x_j} dx_i dx_j + o\left(|d\vec{x}|^2\right). \tag{16.15}$$

つ．特に，

$$\text{行列} \left(\frac{\partial^2 U(\vec{X})}{\partial X_k \partial X_l} \right) \text{の任意の主小行列式} \geq 0. \qquad (16.17)$$

これらも**熱力学的不等式** (thermodynamic inequality) と呼ばれる．

この定理は，その特殊なケースとして定理 16.4 を含む．そして，定理 16.4 と同様に，エネルギーの凸性の一側面にすぎないのだが，$U = U(\vec{X})$ の微係数は様々な物理量を表すので有用である．

第 17 章
相転移

この章では単純系を考え，その「相転移」を説明する．これは，場の量子論などの現代の物理学を理解する上でもキーポイントになる重要な現象である．これを理解しようとするときに，本書で詳解した，エントロピーの自然な変数の概念や特異性のある関数のルジャンドル変換が威力を発揮する．

17.1　相と相転移

単純系を考える．そのエントロピーの自然な変数を $U, \boldsymbol{X}$ とし，その密度を $\boldsymbol{\zeta}$ とする[1)]．言い換えれば，エントロピー密度の自然な変数が $\boldsymbol{\zeta}$ である：$s = s(\boldsymbol{\zeta})$．たとえば $U, \boldsymbol{X} = U, V, N$ のときは，（密度にはモル密度を採用すれば）$\boldsymbol{\zeta} = u, v$ である．この例のように，$\boldsymbol{\zeta}$ は $U, \boldsymbol{X}$ よりも変数が 1 つ少なくなることを注意しておく．

均一な平衡状態から出発しよう：

定義：相

> 単純系がマクロに見て均一な平衡状態にあれば，その単純系は「単一の**相** (phase) にある」とか「**単相**の状態にある」と言う．

単相の状態は均一だから，$U, \boldsymbol{X}$ が適切に選んであれば，（3.3.6 項で説明したように全体の形状だけが異なる状態を同一視しさえすれば）$U, \boldsymbol{X}$ で完全に定まる．

たとえば 13.4 節の例を考えよう[2)]．1 気圧の圧力がかかった水は，温度が

1)　U を X_0 と書くと，$\boldsymbol{\zeta}$ は $X_0, X_1, \cdots$ の密度なのだから $\boldsymbol{x}$ と書きたいところだが，$\boldsymbol{x}$ は多成分系の議論のときに，「モル分率」という量を表すためにとっておきたいので，$\boldsymbol{\zeta}$ としておいた．

2)　これは，空気などがない，**純粋な水だけを容器に入れたケースを考えている**．しばらく

0°C より高く 100°C より低い間は液体であり，単一の相にある．このような液体の単一の相は**液相** (liquid phase) と呼ばれる．また，100°C よりも高温では，「水蒸気」と呼ばれる気体であり，単一の相にある．このような気体の単一の相は**気相** (gaseous phase) と呼ばれる．これをみると，$T = 100°\mathrm{C}$ を境に，相が「切り替わって」いる．そのことを，きちんと定式化しよう．

第 I 巻 p.262 図 13.1 (i) のように，はじめ液相にあった水を，**$P = 1$ 気圧に保ったまま，ゆっくりと加熱して温度 T を上げていく**とする．すると，物質量 N は一定で U と V が増えていくので，$\boldsymbol{\zeta} = u, v$ の値はどんどん増えてゆく．つまり，$\boldsymbol{\zeta}$ で張られる熱力学的状態空間内を連続的に動いてゆく．このとき，系の状態は，$T = 100°\mathrm{C}$ に達するまではずっと液相のままである．この間は，後述のように，完全な熱力学関数のどれもが解析的で[3]，熱容量や圧縮率も温度とともに連続的に変化する．

さらに加熱を続けて $T = 100°\mathrm{C}$ に達すると，図 13.1 (ii) のように気相ができはじめる．すなわち，系の平衡状態は，重力などの外的な要因がなくても自発的に，液相の部分と気相の部分に分離して，2 相が共存する不均一な平衡状態になる．この状態では，熱を加えるほど，どんどん気相の割合が増えてゆく．その間，$\boldsymbol{\zeta} = u, v$ の値はどんどん増してゆくが，温度は 100°C のままである．したがって，(14.13) で定義される定圧熱容量は無限大に発散している．(14.15) によると，これは，Gibbs エネルギー $G(T, P, N)$ に 1 階偏微分不可能という特異性が生じたことを示している．

さらに熱を加え続けると，図 13.1 (iii) のように液相部分が減って気相部分が増えてゆき，やがて (iv) のようにすべてが気相になる．さらに熱を加え続けると，気相のまま温度が上がり始める．そうなると，再び完全な熱力学関数のどれもが解析的になり，熱容量や圧縮率も熱を加えるとともに連続的に変化する．

こうして，はじめ液相にあった水が気相へと移り変わる現象が観察できる．このように，異なる相の間を移り変わる現象を「相転移」と呼ぶ…のだが，この実験の一部始終で，**状態は連続的に変化しており，$\boldsymbol{\zeta}$ も状態空間内を連続的に移動していく**．したがって，どのような変化があったら「異なる相に移っ

の間，具体例を挙げるときには，そういう一成分の単純な物質の相転移をとりあげる．多成分系（混合物）の相転移の具体例は，17.8 節などでとりあげる．

3) **解析的** (analytic) の意味は第 I 巻 p.12 の補足．解析的でないとき，**特異的** (singular) あるいは**特異性** (singularity) がある，と言う．

た」と言うのかを明確化する必要がある．そういう観点でこの例を振り返ると，温度が 100°C を通過するときに $G(T, P, N)$ に**特異性が生じたことを「異なる相に移った」と定義**すればよいことに気づく．そこで，これを一般化して，次のように定義する：

定義：相転移

単純系を考える．エントロピー密度の自然な変数 $\boldsymbol{\zeta}$ で張られる熱力学的状態空間内のひとつの経路に沿って，連続的に状態を変化させていったとき，その経路上のある点で完全な熱力学関数のいずれかが解析的でなかったら，そこを**転移点** (transition point) とする**相転移** (phase transition) が起きた，と言う．

熱力学的状態空間内の様々な経路を想像しつつこの定義を当てはめてみればわかるように，相転移を起こす系の熱力学的状態空間は，**完全な熱力学関数のすべてが解析的な領域と，いずれかが解析的でない領域の，2 種類に色分けすることができる**．後者の領域を，**相転移領域** (phase transition region) と呼ぶ．状態を連続的に変化させたとき，相転移領域を通ったら，そこを転移点とする相転移が起きるわけだ[4)]．

裏を返せば，**相転移領域以外では完全な熱力学関数はどれも解析的であり，したがって無限階連続的微分可能である**．熱力学量はどれも完全な熱力学関数の微係数で表せるから，**相転移領域以外では，すべての熱力学量は有限で連続である**．

なお，上記の定義に「ひとつの経路に沿って」と明記されているように，**相転移の有無は，最初と最後の平衡状態だけを指定しても決まらない**，途中でどこを通ったかという**経路に依存する概念である**．17.3.1 項で実例を見るように，始状態も終状態も共通な 2 つの経路で，一方の経路では相転移が起こるのに，もう一方の経路では，相転移領域をよけて相転移を起こさずに同じ終状態に到れる，ということがあるのだ．

4) ♠ 経路の最初から最後まで相転移領域内にある場合に相転移が起きたと言うかどうかは読者の裁量に任せる．専門家同士が議論する場合にも，人によって異なる定義のすり合わせが必要になることは日常茶飯事である．もちろん，言葉遣いの違いに過ぎないので，本質的な問題は生じない．

♠♠ 様々な「相」の定義と「定義すること」自体の問題

「相」を定義するのに，相転移の定義に似せて「どの熱力学関数にも特異性のない領域を相と呼ぶ」というような定義をしばしば見かける．ただ，それではいろいろと困ってしまう．たとえば，2 相が共存する領域では特異性があるので相がないことになるが，その場合の 2 相とは何ぞや？　たとえ個々の相を取り出しても，その状態はちょうど，完全な熱力学関数のいずれかが微分不可能になっている（片側微分しかない）状態にあるから，どこにも相がないことになってしまう．あくまでその路線で押し切るならば，まず状態空間の開領域での解析性で「相」を定義したあと，その開領域の閉包もその相に属すると定義するしかないだろうが，そうしてしまうと，たとえば連続相転移の転移点が両方の相に属してしまい相転移があっても相が切り替わらない，ということにもなりかねない．

これに限らず，**自然科学では，定義をしたがために微妙な問題が発生する，**ということはよくある．いっそ定義などせずにすませられればよいのだが，定義しておくと便利な面もあるし，読者が他の文献を読む都合もあるだろうから，仕方がない．

17.2　相共存

平衡状態が不均一な場合には，要請 II-(iv) により，平衡状態はそれぞれがマクロに見て空間的に均一な部分系たちに分割できる．すなわち，複数の相に分割できる．このとき，複数の相が**共存する** (coexist) とか，**相共存** (phase coexistence) が起こっていると言う．たとえば，液体の水と気体の水（水蒸気）が共存するとき，液相と気相が共存する，と言う．そうして，状態を変化させていって相共存する平衡状態が現れることを，**相分離** (phase separation) と言う．

17.2.1　共存する相の数

前節の例で，気相と液相が共存しているとき，T, P の値は，平衡条件からもわかるように，気相と液相で同じである．それに対して，$\boldsymbol{\zeta} = u, v$ の値は気相と液相で異なる（たとえば気相の方が明らかに v が大きい）．この例からわかるように，複数の相が共存しているとき，**個々の相が「どんな単一の相であるか」は，系のサイズや形状とは無関係に $\boldsymbol{\zeta}$ の値で判別する**のが妥当である．

したがって，共存する相の数は，次のように勘定する：

定義：共存する相の数

> 平衡状態にある系を均一な部分系に分割して考え，それぞれの部分系におけるエントロピー密度の自然な変数 $\boldsymbol{\zeta}$ の (組の) 値の一覧表を作る．その中に，$\boldsymbol{\zeta}$ の (組の) 値が r 種類あったら，r 個の相が共存すると言う．

何種類あるか，という勘定の仕方をするおかげで，$\boldsymbol{\zeta}$ が同じ値を持つような部分系が複数個あったときに，多重に勘定してしまうことが避けられる．たとえば平衡状態が液相，気相，液相の 3 つの単相の部分系に分かれていても，2 つの液相の $\boldsymbol{\zeta}$ が同じ値であれば，それを 2 重に勘定したりせずに「液相と気相の 2 相が共存する」と勘定するわけだ．

17.2.2 見ない変数

共存する相の数の前項で述べた数え方は，要請 II-(iv) を満たすように適切に選んだ $\boldsymbol{\zeta}$ できっちりと勘定する数え方である．実用上は，もっと大雑把に勘定する方が便利なことがある．

たとえば固相と液相が共存する平衡状態では，一般には，結晶軸が様々な方向を向いた固相が共存していて，それらは 18 章で述べる「秩序変数」で区別できる別々の相である．したがって，共存する相の数は，これらの異なる固相の数 + 液相の数であり，3 つ以上の相が共存していることになる．しかし，異なる固相と言っても結晶軸の向きが違うだけであれば，その程度の違いは無視したい（そこに興味はない）というケースも多い．そういう場合には，**それらをすべて同じ固相と見なして，この平衡状態は固相と液相の「2 相が」共存している，と言うことが多い**．これは，秩序変数を含む $\boldsymbol{\zeta}$ から秩序変数を除いたものを改めて $\boldsymbol{\zeta}$ と見なして，定義 17.2.1（p.30）の数え方をすることに相当する．

たとえば，一成分系を考え，その固相の秩序変数（の密度）を $\mathcal{O}$ としよう．秩序変数が異なれば異なる相であるときっちり数えたい場合には，$\boldsymbol{\zeta} = u, v, \mathcal{O}$ として定義 17.2.1 の数え方をする．他方，秩序変数が異なっても区別しないような大雑把な数え方をしたい場合には，$\boldsymbol{\zeta} = u, v$ として定義 17.2.1 の数え方をすればいい．

このように，相の数を勘定するときには，

(1) ζ に秩序変数を入れたまま，きっちりと勘定する．

(2) ζ から秩序変数を除いてしまって．大雑把に勘定する．

という 2 通りの数え方があり，目的次第で使い分けられている．

なお，**(2) のような勘定の仕方をするときには，相の勘定の仕方だけでなく，熱力学の計算そのものも，秩序変数を除いた ζ を用いて行うことが多い**．そのようなことをしても辻褄《つじつま》が合う理由を，下の補足で説明しておいた．本書でも，固相への相転移が出てくる議論では，話を易しくするために，これを行うことが多い．

このように，目的に応じて，何を見て何を見ないかを決め，臨機応変に理論を適用するのが，熱力学に限らず，物理学の常套《じょうとう》手段である．

♠ 補足：自然な変数から秩序変数を落としても辻褄が合う理由

自然な変数から秩序変数を落としても熱力学の計算の辻褄が合う理由を，18 章で詳述する強磁性体を例にとって説明しよう．

強磁性体の「秩序変数」は全磁化 $\vec{M}$ であり，それに共役な示強変数は外部磁場 $\vec{H}$ である．低温においては，$\vec{H}=\vec{0}$ でも $\vec{M}\neq\vec{0}$ の平衡状態が出現して，$\vec{M}$ が様々な方向を向いた相が共存しうる．しかし，「$\vec{M}$ を見ない」場合，すなわち，**$\vec{M}$ の向きにも大きさにも興味がなく，$\vec{M}$ に共役な示強変数である $\vec{H}$ もかけない（あるいはかけていてもいっさい変えない）という場合**には，それらの相は区別しないで（同じ相と見なして）熱力学を展開したい．そのためには，次のようにすればよい．

強磁性体の Gibbs エネルギーを $G(T,\vec{H},N)$ としよう (P などの変数は省略した)．$\vec{H}=\vec{0}$ のケースしか扱わないのだから，それを代入した

$$G_{\rm reduced}(T,N)\equiv G(T,\vec{0},N) \tag{17.1}$$

に着目する．Gibbs エネルギーが満たすべき凸性などの条件は，$G(T,\vec{H},N)$ が満たしているのだから，$G_{\rm reduced}(T,N)$ も満たしている．そこで，$G_{\rm reduced}(T,N)$ を系の完全な熱力学関数として熱力学を展開できないかどうか考えてみる．

これは，エントロピーの自然な変数を U,N の 2 つだけに「節約」したことに相当する．すると，自然な変数に $\vec{M}$ が欠けているために，均一な平衡状態が自然な変数で一意的に決まる保証はなくなってしまい，要請 II-(iv) が満た

せなくなる．しかし，他の要請はすべて満たされている[5]．満たせなくなった要請 II-(iv) は，第 I 巻 p.50 脚注 10) で述べたように，有れば強力だが，無くても熱力学の論理自体は成立するというものであった．したがって，エントロピーの自然な変数を U, N の 2 つに「節約」して $G_{\rm reduced}(T,N)$ を完全な熱力学関数としても，要請 II-(iv) のない熱力学ならば展開できる．

もちろん，磁気感受率（$\vec{M}$ の $\vec{H}$ 微分）などの，$G(T,\vec{H},N)$ ならば求められた結果は $G_{\rm reduced}(T,N)$ からは得られないが，そこに興味がないのだから構わない．この「節約」した熱力学における平衡状態はどれも $\vec{H}=\vec{0}$ における平衡状態だから，低温では，$\vec{M}$ が特定の方向を向いた単一の相かもしれないし，$\vec{M}$ が様々な方向を向いた相が共存するかもしれないわけだが，「$\vec{M}$ を見ない」ことにしたのだから，どちらも同じ単一の相と見なしてしまう．実際の平衡状態はいずれかが実現されていると考えれば十分だ[6]．

こうして，**$\vec{H}=\vec{0}$ における，$\vec{M}$ が様々な方向を向いた相を，同じ相と見なす熱力学を展開することができる**ようになった．上述のように，固相と液相が共存する平衡状態を，固相の秩序変数を見ないで「2 相が共存している」と言うときも，こういうことを行って相の数を勘定しているのである．

17.3 一成分系の相図

相転移を理解するためには，「相図」が便利である．そのことを，単純な一成分系を例にとって説明しよう．

17.3.1 狭義示強変数で見た相図

液相にある水を温めていった場合の相転移の例を 17.1 節では説明したが，冷やした場合は次のようになる．1 気圧の水は，0°C よりも低温では，「氷」と呼ばれる固体であり，単一の相にある．このような固体の単一の相を**固相** (solid phase) と呼ぶ．最初液相にあった水をゆっくりと冷やしていくと，温度が 0°C に達するまではずっと液相のままであるが，0°C まで冷えると，固

5) ♠ たとえば要請 I は，もともとエントロピーの自然な変数に限らず，2.3 節の (a)-(c) のタイプのマクロ物理量をすべて見ているので，自然な変数の節約とは無関係である．

6) ♠ 統計力学でカノニカル分布で $\vec{H}=\vec{0}$ として素朴に（特定の $\vec{M}$ が出やすくなるバイアスをかけずに）計算すると，低温の平衡状態が，$\vec{M}$ の向きが様々な状態たちの古典混合になってしまうのだが，熱力学では，いずれかの状態が実現していると考えればよい．

相ができはじめて，液相と共存するようになる．さらに冷やし続けると，温度は 0°C のままで，どんどん固相の割合が増えてゆく．そして，ついにはすべてが固相になる．すなわち，液相と固相の間の相転移が完結する．さらに冷やし続けると，再び温度が下がり始める．その後はずっと固相のままである．

また，温度を一定に保って圧力を変えても相転移が起こる．たとえば，1 気圧で気相にあった水に，温度を一定に保ったままどんどん圧力をかけてゆくと，液相に相転移することが知られている．

このように，水という物質は，温度 T や圧力 P を変えると様々な相になる．それを図示した図，すなわち，ある系について，T や P または他のマクロ変数（たとえば $U/N, V/N$）で張られる「空間」上のそれぞれの領域でどんな相が実現されるかを表した図を**相図** (phase diagram) と呼ぶ．

水の相図は複雑なので，思いきり単純化して，固相・液相・気相がそれぞれ 1 種類しかなく，エントロピーの自然な変数が U, V, N であるような物質を想定しよう[7)]．その相図を模式的に描いたのが図 17.1 である．変数としては，T と P を選んである．両方とも狭義示強変数であることに注意して欲しい．相加変数密度を選んだ場合の相図は次項で説明する．また，N 依存性については，相加変数の値を一斉に何倍かしてもどの示強変数の値も変わらないので，N の値に無関係に同じ相図が得られる．これは物理的には「1 気圧で 50°C の水は，何 mol あろうがすべて液相にある」というような自明なことである[8)]．そのため，**相図を見るときは，系全体の物質量 N は忘れてよい**．

図 17.1 の見方を図 17.2 で説明しよう．たとえば，図 17.2 の a という点の T, P を持つ状態は固相にある．状態 a から出発して，図の点線のように，P を一定に保ったまま T を増してゆくと，しばらくは固相のまま温度が上がっていくが，b を通過するところで液相へと相転移する．この点 b が，点線に沿って状態変化させたときの**転移点** (transition point) であり[9)]，そこでの T の値を**転移温度** (transition temperature) と呼ぶ．図からわかるように，P の値

7)　これは，「それぞれ 1 種類」ということに加えて，17.2.2 項で述べた 2 つの勘定の仕方のうちの (2) を採用したことにもなっている．すなわち，結晶軸の向きが違うだけだったら同じ固相と見なすことにして，自然な変数から固相の秩序変数を落としている．

8)　このように，物理学の定式化は，その物理的意味を考えると自明であることが少なくない．それを用いて計算のチェックを行うことも多い．

9)　17.1 節では，$\boldsymbol{\zeta}$（今の場合は u, v）で張られる熱力学的状態空間で転移点を定義したが，それを他の変数（今の場合は T, P）で張られる空間に写像したのが b だから，b は転移点である．

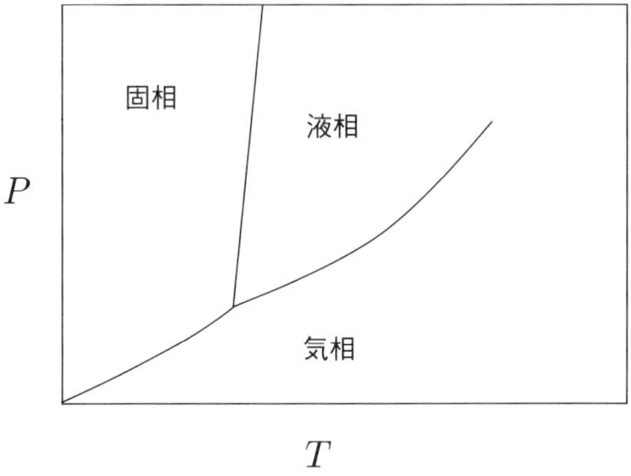

図 17.1　固相・液相・気相がそれぞれ 1 種類しかないような物質の相図の模式図.

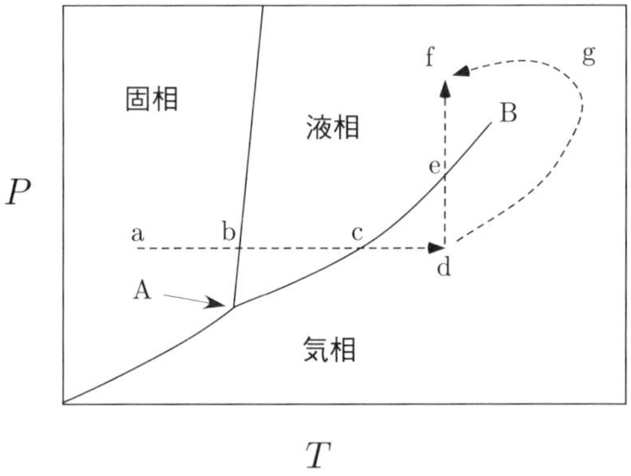

図 17.2　相図 17.1 を持つ系の温度や圧力を変えたときの状態変化. A を三重点, B を臨界点と呼ぶ.

が違えば転移温度も変わる[10)].

b を通過した後もなお T を増してゆくと, しばらく液相が続く. さらに T を増してゆくと, c を通過するところで気相へと相転移する. すなわち, c が（図の水平な点線に沿って状態変化させたときの）気相と液相の間の転移点であり, そこでの T の値が気相と液相の間の転移温度である[11)]. やはり, P の

10)　この図では圧力が上がるほど転移温度が上がるが, 水の場合は（高圧の領域を除くと）反対に圧力が上がるほど固相と液相の間の転移温度は下がる.

11)　このような気相と液相の間の相転移を, とくに**気液転移** (gas-liquid transition) と呼び, その転移温度を**沸点** (boiling point) と呼ぶ.

値が違えば転移温度も変わる．c を通過した後もなお T を増してゆくと，あとはずっと気相のままである．

次に，気相にある状態 d から出発して，（熱浴に入れておいて圧縮するなどして）T を一定に保ったまま P を増してゆく，d → e → f のような状態変化を考えよう．この場合，e を通過するところで液相へと相転移する．すなわち，この場合は e が気相と液相の間の転移点である．e を通過した後もなお P を増してゆくと，あとはずっと液相が続く．

この相図では，異なる相の間にある曲線が**相転移領域** (phase transiton region) であり，そこでは，完全な熱力学関数のいずれかが解析的でなくなっている．今考えているような気相・液相・固相の間の相転移では，通常は，相転移領域の内部で複数の相が共存する．たとえば，固相と液相の境界では，固相と液相が共存する．水で言えば，氷と液体の水が共存する「氷水《こおりみず》」の状態である．また，液相と気相の境界では，液相と気相が共存する．このように，相転移領域の内部で複数の相が共存する場合，その領域を**相共存領域** (phase coexistence region) とか，とくにそれが（見ている相図の中で，この相図のように）線状になっていれば**共存線** (coexistence curve) とも呼ぶ[12]．ただし，一般の相転移では必ずしも相が共存するわけではない．

さて，図 17.2 の中に，特別な点が 2 つある．ひとつは A と記した点で，3 本の境界線が交わっている．この点にあたる T, P を持つ状態では，固相・液相・気相の 3 つの相が共存するので，**三重点** (triple point) と呼ばれる．17.7.2 項で説明するように，**エントロピーの自然な変数が $\boldsymbol{U, V, N}$ であるような物質では，三重点の $\boldsymbol{T, P}$ の値はどちらも物質ごとに一意的に決まっており**，たとえば水では $T \simeq 273$ K, $P \simeq 612$ Pa である．

もうひとつの特別な点は，B と記した点で，そこでは気相と液相の間の境界線が途切れてしまっている．この点を**臨界点** (critical point) と呼び，そこにおける T を**臨界温度**，P を**臨界圧力**と呼ぶ．たとえば水では，$T \simeq 647$K, $P \simeq 22$MPa である．もしも，d の状態から出発して，図の d → g → f のように**臨界点を迂回して状態を変化させれば，相転移を経ることなく，d の気体状**

12) さらに細かく言うときには，気相と液相の共存線を**蒸気圧曲線**，液相と固相の共存線を**融解曲線**，気相と固相の共存線を**昇華曲線**と呼ぶ．ちなみに，図 17.1 では融解曲線は右側（液相側）に傾いているが，水の場合は（P があまり大きくないところでは）左側に傾いている．

態から f の液体状態へと連続的に状態を変化させることができる[13)]．つまり，d → g → f の経路では相転移はない．それに対して，上で考えた，d → e → f という状態変化の場合は e で相転移が起こった．17.4 節で述べるように，このときの相転移は**一次相転移** (first-order phase transition) と呼ばれる特異性の強いものになる．また，両者の中間として，ちょうど臨界点を通る d → B → f のような状態変化を考えると，臨界点で相転移は起こるのだが，17.4 節で述べるように，**連続相転移** (continuous phase transition) と呼ばれる，特異性が（一次相転移に比べて）弱いものになる．このときは相共存は起こらない．

このように，**始状態と終状態は共通でも，途中の状態変化の経路によって，相転移の有無もその特異性の強さも変わる**．そのため，本書では 17.1 節のように慎重に定義したのである．

問題 17.1 図 13.1，図 17.2 を用いて解説した事柄を，図 17.1 だけを見て繰り返してみよ．（それができなければ，本節の内容を理解したとは言えない．）

♠♠ 補足：対称性が異なる相の間の相転移は迂回できるか

液相と気相の間は，上記のように，臨界点を迂回することで，相転移を経ることなしに移ることができた．これに対して，固相と液相（または気相）の間は，相図 17.1 を見る限りは，相転移を経ることなしに移ることはできそうもない．そのことから，「固相と液相（または気相）の間は，対称性が異なるので相転移を経ずには移り変われず，とくに状態変化の経路を指定しなくても相転移の有無が明確に判別できる」と主張されることがある．これは，半分正しく，半分間違っている．

たとえば，固相における結晶と同じ周期の弱い外場を液相にかけておいて温度や圧力を変えれば，相転移を経ずに液相から固相に移れる[14)]．この点において，上記の主張は問題がある．一方，17.2.2 項において，秩序変数を含む $\boldsymbol{\zeta}$ から秩序変数を除いたものを改めて $\boldsymbol{\zeta}$ と見なして相図を描いたり相の数を勘

13) その途中で，T も P も臨界点よりも大きいような状態を経由するが，そのような状態は**超臨界流体** (supercritical fluid) と呼ばれ，気体と液体の特性を併せ持つので，工業などに利用されている．

14) これは，18.2 節で述べる強磁性体の場合に，外部磁場をかけておいて温度を変えれば常磁性相から相転移を経ずに強磁性相に移れるのと同様である．

定したりすることがある，と述べた．相図 17.1 は，まさに固相の秩序変数を除いた $\boldsymbol{\zeta}$ で描いた相図である．それは，17.2.2 項の補足に述べたように，上記のような外場は一切かけない，ということを想定したことになる．そういう含意がある上で主張しているということであれば，上記の主張は正しい．

17.3.2　エントロピー密度の自然な変数で見た相図

図 13.1（第 I 巻 p.262）の (ii) と (iii) の状態は，相図 17.2 では転移点 c という一点になっているが，液相と気相の物質量の割合も違うし全体の体積も違うから，まったく異なる平衡状態であることは明白だ．それが，T, P（および図 13.1 では固定している N）だけ見ていては同じに見えてしまうわけだから，**明白に異なる平衡状態すら $\boldsymbol{T, P, N}$ では区別できないことがある**とわかる．

それに対して，エントロピーの自然な変数である U, V, N で見ると，(iii) は (ii) を熱して得られたものだから U が大きいし，明らかに V も大きい．したがって，U, V の値を見れば両者は区別できる．つまり，U, V, N の値を指定すれば，平衡状態は，水と水蒸気それぞれのモル数も含めて完全に定まって[15)]，(ii) と (iii) も区別できるのである．この例でわかるように，**エントロピーの自然な変数の一部を狭義示強変数に置き換えてしまうと，一般には，情報が欠落して平衡状態との対応が不十分になる**．

したがって，**相図もエントロピーの自然な変数 $\boldsymbol{U, V, N}$ で見た方が詳しいことがわかる**．その際に，横軸・縦軸を $u = U/N, v = V/N$ にとれば十分である．そうしておけば，$S(U, V, N) = Ns(u, v)$ より任意の N についての図を得たのと同じだからである．要するに，**エントロピー密度 $\boldsymbol{s(u, v)}$ の自然な変数である相加変数密度 $\boldsymbol{u, v}$ を座標軸にとって相図を描けばよい**[16)]．そうして相図 17.1（p.34）を描き直したものを，図 17.3 に模式的に示す．

図 17.1 との一番大きな違いは，図 17.1 では線（共存線）だった相転移領域（相共存領域）が帯状の領域になっていることである．これは，すぐ下で述べ

15)　3.3.6 項で述べたように，水と水蒸気がそれぞれどの場所にあるかという空間的配置だけが異なる状態は同一視する．また，この系ではそれぞれのモル数まで定まるが，17.9.6 項で述べるように，そこまでは定まらない系もある．

16)　異なる相が共存する平衡状態では，系全体としては空間的に不均一だから，**相加変数は示量変数にはならない**．したがって，この章では，示量変数という言葉は使わずに，正しく相加変数と呼ぶ．もちろん，それぞれの相の中だけに限定すれば均一で，相加変数は示量変数になるが，ここの U, V, N は全系の量であるからそうはいかない．

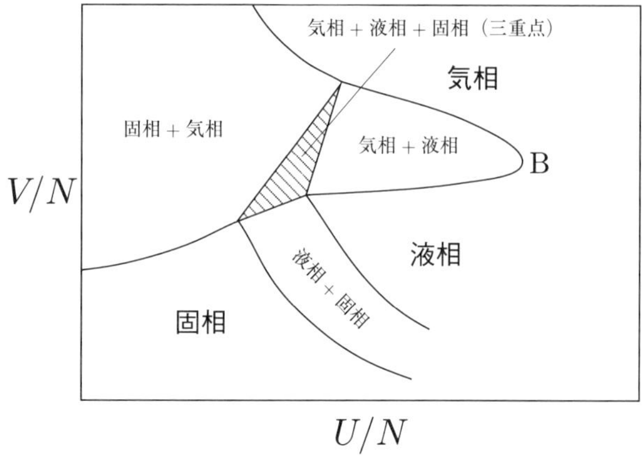

図 17.3　$u = U/N, v = V/N$ を変数に選んで描いた固相・液相・気相の相図の模式図．臨界点 B はこの図でも点である．

るように，図 13.1 の (ii) と (iii) のように**相が共存するときでも，異なる平衡状態がきちんと区別されている（別の位置で表される）**ためである．特に，気相・液相・固相がすべて共存する三重点は，図 17.1 ではたった一点にすぎなかったが，この図では斜線をつけた領域に広がっている．

この相図では，図 17.2（p.34）の a から d への点線のような，P を一定に保って温度を上げてゆく状態変化は，たとえば図 17.4 の a から d への点線のようになる．（個々の物質の基本関係式によって道筋は変わるので，あくまで一例である．）

状態 a から出発して，P を一定に保ったまま熱して T を増してゆくと，図の点線のように，U, V が増してゆく．やがて相共存領域の端の b^s に達すると，液相ができはじめる．さらに熱すると，T, P は変わらないが U, V はどんどん増えてゆくので，相共存領域の反対側の端 b^l に向かって，線分 b に沿って動いてゆく[17]．

この線分 b の内点における状態では，固相と液相が共存している[18]．今考えているように P を一定にして熱を加えていく場合には，この共存状態から固相の部分だけを取り出すとそれは状態 b^s にあり，液相の部分だけを

17)　これが曲線でなく直線になる理由は，脚注 57（p.82）．

18)　これらの状態も線分の両端 b^s，b^l の状態も，図 17.2 では一点 b にすべて集約されている．

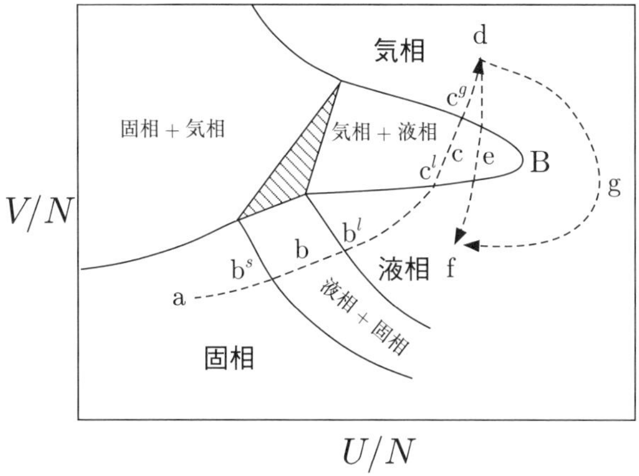

図 17.4 $u = U/N, v = V/N$ を変数に選んで描いた相図では，図 17.2 の a から d への点線のような状態変化は，たとえば図の点線のようになる．図 17.2 の転移点 b, c, e はいずれも，相転移領域（相共存領域）を横切る線分になる．

取り出すとそれは状態 b^l にある[19]．すなわち，線分 b の上のひとつの状態における固相の部分のエネルギー，体積，物質量をそれぞれ U^s, V^s, N^s，液相の部分のそれらを U^l, V^l, N^l とすると，$(U^s/N^s, V^s/N^s)$ は点 b^s にあり，$(U^l/N^l, V^l/N^l)$ は点 b^l にある．熱を加えていくと，$U = U^s + U^l$ が増えていくが，それに伴い，固相はどんどん溶けていくので，N^s が減って N^l が増えてゆく．P を一定にしてこれを行うと，それぞれに比例して U^s, V^s が減って U^l, V^l が増えるので，**全系の状態が線分 b の上を移動していく間は，固相の部分はずっと b^s に，液相の部分はずっと状態 b^l にあり続ける**のである．ただし，熱せられてどんどん N^s が減って N^l が増えてゆくために，全系の状態は b^s から b^l へと向かって移動してゆく．そして，**系のすべての部分が液相になったとき（$N^s = 0, N^l = N$ となったとき），相転移が完了する**．

さらに熱を加えると，b^l から c^l の方へ向かって状態が動いてゆく．この間，温度は上昇する．やがて液相と気相の相共存領域の端 c^l に達すると，気相ができはじめる．さらに熱すると，図 13.1 の (ii) から (iii) への変化のように，

19) ♠17.9.3 項で説明するように，一般に，相共存領域の内点 (u, v) でそれぞれの相を取り出すと，示強変数の値が $T(u, v)$, $P(u, v)$, $\mu(u, v)$ であるような，相共存領域の端に位置する単一の相の状態にある．本文のように P を一定に保って熱する実験では，その端の状態たちが，ちょうど熱する途中で通過する状態 b^s, b^l や c^l, c^g になる．

T, P は変わらないが U, V はどんどん増えてゆくので，線分 c に沿って状態は動いてゆく．（異なる平衡状態は，きちんと別の位置で表される！）この線分の内点の状態は，液相と気相が共存している．そこからそれぞれの部分だけを取り出すと，相共存領域の端（液相部分は液相側の端 c^l，気相部分は気相側の端 c^g）の状態にある．そして，系のすべての部分が気相になるまで熱せられたとき，相転移が完了する．さらに熱すると，再び温度が上昇して，状態は d の方へ動いてゆく．

このように，エントロピー密度の自然な変数を座標軸にとった相図では，T, P を座標軸にとった相図 17.1 では線であった相共存領域は面に，点であった転移点は線分になる．相共存領域の中の異なる平衡状態が，T, P のような狭義示強変数を含む変数で相図を書いた場合には，重なってしまっていたのだ．これは，同じ T, P の値を持つ異なる相があるためである．そうではあるが，実験では狭義示強変数を制御するケースが多いことから，狭義示強変数を含む変数で描いた相図の方が広く使われている．

なお，相図 17.4 の線分 b，c，e のように，転移点が経路上で 0 でない長さを占めることもあるが，本書ではそれでも転移点と呼ぶ．なぜなら，これらは狭義示強変数を座標軸にとった相図 17.2 では，同図の b，c，e という一点にそれぞれ集約されるからだ．そのため，もしも相図 17.4 の線分 b，c，e の両端だけを転移点と呼ぶことにしてしまったら，相図 17.2 の点 b，c，e は転移点とそうでない状態とが集約された点ということになり，転移点とは呼べなくなってしまう．

問題 17.2　本節で解説した事柄を，相図 17.2 と相図 17.4 だけを見て繰り返してみよ．（それができなければ，本節の内容を理解したとは言えない．）

17.4　相転移の分類

相転移を 2 種類に大別する習慣があるので，この節ではそれを紹介する．文献に見られる分類は（下の補足に書いたように）曖昧な面があったりするのだが[20]，所詮《しょせん》は呼び名に過ぎないので，**どんな相転移を考えるかさえ明示す**

20）　これもまた，17.1 節の補足で述べた，定義をしたがために微妙な問題が発生する，という例である．

れば，どう呼ぶかは結果に影響しない．ただし，**以下で出てくる定理はすべてこの定義を採用しているので，他の定義を採用したら（当然ながら）成り立たない場合も出てくる**．そこは注意して欲しい．ともあれ，本書では，次のように明快に定義する：

定義：相転移の分類

転移点で完全な熱力学関数のいずれかが，その自然な変数のいずれかについて1階偏微分不可能になる相転移を**一次相転移** (first-order phase transition) または**一次転移** (first-order transition) と呼ぶ．そうでない相転移を**連続相転移** (continuous phase transition) または**連続転移** (continuous transition) と呼ぶ．

たとえば，図17.4の点線a → dで示した，Pを一定にして熱を加えていくような状態変化の経路を考えると，bの部分（水で言えば氷水の状態）とcの部分（水と水蒸気の共存状態）ではTも変化しない．これらの部分では，熱を準静的に（つまり$d'Q = TdS$となるように）加えても温度が変わらないのだから，Sの様々な値に対して（P, Nを一定に保つとき）ただひとつのTの値（それをT_*と記す）が対応する．ということは，SをTの関数として見たときに，TがT_*をまたぐところでSの値が不連続に変わる．これは，$G(T,P,N)$の1階偏微分係数$\dfrac{\partial}{\partial T}G(T,P,N)$が$T = T_*$で存在しなくなることをも意味する（詳しくは次節）．したがって，bの部分やcの部分で起こる相転移は一次相転移である．なぜ「一次」と呼ぶことになったかというと，Gが1階偏微分不可能であることに由来する（下の補足）．

同様に，気相の状態から温度を一定に保って圧縮してゆくd → e → fという経路では，eの部分で一次相転移が起こる．一方，温度を一定に保つのではなく，d → g → fという経路をとると，相転移は起こらない．両者の中間である，ちょうど臨界点Bを通るd → B → fのような経路では，臨界点で連続相転移が起こる（詳しくは17.5.6項）．

補足：相転移の分類の変遷

P. Ehrenfestは，「Gが，$(n-1)$階偏微分はできるが，n階偏微分係数のいずれかを持たない（偏微分不可能な）とき[21]，**n 次相転移** (nth-order phase transition) と呼ぶ」と分類し，この n を相転移の**次数** (order) と呼んだ．相転移領域でも $G(T,P,N)$ は連続で，もちろん多価関数などではなく[22]，左右それぞれの片側1階偏微分係数は有する（13 章）が，もしも左右の片側 1 階偏微分係数が異なれば 1 階微分が不可能だから，そのときは**一次相転移** (first-order phase transition) と呼ぼう，というわけだ．また，1 階微分可能だが 2 階微分不可能なら**二次相転移** (second-order phase transition) ということだ．さらに，この定義を多成分系や一般の系にも拡張して，(13.48) で定義された G が n 階偏微分係数を持つかどうかで n 次相転移を定義することも行われてきた．

しかし，多成分系や一般の系では，G からさらにルジャンドル変換を進めて，もっと解析性が悪い完全な熱力学関数が作れるので，G だけに特別な意味を持たせるのは不自然である．また，第 I 巻 p.12 補足に書いたように関数は無限回微分可能でも解析性を失いうるが，その実例である **Kosterlitz-Thouless**（コステリッツ-サウレス）**転移**と呼ばれる相転移も見つかった．そこで本書では，上記の現代的な分類を採用した．

17.5　*TPN* 表示による液相・気相転移の記述

17.1 節で述べたように，完全な熱力学関数のいずれかが解析的でなくなるかどうかで相転移の有無が決まる．連続的微分可能な凸関数である $S(U,\cdots,X_t)$ や $U(S,\cdots,X_t)$ を，数多くの相加変数についてルジャンドル変換を重ねるほど解析性は悪くなるだろうから[23]，ルジャンドル変換できる最大個数である t 個の相加変数についてルジャンドル変換した熱力学関数の解析性だけ調べれば，相転移の有無がわかるだろう．たとえば，エントロピーの自然な変

21) 微分が不可能なことを，物理学者はよく「微係数が不連続になる」と表現するので，Ehrenfest もそのように表現したらしいが，ここでは直しておいた．

22) $\vec{x}$ の関数 $y=f(\vec{x})$ が，$\vec{x}$ をひとつ与えたときに y が複数個の値をとりうるとき，f を**多価** (multivalued) 関数という．それに対して通常の意味の関数は，多価ではなく，ひとつの $\vec{x}$ について y の値がただひとつに定まるが，そのことを強調したいときには，わざわざ**一価** (single-valued) 関数という．

23) たとえば，X_1,X_2 についての 2 階微分がともにゼロになるような領域では，X_1 だけについてルジャンドル変換した関数よりも，X_1,X_2 についてルジャンドル変換した関数の方が解析性が悪くなる．

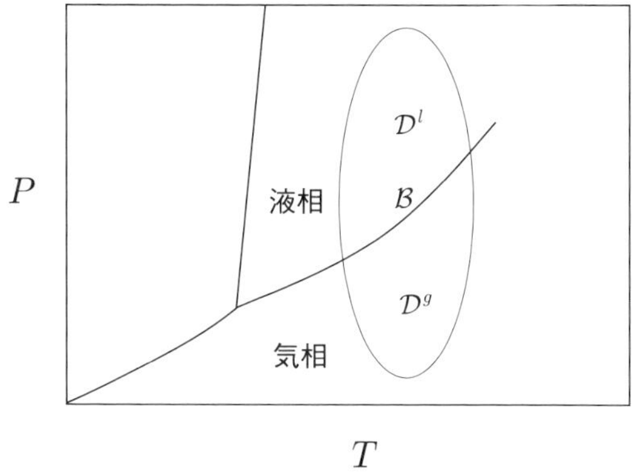

図 17.5 相図の中の楕円で囲んだ領域だけに着目し，そのうちの液相側の領域を $\mathcal{D}^l$，気相側の領域を $\mathcal{D}^g$ と名付ける．相転移領域 $\mathcal{B}$ は，その共通部分 $\mathcal{D}^l \cap \mathcal{D}^g$ ということになる．

数が U, V, N の系の場合には，$G(T, P, N)$ の解析的性質を調べればよさそうだ．実用上も，N を一定にして T, P を制御するような実験を行うことが多いので，やはり TPN 表示で $G(T, P, N)$ を用いて相転移を考えるのが便利である．そこで本節では，TPN 表示で液相・気相転移を記述してみよう．

17.5.1 Gibbs エネルギー

図 17.5 の楕円で囲んだ領域のように，相図の中の，液相と気相が明確に区別できる領域（すなわち相転移領域で 2 つに隔てられているような領域）に着目する．

13 章で述べたように，完全な熱力学関数のひとつである Gibbs エネルギー $G(T, P, N)$ は，**全領域で連続で，もちろん多価関数などではなく，$\boldsymbol{T, P}$ については上に凸な関数**である．ただし，相転移領域のところでは，左右の片側微係数が一致しなくなるのだから，図 17.6 のように，連続ではあるものの，カクッと折れ曲がっている．

このため，いまのように相転移領域で 2 分割される領域に着目している場合には，相転移領域を挟んで 2 つの関数に分けて考えるとわかりやすい：

$$G(T, P, N) = \begin{cases} G^l(T, P, N) & \text{for } (T, P) \in \mathcal{D}^l, \\ G^g(T, P, N) & \text{for } (T, P) \in \mathcal{D}^g. \end{cases} \tag{17.2}$$

つまり，『この物質の G は，この領域では，「液相の Gibbs エネルギー」であ

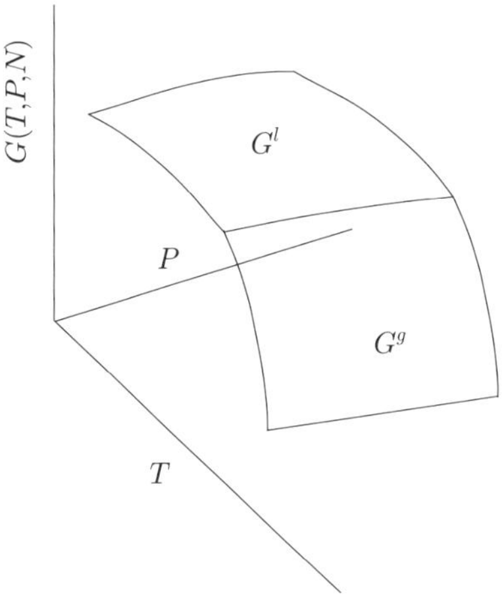

図 17.6　相転移領域では，$G(T,P,N)$ の曲面は折れ曲がっている．

る G^l と，「気相の Gibbs エネルギー」である G^g とが，相転移領域で貼り合わされてできている』と見なすのである．そして，相転移領域 $\mathcal{B}$ においては次のように考える．

17.3.2 項で述べたように，相転移領域では，熱を与えるにつれて，液体部分の物質量 N^l が減って気体部分の物質量 N^g が増えていく．これを，**物質量 $\boldsymbol{N}$ $(= \boldsymbol{N}^l + \boldsymbol{N}^g)$ の水分子が，$\boldsymbol{G}^l$ から $\boldsymbol{G}^g$ へと次第に乗り換えていく**，と見なす．このように見なすと，液相側 $\mathcal{D}^l$ から出発して熱を加えていくときに状態がたどる変化は，物質量 N の分子が，まず，いっせいに G^l に乗って相転移領域 $\mathcal{B}$ に向かい，$\mathcal{B}$ に達したところで G^g へと次々と乗り換えていき，全分子が G^g に乗り換え終えたら $\mathcal{B}$ を脱して気相側 $\mathcal{D}^g$ へと入っていく，というわかりやすい描像が描ける．$G(T,P,N)$ は相転移領域でも連続な関数だから，この乗り換えの際に，G^l の値と G^g の値は等しい．すなわち，相転移領域 $\mathcal{B} = \mathcal{D}^l \cap \mathcal{D}^g$ の上の任意の点（すなわち転移点）(T_*, P_*) において，

$$G^l(T_*, P_*, N) = G^g(T_*, P_*, N) \quad \text{for } (T_*, P_*) \in \mathcal{B}. \qquad (17.3)$$

では，微係数はどうか？　もちろん，**相転移領域 $\boldsymbol{\mathcal{B}}$ 以外の領域では，$\boldsymbol{G(T, P, N)}$ に特異性はなく偏微分可能である**．その 1 階偏微分係数は，定理 13.2 より，エントロピー $S(T,P,N)$，体積 $V(T,P,N)$，化学ポテンシャル $\mu(T,P)$ を T,P,N の関数として表したものになる．しかし，相転移領域 $\mathcal{B}$ に

おいては，2 相が共存するために，17.1 節で述べたように $G(T,P,N)$ の 1 階偏微分係数の中に存在しないものが出てくる[24)]．つまり，**左右の片側微係数が異なる**ものがある．これは **1 階偏微分係数が相転移領域を挟んでジャンプすることを意味する**[25)]．どの偏微分係数がジャンプするか考えよう．

まず，1 階偏微分係数のうち，**狭義示強変数である $\boldsymbol{\mu(T,P)}$ は相転移領域でも連続である**．なぜなら，相転移領域では液相と気相が自由に粒子を交換できる状況で平衡状態にあるのだから，9.3 節の平衡条件より，その μ は等しくなければいけないからだ．式で書くと，

$$\mu^l(T_*,P_*) = \mu^g(T_*,P_*) \quad \text{for } (T_*,P_*) \in \mathcal{B}. \tag{17.4}$$

これは，$G(T,P,N)$ の連続性と式 (13.39)，$\mu(T,P) = G(T,P,N)/N$，からも明らかだ．

したがって，**相転移領域を挟んでジャンプするのは，相加変数である $\boldsymbol{S(T,P,N), V(T,P,N)}$ のどちらかまたは両方である**．多くの物質の気相・液相転移では両方がジャンプする．すなわち，$(T,P) = (T_*,P_*)$ における左右の偏微分係数を

$$\left.\frac{\partial G(T\pm 0,P,N)}{\partial T}\right|_{(T,P)=(T_*,P_*)} \equiv -S(T_*\pm 0,P_*,N), \tag{17.5}$$

$$\left.\frac{\partial G(T,P\pm 0,N)}{\partial P}\right|_{(T,P)=(T_*,P_*)} \equiv V(T_*,P_*\pm 0,N) \tag{17.6}$$

と記すと，図 17.7, 17.8 に示すように，

$$S(T_*-0,P_*,N) < S(T_*+0,P_*,N), \tag{17.7}$$

$$V(T_*,P_*-0,N) > V(T_*,P_*+0,N) \tag{17.8}$$

となる．ここで，単に $\neq$ というだけでなく不等号の向きまで決まるのは，G の凸性のためである．

以上のことから，（N をひとつの値に固定して）T,P の関数として G を描

---

24) 一般論は，定理 17.4（p.80）．

25) このことを，物理では「微係数が不連続になる」と言い表すことが多いが，相転移領域では微係数が存在しないから数学とはやや異なる用法である．そこで本書では「相転移領域を挟んでジャンプする」という言い方にしておいた．一方，相転移領域でも存在して連続であれば，それを「連続」と言うのは数学の用法とも整合していて問題ない．

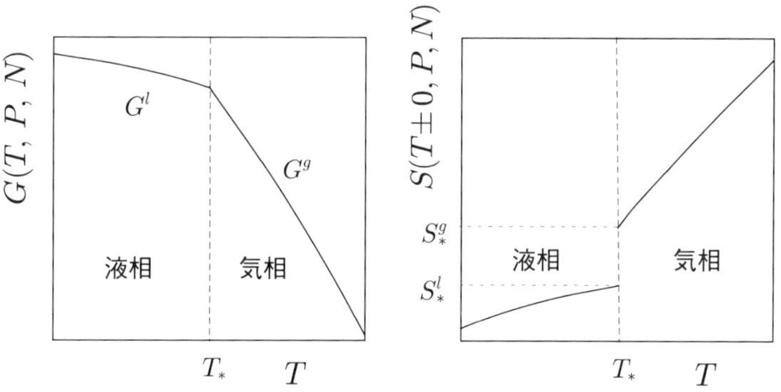

図 17.7　液相・気相転移における $G(T,P,N)$ の T 依存性と，その左右の微係数 $S(T\pm 0,P,N)=-\dfrac{\partial G(T\pm 0,P,N)}{\partial T}$ の振舞いの模式図．G は，「液相の Gibbs エネルギー」G^l と，「気相の Gibbs エネルギー」G^g とが，転移点で，連続に繋がるように貼り合わされていると見なせる．左右の微係数は，転移点以外では一致し，それぞれその T,P,N における S を与える．

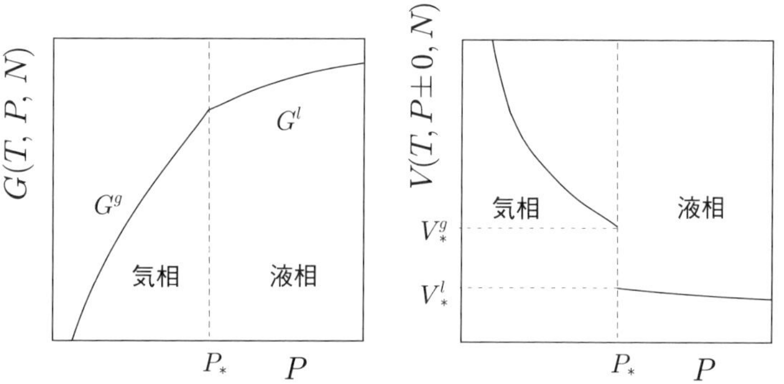

図 17.8　液相・気相転移における $G(T,P,N)$ の P 依存性と，その左右の微係数 $V(T,P\pm 0,N)=\dfrac{\partial G(T,P\pm 0,N)}{\partial P}$ の振舞いの模式図．左右の微係数は，転移点以外では一致し，それぞれその T,P,N における V を与える．なお，横軸が T の図 17.7 では右側が気相だったが，横軸が P の**このグラフでは左側が気相になっている**ことに注意．

くと，図 17.6 のように，G^l を表す滑らかな曲面と，G^g を表す滑らかな曲面とが，凸性を保ちつつ貼り合わされたようになるとわかる．その接合部が相転移領域であり，そこでは G は，連続だが左右の偏微分係数は一致しない．また，$\mu(T,P)=G(T,P,N)/N$ だから，$\boldsymbol{\mu(T,P)}$ **のグラフもこれと同じ形にな**

る．

問題 17.3　図 17.5 だけを見て，この節の議論の内容を自分のスタイルで繰り返せ．

17.5.2　相転移における S, V の変化

相転移領域を挟んで液相と気相のどちらが高温側とか高圧側に位置するかを見れば，左右の微係数のどちらが液相側か気相側かがわかる．普通は低温・高圧側が液相なので，$S(T_* - 0, P_*, N), V(T_*, P_* + 0, N)$ が液相側の片側微係数で，$S(T_* + 0, P_*, N), V(T_*, P_* - 0, N)$ が気相側の片側微係数である．(17.2) によると，これらはそれぞれ G^l と G^g の片側微係数に等しいので，$S_*^l, V_*^l, S_*^g, V_*^g$ と略記しよう（図 17.7, 17.8）：

$$S_*^l \equiv S(T_* - 0, P_*, N) = -\left.\frac{\partial G(T - 0, P, N)}{\partial T}\right|_{(T,P)=(T_*,P_*)}, \tag{17.9}$$

$$V_*^l \equiv V(T_*, P_* + 0, N) = \left.\frac{\partial G(T, P + 0, N)}{\partial P}\right|_{(T,P)=(T_*,P_*)}, \tag{17.10}$$

$$S_*^g \equiv S(T_* + 0, P_*, N) = -\left.\frac{\partial G(T + 0, P, N)}{\partial T}\right|_{(T,P)=(T_*,P_*)}, \tag{17.11}$$

$$V_*^g \equiv V(T_*, P_* - 0, N) = \left.\frac{\partial G(T, P - 0, N)}{\partial P}\right|_{(T,P)=(T_*,P_*)}. \tag{17.12}$$

定理 13.2 より，$G(T, P, N)$ の左右の偏微分係数がこのように異なる場合，それらは，その T, P, N の値における，S, V の上下限を与える．したがって，転移点においては，(17.8) も考慮すれば

$$S_*^l \le S \le S_*^g,\ V_*^l \le V \le V_*^g. \tag{17.13}$$

これらの下限と上限における，エントロピー密度と体積密度を，それぞれ，

$$s_*^l = S_*^l/N,\ v_*^l = V_*^l/N \tag{17.14}$$

$$s_*^g = S_*^g/N,\ v_*^g = V_*^g/N \tag{17.15}$$

と記そう．これらを用いて，最初液相にあった系を，P を一定に保ってゆっくりと熱するときの S, V の変化を考察する．

もしも UVN 表示で見ていれば，系の平衡状態は図 17.4 の点線のように c^l へ向かって動いていき，それとともに S も V も連続的に増えてゆく．そし

て，ちょうど c^l に達したときには，$S = S_*^l, V = V_*^l$ という値になる．つまり，**S_*^l, V_*^l は，系の状態がちょうど転移点に達して相転移が始まろうとしていてまだすべてが液相にあるときのエントロピーと体積**なのである．

さらに熱を加えると，物質量 N のうちの一部（N^g とする）は気相に乗り換えていくので，その分，液相の物質量 N^l $(= N - N^g)$ は減っていく．この変化は連続的であり，それとともに S も V も（いま考えているような一成分系で P を一定にして実験すると）

$$S = N^l s_*^l + N^g s_*^g \quad (\text{線分 c 上で}) \tag{17.16}$$

$$V = N^l v_*^l + N^g v_*^g \quad (\text{線分 c 上で}) \tag{17.17}$$

のように連続的に増えてゆく．これが，状態が線分 c を c^g へ向かって動いていく過程である．そしてちょうど c^g に達したときには，すべてが気相に乗り換えて $N^g = N$（$N^l = 0$）となり，$S = S_*^g$, $V = V_*^g$ になる．つまり，**S_*^g, V_*^g は，系の状態が転移点から脱しようとする（相転移が終わろうとしている）ところでちょうどすべてが気相になったときのエントロピーと体積である．**

さらに熱を加えると，状態は c^g を離れ，点線のように進む．それとともに S も V もますます増えてゆく．

このように，また要請 II-(iii) からも明らかなように，**準静的に熱する過程をエントロピーの自然な変数による表示である UVN 表示で見れば，S, V は連続的に変化してゆく**のである．これは，**実際の実験で S, V の変化を見ていても，連続的に変化してゆく**ことを意味している．なぜなら，実際の実験では U の変化は連続的だからだ[26]．

ところがこのような連続的変化を TPN 表示で見ると，図 17.4 の線分 c が潰れて図 17.2 の一点 c になってしまう．c^l も c^g もこの点に含まれる．したがって，TPN 表示で見ると，相転移が始まってから完了するまでの間は，状態がずっと同じ点 c にとどまるかのように見えてしまう．そのために，点 c を通過するときに S の値が S_*^l から S_*^g へと，V の値が V_*^l から V_*^g へと，ジャンプしたように見えてしまう．これを俗に「一次相転移においてはエントロピーや体積が不連続に変わる」と表現する．しかし，**TPN 表示のような特異的な**

---

26) 熱いお湯に浸けると「急に」状態が変わるように見える実験は，熱が急激に流れ込むだけであり，U の変化は速いが連続である．

表示で見るから値がジャンプするように見えるだけで，実際には，上記のように，エントロピーも体積も連続的に変化していって相転移が完了するのだ．それが (17.13) の物理的意味である．

17.5.3 相共存領域における狭義示強変数

この節では，T-P 平面の中の相転移領域の上の点を (T_*, P_*) と表記している．いま考えているような一成分系（純粋な物質）の相図 17.1（p.34）をみると，どの相転移領域に注目するかをひとたび決めた後は，温度を与えればその温度における P_* は一意的に決まっていることに気づく．逆に，圧力を与えればその圧力における T_* も一意的に決まる．その理由を考えてみよう．

相図 17.3 の「気相 + 液相」と記した領域や「気相 + 液相 + 固相（三重点)」と記した領域のような，様々な相共存領域のうちの 1 つを選ぶ．「その相共存領域から飛び出さない」という条件を守りつつ独立に値を変えられる狭義示強変数の数を，その相共存領域の，狭義の**熱力学的自由度** (thermodynamic degrees of freedom) と本書では呼ぶことにする．「狭義の」と付けた理由は，後の 17.7.2 項で出てくる広義のものと区別するためだ．

たとえば今考えているような一成分系では，狭義示強変数は，T, P, μ とエントロピー表示の B, Π_V, Π_N の 6 つだ．そのうちの後者は，6.3.3 項で述べたように前者から一意的に決まる．したがって，T, P, μ の 3 つの変数のうち独立に変えられる変数の数が，この場合の狭義の熱力学的自由度である．それを D と書くと，次のように勘定できる[27)]．

まず，単一の相では，T, P, μ には (13.57) の Gibbs-Duhem 関係式 $SdT - VdP + Nd\mu = 0$ が課されるために，独立に変えられるのは最大で 2 つまでだ[28)]．ゆえに，変数の数 3 から条件式の数 1 を引いて，$D = 3 - 1 = 2$ だとわかる．

では，液相と気相の 2 相が共存する相共存領域ではどうか？　そこでは，第 I 巻 p.262 図 13.1 (ii), (iii) のように液体と気体が共存している不均一な状態が平衡状態である．17.1 節でも述べたように，この状態のそれぞれの部分を取り出してみると，どちらも均一な平衡状態にあり，一方は液相で他方は気相にある．そして，液相と気相の間には何も壁を設けていないから，定理 9.2

27) 一般論は 17.7.2 項.

28) たとえばある状態から dT, dP を動かすと，$d\mu$ がこの式から一意的に決まってしまい，勝手には動かせない．

より**異なる相の間で狭義示強変数の値が一致する**[29]．言い換えると，単純系の狭義示強変数の値は，平衡状態が均一か否かとは無関係に一意的に定まっている（これに疑問を持った読者は下の問題参照）．一方，示量変数 U, V, N の値は，液相と気相では異なる．そのため，液相における Gibbs-Duhem 関係式と，気相における Gibbs-Duhem 関係式は，（17.9.5 項で説明するような特殊なことが起こらない限りは）T, P, μ に対する 2 つの独立な制限を与える．したがって自由度は，$D = 3 - 2 = 1$ と勘定できる．つまり，一成分系の 2 相が共存する相共存領域内では，独立に変化できる狭義示強変数は 1 つしかない．このため，その相共存領域内では，温度，圧力，化学ポテンシャルのうちのどれかひとつの値を決めれば，残りの 2 つの値も決まってしまうのだ．

したがって，一成分系の 2 相が共存する相共存領域では，共存線が T 軸に垂直に立っているような例外的なケースを除くと，P_* は温度を与えれば一意的に決まる．つまり，温度の関数として

$$P_* = P_*(T) \tag{17.18}$$

と書けて，相共存領域の上の点も $(T, P_*(T))$ と書ける．たとえば，図 17.2 (p.34) の d から e への点線のように T を固定して P を変化させて相共存領域に達するような場合には，

$$\begin{array}{ccc} \text{最初の状態} & P\text{を増加} & \text{相共存領域} \\ (T, P) & \longrightarrow & (T, P_*(T)) \end{array} \tag{17.19}$$

というわけである．すると，化学ポテンシャルも，一般には T, P の関数であったが，相共存領域では

$$\mu_* = \mu_*(T, P_*(T)) \tag{17.20}$$

となり，温度を与えれば決まる．(17.9)-(17.14) により求まる $s_*^l, v_*^l, s_*^g, v_*^g$ も（もともと (13.46), (13.47) のように s, v が N には依存しないので）T だけの関数ということになる．(17.16) や (17.17) は，それを前提にして使われることも多い．

これらのことは，温度の代わりに圧力を独立変数としても同様で，共存線が

29)　このような，気体と液体（または固体）が共存する平衡状態における圧力を，とくに**蒸気圧** (vapor pressure) と呼び，測定の際には気体側の圧力を測るのが普通だが，上記のように液体の圧力も同じ値を持つ．

P 軸に垂直になっているような特殊なケースを除くと，一成分系では T_* は圧力の関数として

$$T_* = T_*(P), \tag{17.21}$$

と書けるので，相共存領域の上の点も $(T_*(P), P)$ と書け，$\mu_*, s^l_*, v^l_*, s^g_*, v^g_*$ も圧力を与えれば決まる．

なお，多成分系ではいろいろと変わってくるが，それについては 17.7 節で説明する．

問題 17.4 ♠♠ 直感的には自明ではあるが，単純系の相共存状態の狭義示強変数の値が，全体系と部分系で一致することを示してみよ．

17.5.4 潜熱

準静的等温過程では $T\Delta S$ が熱の移動量に等しいから，(17.13) は次のことを意味する：P を一定に保ったままゆっくりと熱を加えて液相から気相へと相転移させる場合，相転移を完了させるためには，1 mol あたりで，

$$\boxed{q_* \equiv \frac{T_*(S^g_* - S^l_*)}{N}} \tag{17.22}$$

だけの熱を加える必要がある．たとえば水の場合は，1 気圧では $q_* \simeq 41$ kJ/mol である．この圧力の下で水が蒸発するときには，これだけの熱を外部系から奪うわけだ．

また，逆向きに，気相にある系の P を一定に保ったままゆっくり冷やして液相へと相転移させる場合には，転移点を通過するためには，1 mol あたり q_* だけの熱を外部系に放出する（系から奪う）必要がある．つまり，圧力一定の環境下で気体から液体へと「凝結」するときには，系は 1 mol あたり q_* だけの熱を「発熱する」わけだ．熱力学が今日の形で成立する以前は，この事実を，気体が q_* だけの熱をひそかに[30]「持っていた」というように捉えていた．その名残《なごり》で，q_* を**潜熱**《せんねつ》(latent heat) と呼ぶ．もちろん実際には，気体が同じ温度の液体よりも多く持っているのはエネルギーであって「熱」ではな

30) 温度は熱素の量と密接に関係すると考えられていたので，同じ温度なのに熱素の量が多いのは，ひそかに隠し持っていると見なされたのだ．

い．

潜熱があるということは，転移点においては，少しぐらい熱を加えても温度が変わらないということである．したがって，(14.13) で定義された**定圧熱容量が転移点では無限大になる**[31)]．14.3.1 項で述べたように，これを利用すれば，特定の温度（転移温度）に固定された熱浴が容易に実現できる．

ここで述べたのと同様のことは固相と液相の間や，固相と気相の間の相転移についても言える．すなわち，熱を加えてこれらの相の間を相転移させる場合，転移点を通過して相転移を完了させるためには，一定の潜熱を加えるか奪う必要があり，転移点で定圧熱容量が発散する[32)]．

このように**一次相転移では，狭義示強変数で張られる空間の中の一点を通過するのに（熱を加えてエネルギーを増すなど）相加変数を一定量変化させる必要が生ずることがある．連続相転移ではそのようなことはない**．

補足：化学における潜熱や反応熱

化学においては，13.6 節で述べた**エンタルピー** (enthalpy) $H(S, P, N)$ で潜熱を表現する習慣がある．P と N を一定に保つような準静的な定圧過程では，$dH = TdS = d'Q$ となって，**系に流れ込んだ熱量がエンタルピーの変化で表せる**からだ．すなわち，相転移前後におけるエンタルピーの変化

$$\Delta H_* \equiv H(S_*^g, P_*, N) - H(S_*^l, P_*, N) \tag{17.23}$$

を用いて，潜熱 (17.22) が

$$\boxed{q_* = \Delta H_* / N} \tag{17.24}$$

で与えられる，というわけだ．そして，系に熱を与えて進行する $\Delta H_* > 0$ の過程を**吸熱過程** (endothermic process) と呼び，反対に系が周りに熱を放出して進行する $\Delta H_* < 0$ の過程を**発熱過程** (exothermic process) と呼ぶ．また，

---

31)　このことは定義 (14.13) から一目瞭然なのに，(14.14) を $S(T, P, N)$ が存在しない転移点にまで無理矢理に適用して，「S が不連続だから (14.14) により比熱が発散する」という「説明」をよく見かける．そのような不正確なのに遠回りな説明は筆者は嫌いであるが（近道ならば不正確でも許せるのだが），人と会話する便宜を考えると，そのような言い方も知っておいた方がよい．

32)　♠ 一般に，複数の相が共存する相共存領域では，ある狭義示強変数 P_k の値が同じなのに，それと共役な相加変数 X_k の値が異なるような複数の平衡状態が可能になり，その結果，$\partial X_k / \partial P_k$ が発散する．詳しくは 17.9 節．

ここでは，（完全な熱力学関数になるように）H をその自然な変数 S,P,N の関数として表したが，H の値は何の関数として表しても同じなので，実用上は，H を温度や体積などの関数として求めて ΔH_* を計算する，ということもよく行われている．

また，潜熱を分類して呼び分けたいときには，液相 ↔ 気相の潜熱を**蒸発熱** (heat of evaporation) とか**気化熱** (heat of vaporization) とか**凝縮熱** (heat of condensation) と呼ぶ．呼び名は違っても，もともと同じ量なので，これらは同じ値を持つ．また，固相 ↔ 液相の潜熱を**融解熱** (heat of fusion) とか**凝固熱** (heat of solidification) と呼び，この 2 つも同じ値を持つ．また，固相 ↔ 気相の潜熱を**昇華熱** (heat of sublimation) と呼ぶ．多成分系になると，さらに多様な名前が付けられていたりする．

なお，ここで議論している相転移に伴う潜熱に限らず，化学反応においても，その前後でエンタルピーが変化する．それを (17.24) によりモルあたりの熱量に換算した量を，**反応熱** (heat of reaction) と呼ぶ．エンタルピーは状態量であるから，最初と最後の平衡状態のみで決まり，反応熱の総和は途中の経路に依らない．そのことを，**Hess（ヘス）の法則**と呼ぶ．

17.5.5 Clapeyron-Clausius の関係式

液相から気相へと相転移領域 (T_*,P_*) を通過すると，S,V の値は S^l_*,V^l_* から S^g_*,V^g_* へと変化することを 17.5.2 項で見た．これらはどれもひとつの関数 G で与えられる量であるから，一定の関係がある．これについては，微分不可能性を考慮せずに議論している教科書が多いので，少し丁寧に説明しよう[33]．

図 17.9 のように，共存線（相転移領域）の上の 2 つの点，(T_*,P_*,N) と (T_*+dT_*,P_*+dP_*,N) を考える．これらはどちらも転移点であるが，点 (T_*,P_*,N) から点 (T_*+dT_*,P_*+dP_*,N) へと移ったときの G の値の変化を，図の点線のような 2 通りの方法で計算してみる．ひとつめは，共存線の液相側を通るように，まず P を増してから次に T を増す．すると，dT_*,dP_* の 1 次までの精度で[34]，

---

33) ♠♠ もしも領域 $\mathcal{D}^l$ だけで定義された関数 $\mu^l = G^l/N$ を $\mathcal{D}^g$ の側へと解析接続できるならば議論は簡単になるが，**そのような解析接続は一般にはできない**ようだ．

34) たとえば (17.25) の 1 行目と 2 行目の差は，$O(dT_*dP_*)$ なので 1 次までの精度では無視できる．

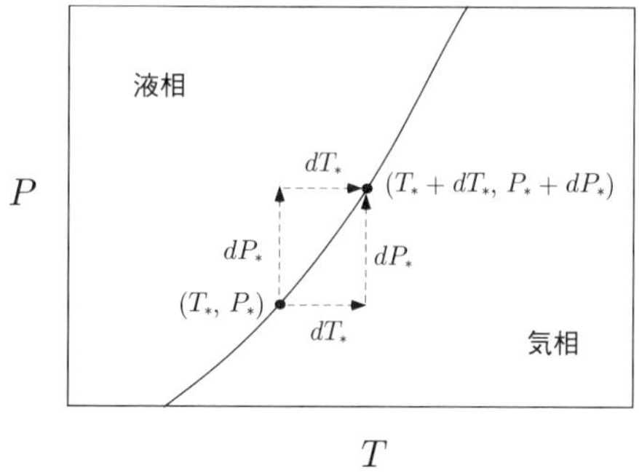

図 17.9 相転移領域である共存線の上の 2 点 (T_*, P_*) と $(T_* + dT_*, P_* + dP_*)$ を考える.

$$
\begin{aligned}
&G(T_* + dT_*, P_* + dP_*, N) - G(T_*, P_*, N) \\
&= \frac{\partial G(T_*, P_* + 0, N)}{\partial P_*} dP_* + \frac{\partial G(T_*, P_* + dP_*, N)}{\partial T_*} dT_* \\
&= \frac{\partial G(T_*, P_* + 0, N)}{\partial P_*} dP_* + \frac{\partial G(T_* - 0, P_*, N)}{\partial T_*} dT_* \\
&= V(T_*, P_* + 0, N) dP_* - S(T_* - 0, P_*, N) dT_* \\
&= V_*^l dP_* - S_*^l dT_*.
\end{aligned} \tag{17.25}
$$

ふたつめは，共存線の気相側を通るように，まず T を増してから次に P を増す．すると，同様な計算から，

$$
\begin{aligned}
&G(T_* + dT_*, P_* + dP_*, N) - G(T_*, P_*, N) \\
&= V(T_*, P_* - 0, N) dP_* - S(T_* + 0, P_*, N) dT_* \\
&= V_*^g dP_* - S_*^g dT_*.
\end{aligned} \tag{17.26}
$$

$G(T_*, P_*, N)$ は一価連続だから，これら 2 つの表式は一致しなければならない：$V_*^l dP_* - S_*^l dT_* = V_*^g dP_* - S_*^g dT_*$. これを変形すると，

$$
\frac{dP_*}{dT_*} = \frac{S_*^g - S_*^l}{V_*^g - V_*^l}. \tag{17.27}
$$

さらに，潜熱の定義 (17.22) と，1 mol あたりの液相から気相への体積変化

$$
\frac{V_*^g - V_*^l}{N} \equiv \Delta v_* \tag{17.28}
$$

を用いると，上式は

$$\boxed{\frac{dP_*}{dT_*} = \frac{q_*}{T_* \Delta v_*}} \tag{17.29}$$

とも書ける．これを **Clapeyron-Clausius**（クラペイロン-クラウジウス）の**関係式**と言う．

この関係式を用いることにより，どんな物質でも，転移点における温度 T_*，モル体積の変化 Δv_*，潜熱 q_*，その転移点における共存線の傾き $\dfrac{dP_*}{dT_*}$，のうちの 3 つがわかれば，残りのひとつもわかることになる（下の問題）．これも熱力学の強大さの一例である．

なお，以上の導出は，2 つの相の共存線であれば，気相と液相の共存線でなくても同様なので，固相と液相とか固相と気相の場合など，**様々な相共存について，Clapeyron-Clausius の関係式は成り立つ**．

問題 17.5　水の液相・気相転移は，1 気圧 ($\simeq 10^5$ Pa) では $T_* \simeq 100°\mathrm{C}$ で起こり，そのときの潜熱（蒸発熱）は $q_* \simeq 4 \times 10^4$ J/mol で，モル体積の変化は $\Delta v_* \simeq 3 \times 10^{-2}$ m^3/mol である．圧力が 0.9 気圧に下がる山の上では，転移温度（沸点）はおよそいくらになると見積もれるか？

17.5.6　臨界点と連続相転移

図 17.5 の楕円の領域を右側に膨らませていって，ちょうど臨界点を含むところまで広げてやれば，相図 17.2 における d → B → f のような臨界点を通る状態変化にも，上記の計算がそのまま使える．その場合の転移点は臨界点になるが，そこでは，$S_*^l = S_*^g, V_*^l = V_*^g$ となり，S も V も，TPN 表示で見ても連続に変化するようになる．これは，G が 1 階偏微分できるようになったことを意味するが，臨界点は（ギリギリで）相転移領域であることには変わりないから，G の高階偏微分などに特異性が現れる．すなわち，連続相転移になる．

要するに，液相から気相へと状態変化させる道筋を臨界点に近づけていくと，だんだん $|S_*^g - S_*^l|, |V_*^g - V_*^l|$ が小さくなってゆき，ついにゼロになってしまった点が臨界点であり，そのときに相転移の種類は一次相転移から連続相転移に変わるのである．

潜熱がある一次相転移では定圧熱容量 C_P が転移点で発散したが，連続相転移の場合には，$S_*^l = S_*^g$ だから潜熱はゼロであり，C_P は必ずしも発散しない.

液相・気相転移の臨界点に限らず，一般に，連続相転移の転移点を**臨界点** (critical point) と呼ぶことがある．たとえば，強磁性体に外部磁場をかけずに温度を上げてゆくと，ある温度 T_c において常磁性相へと相転移するが，18.2 節で述べるようにこれは連続相転移であり，$T = T_c$ を臨界点と呼ぶ.

臨界点の近傍では，しばしば，統計力学で「くりこみ理論」に基づく美しい理論が展開できる．それを説明しようと，統計力学寄りの教科書では，相転移は連続相転移を中心に書かれることが多い[35]．しかし，臨界点という特殊な点の物理に集中するあまり相転移全体の理解がおろそかになってはいけないし，化学や生物学では一次相転移が主役になるので，本書では一次相転移についてもきちんと説明している.

17.6 TVN 表示による相転移の記述

相転移を熱力学の基本原理に照らして理解してもらうために，17.3.2 項では固相・液相・気相の間の相転移を UVN 表示で記述した．一方，(N を一定にして) T, P を制御するような実験を行うことが多いことから，17.3.1 項と 17.5 節では TPN 表示で同じ相転移を記述した．そのような実験に次いで多そうなのが，(N を一定にして) T, V を制御するような実験である．そこで本節では，TVN 表示で記述してみよう．これら 3 つの表示を理解しておけば，後述の一般論の理解も容易になる.

17.6.1 相図と F の解析的性質

TVN 表示の (すなわち T, V, N を変数として描いた) 相図の例を，図 17.10 に模式的に示す．ただし，横軸・縦軸を $T, V/N$ にとった．F は，その密度 f を用いて $F = Nf(T, V/N)$ と表せるので，こうしておけば任意の N について同じ図になるからである.

この相図は，UVN 表示の相図 17.3 (p.38) を U 軸方向に，歪めながら圧縮したようなものになっている．U と T は一般には直線関係にはないから歪み，U の値が異なっても T の値が同じ状態がありうるから圧縮されるのであ

35) その名残で，連続転移でない転移点まで「臨界点」と呼んでしまう文献も少なくないが，本書では本来の意味に使う.

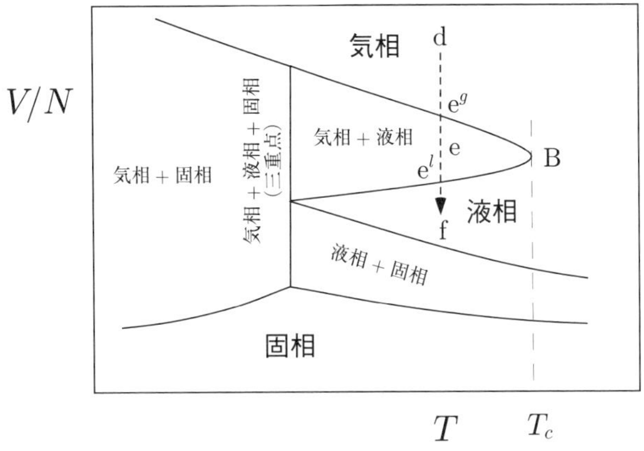

図 17.10　T, V, N を変数に選んで描いた固相・液相・気相の相図の模式図．図 17.2（p.34）の d → e → f の点線で示した状態変化は，たとえば図の点線のようになる．図 17.2 の転移点 e は，この図では相共存領域を横切る線分 e になる．e の上では，気相の状態 e^g と液相の状態 e^l が共存する．

る．その結果，三重点は横に圧縮されて T 軸に垂直な[36]直線になっている．しかし，2 相の相共存領域はどれも，帯状に広がったままである．

このように，**三重点以外の領域では，$\boldsymbol{TVN}$ 表示の相図 17.10 の各点と $\boldsymbol{UVN}$ 表示の相図 17.3 の各点とは一対一に対応し，それらのどの点でも $\boldsymbol{F(T,V,N)}$ は $\boldsymbol{S(U,V,N)}$ と同様に連続的微分可能**である[37]．一方，三重点では，$S(U,V,N)$ は連続的微分可能なのに $F(T,V,N)$ は特異的になる（17.6.4 項）．以下では，これらのことを具体的に見てゆこう．

17.6.2　液相・気相転移点付近の F の振舞い

17.5 節では，図 17.5 の楕円で囲んだ領域付近（液相・気相転移点付近）の $G(T,P,N)$ の振舞いを見た．本節では，同じ領域（に対応する TVN 空間内の領域）における $F(T,V,N)$ の振舞いを見よう．

我々は既に G の振舞いを知っているのだから，G から F を求めることにし

36)　T 軸に垂直になる理由は，三重点の温度がひとつに決まっているからである．

37)　♠♠ 実は，TVN 表示の相図においても，2 相の境界が帯ではなくて曲線になってしまうことがないとは言い切れない．たとえば，（同じ N に対して）液相と固相とで T も V も同じ値でありうるような物質があれば，その物質の液相・固相の境界は，TVN 表示の相図でも曲線になる．ここでは，そういう特殊なケースを除いている．

よう．それには，(13.33) からわかるように，変数 P についてだけ逆ルジャンドル変換すればよい：

$$F(T,V,N) = \bigl[G(T,P,N) - PV\bigr](T,V,N). \tag{17.30}$$

すなわち，$F(T,V,N)$ と $G(T,P,N)$ の共通な変数である T,N の一組の値ごとに，T,N を固定して P についてだけ逆ルジャンドル変換を行えばよい．（それをすべての T,N の値について行えば $F(T,V,N)$ が求まる．）したがって，図 17.8（p.46）の左側のグラフを逆ルジャンドル変換することになる．すると，微係数 $P(T,V,N) = -\dfrac{\partial F(T,V,N)}{\partial V}$ の V 依存性を示すグラフは，12.3.3 項で述べたように，図 17.8 の右側のグラフを寝かせて，ジャンプしているところを直線で繋げたものになるから，連続である．つまり，$G(T,P,N)$ が P について微分不可能だったのと対照的に，**$F(T,V,N)$ は，V について微分可能で，しかも微係数は連続である！**

特に，$G(T,P,N)$ が微分不可能になっている（図 17.8 の右側のグラフがジャンプしている）転移点 $P = P_*$ においては，数学の定理 12.5（第 I 巻 p.234）より，$F(T,V,N)$ には V の関数として直線になっている区間が現れ，その区間 $V_*^l \le V \le V_*^g$ が V で見た相転移領域（相共存領域）になる．これが図 17.10 の線分 e である．式で書くと，12.3.4 項の (ii) により，転移点 (T_*, P_*, N) に対応する相共存領域 $V_*^l \le V \le V_*^g$ において，F は V の関数として，

$$F(T_*,V,N) = G(T_*,P_*,N) - P_*V \quad \text{for } V_*^l \le V \le V_*^g \tag{17.31}$$

のように，傾きが $-P_*$ の直線になる．ここで，T_* と P_* は「共存線の上の点」という条件から相互に関連している．実際，特定の共存線に着目することを決めておけば，(17.18), (17.21) のように表せる．その場合，上式は次のようにも書ける：

$$F(T,V,N) = G(T,P_*(T),N) - P_*(T)V \quad \text{for } Nv_*^l(T) \le V \le Nv_*^g(T). \tag{17.32}$$

すなわち，相共存領域では $F(T,V,N)$ は V について直線になっていて，その切片 $G(T,P_*(T),N)$ と傾き $-P_*(T)$ は T の関数になっている．

逆に言えば，$F(T,V,N)$ が V について直線になっている部分を持っていると，数学の定理 12.5（第 I 巻 p.234）より，V についてルジャンドル変換した $G(T,P,N)$ が P について微分不可能になる．すなわち，一次相転移が起きて

いる！

以上のことから，$F(T,V,N)$ とその微係数 $P(T,V,N)$ の（T,N を固定したときの）V 依存性を示すグラフは図 17.11 のような形になる．$P(T,V,N)$ のグラフは，温度一定のときの P を V の関数としてプロットしたものだから，**等温線** (isotherm) という名で文献によく出てくるものである．等温線を見ればわかるように，温度を一定にして体積を変えていくと，相共存領域で圧力は一定になる．その理由は（ここまでの説明でも明らかだが，もっと直接的には）図 17.1 で温度一定のまま気相から液相へ転移させると，相共存領域の圧力は，それぞれの温度ごとに一意的に決まってしまうからである．物理的には，ピストンを引くなどして体積を無理矢理増やそうとすると，物質は，相共存領域では，熱浴から熱をもらって液相の一部を気相へと転移させることにより，圧力を保ったまま体積を増すのである．

なお，温度を上げると，圧力が上がるので等温線は全体的に上方にシフトし，相共存領域の幅 $V_*^g - V_*^l$ は狭くなる．そして，どんどん温度を上げて，ついに相共存領域の幅がゼロになったところが臨界点である．

問題 17.6　17.5 節だけを見て，図 17.11 を自分で描け．

一方，$F(T,V,N)$ の（V,N を固定したときの）T 依存性は次のようになる．図 17.7（p.46）で見たように，$G(T,P,N)$ の T 依存性には，左右の微係数が異なるという特異性があった．17.6.1 項でも述べたように，そのような特異性は（今考えている領域は三重点ではないので，特殊なケースを除くと）$F(T,V,N)$ では消えてしまう．そして，12.3 節，12.4 節の一般論を適用すれば，両者の微係数 $S(T,V,N) = -\dfrac{\partial F(T,V,N)}{\partial T}$, $S(T\pm 0,P,N) = -\dfrac{\partial G(T\pm 0,P,N)}{\partial T}$ の間の関係が次のようになることがわかる．

まず相共存領域以外では単純で，(12.30) より，$S(T,P,N)$ は $S(T,V,N)$ を T,P,N の関数として表したものである：

$$S(T,P,N) = \big[S(T,V,N)\big](T,P,N). \tag{17.33}$$

一方，相共存領域（転移点 $(T,P_*(T),N)$）においては，$G(T,P,N)$ の左右

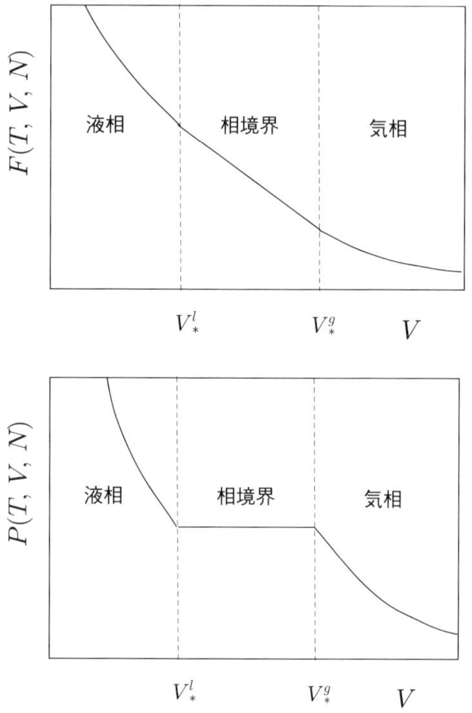

図 17.11　液相・気相転移における，$F(T, V, N)$ とその微係数 $P(T, V, N) = -\dfrac{\partial F(T, V, N)}{\partial V}$ の V 依存性の模式図.

の微係数が一致しなくなる．そのため[38]，その左右の微係数 $S(T \pm 0, P_*, N)$ は，この転移点を TVN で見たときの相共存領域 $V_*^l \le V \le V_*^g$ の両端における $S(T, V, N)$ に等しい：

$$S(T \pm 0, P_*, N) = \begin{cases} S(T, V_*^g, N) \\ S(T, V_*^l, N) \end{cases} \quad \text{（複号同順）} \tag{17.34}$$

そして，(17.16) を得たのと同様の考察をすればわかるように，相共存領域の

38)　数学的には，第 I 巻付録の (B.1) で，h_1, f をそれぞれ G, F に，p_1, x_1, x_2 をそれぞれ $-P, V, T$ に対応させる.

内部，すなわち $V_*^l < V < V_*^g$ では，$S(T,V,N)$ は上記の両端の値の中間の値を連続的に移り変わる．

N に関する微係数についても述べておくと，$\mu(T,P) = \dfrac{\partial G(T,P,N)}{\partial N}$ が連続だったので，G よりも解析的性質の良い F の微分である $\mu(T,V) = \dfrac{\partial F(T,V,N)}{\partial N}$ も連続である．したがって，(12.30) より，$\mu(T,P)$ は単に $\mu(T,V)$ を T,P の関数として表したものである．

以上のことから，$G(T,P,N)$ とは異なり，**$F(T,V,N)$ は（特殊なケースを除くと）三重点以外では連続的微分可能**だとわかった．13.2.2 項において，「$U(S,V,N)$ や $S(U,V,N)$ からルジャンドル変換する変数が少ないほど解析的性質がよい」と述べたが，これはその良い例になっている．

この節で見たように，TVN 表示で $F(T,V,N)$ を用いて相転移を見ると，TPN 表示で $G(T,P,N)$ を用いて見るよりも，良好な解析的性質のために相共存領域の内部まで詳しく見ることができる．（たとえば，相共存領域の内部 $V_*^l < V < V_*^g$ の特定の V の値における S の値がわかる．）その反面，相共存領域の内部までは興味がないような場合には，内部まで見えてしまうことがかえって煩わしくなることもある．

17.6.3　F が直線になる物理的理由

相共存領域において，F が V の関数として (17.31) のように直線になる理由は，数学的には上で説明した通りである．ここでは物理的な理由を説明しよう．

この場合のように T を一定に保ったまま V を変えていく場合には，相共存領域で共存する液相と気相は，どちらもずっと同じ温度 $T = T_*$，同じ圧力 $P = P_*$ であり続けるから，それぞれの相から適当な部分系を取り出してみると，相転移の間それぞれがずっと同じ平衡状態にある．つまり，V とともに変わってゆくのは，どちらの相にどれだけの物質量があるかという分配だけなのである．そのことがはっきり見えるように，ある V $(V_*^l \le V \le V_*^g)$ における気相部分の物質量を N^g，液相部分の物質量を N^l と記し $(N^g + N^l = N)$，それぞれの割合

$$x \equiv N^g/N, \quad 1 - x = N^l/N \tag{17.35}$$

である**モル分率** (molar fraction)[39]で V と F を表してみよう．

$V = V_*^l = Nv_*^l$ ではすべてが液相にある ($x = 0$) し，$V = V_*^g = Nv_*^g$ ではすべてが気相にある ($x = 1$) が，それぞれにおける F の値を

$$F_*^l \equiv F(T_*, V_*^l, N) = Nf(T_*, v_*^l) \equiv Nf_*^l, \tag{17.36}$$

$$F_*^g \equiv F(T_*, V_*^g, N) = Nf(T_*, v_*^g) \equiv Nf_*^g \tag{17.37}$$

と記そう．中間の V ($V_*^l < V < V_*^g$) においては，液相の体積は $N^l v_*^l = (1-x)V_*^l$ だし，気相の体積は $N^g v_*^g = xV_*^g$ であるから，V をモル分率 x で表すと，

$$V = (1-x)V_*^l + xV_*^g = V_*^l + x(V_*^g - V_*^l). \tag{17.38}$$

このとき，液相部分だけすべて取り出すとその F は $N^l f_*^l = (1-x)F_*^l$ であるし，気相部分だけすべて取り出すとその F は $N^g f_*^g = xF_*^g$ であるから，全体の F は相加性より，

$$F(T_*, V, N) = (1-x)F_*^l + xF_*^g = F_*^l - x(F_*^l - F_*^g). \tag{17.39}$$

これらの表式を見ると，V と x の関係も，F と x の関係も，どちらも線形である．したがって，V を増すとともに，x は線形に（$V_*^g > V_*^l$ なので）増加し，F は線形に（(17.31) より $F_*^l > F_*^g$ なので）減少する．つまり，相共存領域における F は，F_*^l から F_*^g へと，V の関数として直線的に減少する．

直感的に言うと，F が「液相の F」から「気相の F」へと「切り替わる」仕方が，液相の物質量を減らして気相の物質量を増やしてゆくように切り替わるのである．これが，(17.31) のように F が変化する物理的意味である．そして，その結果として，F は V の関数として上に出っ張らずにすむことになり，F が V の関数として下に凸であることが保たれる．この凸性は自由エネルギー最小の原理のために必要であったから，こうしてすべての辻褄が合うのである．

また，(17.38) より，モル分率が系全体の体積 V から求まることもわかる[40]：

---

39)　本書の記法では，x は n^g と書くのが自然だが，19 章で化学への応用を論じるときの便利のために，x を使った．化学では n を物質量そのものに使うことが多いからだ．

40)　これは，17.8.2 項で述べる**てこの規則** (lever rule) の TVN 表示版である．

$$x = \frac{V - V_*^l}{V_*^g - V_*^l} = \frac{v - v_*^l}{v_*^g - v_*^l}. \tag{17.40}$$

つまり，図 17.10 の点線のように T を一定に保って V を減らしてゆくとき，図で点 $(T, V/N)$ が線分 e の上のどこにいるかを見れば，気相のモル分率が

$$\boxed{x = \frac{\text{点}\,(T, V/N)\,\text{から}\,\mathrm{e}^l\,\text{までの長さ}}{\text{線分}\,\mathrm{e}\,\text{の長さ}}} \tag{17.41}$$

により求まる．したがって，図 13.1 (ii), (iii) において，液相の水の量と気相の水の量は，T, V, N さえ与えれば（したがって U, V, N さえ与えれば）それぞれ一意的に定まる（予言できる）．このように，**熱力学は，たとえ相共存領域でも十分な予言能力を持っている**のである．

17.6.4 ♠ 三重点における F の振舞い

上で述べたようなことは，液相・気相転移に限らず，固相・液相転移でも固相・気相転移でもまったく同様である．ただ，三重点だけは少し話が変わる．本質的な相違点は，三重点では (T, V, N) が (U, V, N) と一対一に対応しなくなることである．その結果，$F(T, V, N)$ は連続的微分可能でなくなり，たとえば T に関する左右の微係数 $S(T \pm 0, V, N) = -\dfrac{\partial F(T \pm 0, V, N)}{\partial T}$ が一致しなくなる．

そのような場合の $S(T \pm 0, V, N)$ の意味も，ルジャンドル変換の一般的性質からわかる．すなわち，$S(T \pm 0, V, N)$ は，(T, V, N) が図 17.10 の三重点内にあるような状態の S の上下限を与える：

$$\begin{aligned} &S(T - 0, V, N) \\ &\quad \le \left[\text{温度}\,T,\ \text{体積}\,V,\ \text{物質量}\,N\,\text{の状態のエントロピー}\right] \\ &\qquad \le S(T + 0, V, N). \end{aligned} \tag{17.42}$$

三重点内で U, V, N を変化させると，S の値はこの範囲の値を連続的に変化してゆくのである．

以上のように，特異性のある関数のルジャンドル変換を理解すれば，相転移の熱力学は，三重点のような特異性が最も大きな状態までも，きちんと理解できる．

17.7 多成分系の相図

ここまでの相転移の説明では，具体例としては一成分系（純物質）の相転移しか説明していなかった．この節では，多成分系（混合物）の相転移について，相図を中心にもっと踏み込んだ説明をする．多成分系の典型例である，エントロピーの自然な変数が $U, V, N_1, \cdots, N_m$ であるような m 種類の成分より成る単純系をとりあげて説明するが，もっと一般の系にも容易に拡張できるような説明を行う．

17.7.1 相図を描くときの変数

一成分系で見たように，相図は，どんな変数を軸に選んで描くかで様相が大きく変わる．そこでまず，多成分系の相図を描くときに便利そうな変数を挙げてみよう．

まず狭義示強変数だが，習慣に従いエネルギー表示のものを採用すると，いま考えている多成分系では，$T, P, \mu_1, \cdots, \mu_m$ の $(m+2)$ 個であるが，Gibbs-Duhem 関係式 $SdT - VdP + N_1 d\mu_1 + \cdots + N_m d\mu_m = 0$ よりこれらは独立ではないので，独立変数としては（どれを除いても構わないのだが後の便利のために）μ_m を除いた

$$T, P, \boldsymbol{\mu} \equiv T, P, \mu_1, \cdots, \mu_{m-1} \tag{17.43}$$

という $(m+1)$ 個を採用しよう．

一方，相加変数 $U, V, N_1, \cdots, N_m$ の密度については，全物質量

$$N_{\rm tot} \equiv N_1 + \cdots + N_m \tag{17.44}$$

あたりのモル密度

$$u \equiv U/N_{\rm tot}, \tag{17.45}$$

$$v \equiv V/N_{\rm tot}, \tag{17.46}$$

$$x_k \equiv N_k/N_{\rm tot} \quad (k = 1, 2, \cdots, m) \tag{17.47}$$

を用いることが多い．ここで，x_k は全物質量に占める成分 k の物質量の割合，すなわち**モル分率** (molar fraction) であるが，定義より明らかに

$$x_1 + \cdots + x_m = 1 \tag{17.48}$$

であるから,

$$\boldsymbol{x} \equiv x_1, \cdots, x_{m-1} \tag{17.49}$$

だけ与えれば x_m は自明に $x_m = 1 - (x_1 + \cdots + x_{m-1})$ と定まる．そこで，エントロピー密度 $s = S/N_{\mathrm{tot}}$ の自然な変数を，x_m を除いた $u, v, \boldsymbol{x}$ に選ぶことにする[41]．

あるいは，$\boldsymbol{x}$ の代わりに，i 番目 $(i = 1, 2, \cdots, r)$ の相 σ_i における成分 k $(= 1, 2, \cdots, m)$ の物質量 $N_k^{\sigma_i}$ の割合として定義したモル分率[42]

$$x_k^{\sigma_i} \equiv \frac{N_k^{\sigma_i}}{N_{\mathrm{tot}}^{\sigma_i}} \quad (N_{\mathrm{tot}}^{\sigma_i} \equiv N_1^{\sigma_i} + \cdots + N_m^{\sigma_i}) \tag{17.50}$$

を，すべての相と成分について並べた

$$\boldsymbol{x}^{\sigma_1}, \cdots, \boldsymbol{x}^{\sigma_r} \equiv x_1^{\sigma_1}, \cdots, x_{m-1}^{\sigma_1}, \cdots, x_1^{\sigma_r}, \cdots, x_{m-1}^{\sigma_r} \tag{17.51}$$

を軸の一部として相図を描くこともある．ここで，$x_m^{\sigma_1}, \cdots, x_m^{\sigma_r}$ は，$x_m^{\sigma_i} = 1 - (x_1^{\sigma_i} + \cdots + x_{m-1}^{\sigma_i})$ により定まるので除いた．

17.7.2 相律とその一般化

前項で列挙した変数の中からどの変数を選んで相図を描くかは，目的に応じて選択することになる．その変数の選択によって，相図の様相は大きく変わる．一成分系で見たように，もっとも大きく変わるのは，相共存領域の次元であるので，それについて一般的な法則を知っておくと便利である．それを紹介しよう．

まず注意しておきたいのは，相の数を勘定するときに，17.2.2 項で述べた **2 つの数え方のうちのどちらを選ぶかをあらかじめ決め，それに応じてエントロピーの自然な変数を適切に選んでおく**，というのが大前提である．**その選択の結果として決まった適切な自然な変数が $\boldsymbol{U, V, N_1, \cdots, N_m}$ であり，その結果として（エネルギー表示の）狭義示強変数は $\boldsymbol{T, P, \mu_1, \cdots, \mu_m}$ だけである**，として議論を行う．どちらの数え方を選択するかで次元も相の数も自然な

---

41) これは，5.1.3 項の議論で，$\lambda = 1/N_{\mathrm{tot}}$ と選んだ上で独立でない x_m を引数から取り除いたことに相当する．

42) このように，上付き添え字で相を表し，下付き添え字で成分を表すことにする．

変数の数も変わるが，**これさえ守っていれば，以下の結果は（下の定理に明記された条件の下で）どちらの勘定の仕方でも成り立つ**．

前項で列挙した変数の中から，特定の変数の組を選んで相図を描いたとする．そのときの，相共存領域の次元を

$$D(\text{変数}) \tag{17.52}$$

と書くことにする．たとえば，一成分系の三重点では，相図 17.2，17.3，17.10 より，$D(T,P)=0$，$D(u,v)=2$，$D(T,v)=1$ である．

言い換えれば D とは，選んだ変数のうちで「その相共存領域から飛び出さない」という条件を守りつつ独立に値を変えられる変数の数である．そこで D を，その相共存領域の，広義の**熱力学的自由度** (thermodynamic degrees of freedom) と本書では呼ぶことにする．「広義の」というのは，17.5.3 項で説明した狭義のものとは異なり，変数が狭義示強変数に限らないという意味だ．単に**熱力学的自由度** (thermodynamic degrees of freedom) というときは，このうちの

$$f \equiv D(T,P,\boldsymbol{x}^{\sigma_1},\cdots,\boldsymbol{x}^{\sigma_r}) \tag{17.53}$$

を指すことが多いようだ[43]．（この f は Helmholtz エネルギー密度ではないので混同しないで欲しい．）ただ，それだと，エントロピーの自然な変数が $U,V,N_1,\cdots,N_m$ でない場合に何を指すか不明確である．本書では変数を明示することにしたので，そのような場合でも，$U,V,N_1,\cdots,N_m$ を $U,X_1,\cdots,X_t$ と読み替えるだけで，下記の定理がそのまま適用できる．そのような一般の場合も含めて，17.5.3 項で述べたように，**相共存状態では，平衡条件から，どの狭義示強変数の値もすべての相の間で一致する**．このことに注目すれば，次の結果が導ける[44]：

定理 17.1　一般化された相律：エントロピーの自然な変数が $U,V,N_1,\cdots,N_m$ であるような，m 種類の成分より成る単純系において，r 個の

43)　手元にある教科書などを調べてもどうも定義が曖昧なのだが，これを指しているらしいと推測される．

44)　ここには載せなかった D の値を含めて，詳しくは，A. Shimizu, J. Phys. Soc. Jpn. **77** (2008) 104001.

異なる相が共存する相共存領域の次元は，特別な対称性などがない限り，

$$
\begin{aligned}
&D(u, v, \boldsymbol{x}) = m + 1 && (17.54)\\
&\geq D(T, v, \boldsymbol{x}) = m + 2 - r + \min\{m, r-1\} && (17.55)\\
&\geq D(T, P, \boldsymbol{x}) = m + 1 - r + \min\{m, r\} && (17.56)\\
&\geq D(T, P, \boldsymbol{\mu}) = D(T, P, \boldsymbol{x}^{\sigma_1}, \cdots, \boldsymbol{x}^{\sigma_r}) = m + 2 - r. && (17.57)
\end{aligned}
$$

最後の行から，(17.53) の熱力学的自由度が

$$\boxed{f = m + 2 - r} \tag{17.58}$$

だとわかるが，これを Gibbs の**相律** (phase rule) と呼ぶ（導出は下の問題）．上記の結果は，これを広義の熱力学的自由度に拡張した**一般化された相律** (generalized phase rule) である．

この定理には（したがって (17.58) にも）「特別な対称性などがない限り」という条件が付いているが，**特に断らない限りは，この条件は満たされていると仮定して議論する**．この条件が破れる具体例と，そういう場合でも成り立つ，より一般的な定理は，17.9.5 項で説明する．

この結果から，多成分系の相転移について様々なことがわかる．まず，定義により $D \geq 0$ だから，上記の定理の最後の行 ≥ 0 より，共存する相の数には

$$\boxed{\text{共存する相の数}\ r \leq m + 2} \tag{17.59}$$

という上限がある[45]．この上限値の $r = m + 2$ 個の相が共存するときには，$D(T, P, \boldsymbol{\mu}) = 0$ 次元となるから，すべての狭義示強変数の値がひとつに定まってしまう．たとえば一成分系 ($m = 1$) では，$r = 3$ 個の相が共存する三重点がそれにあたるため，T, P, μ の値がたったひとつに決まってしまったのである．

また，一成分系 ($m = 1$) の場合には，たとえば相図 17.1（p.34）は，$T, P, \boldsymbol{\mu} = T, P$ を変数として描いたものであったから，相共存領域の次元 $D(T, P)$ は Gibbs の相律 (17.57) で与えられることになる．すると，たとえ

45)　もちろん，特別な対称性などにより定理の条件が満たされない場合には，この制限もなくなる．詳しくは 17.9.5 項．

ば 2 相が共存する相共存領域は $D(T, P) = 1 + 2 - 2 = 1$ 次元だとわかり，線（共存線）になることが理解できる．また，3 相が共存する相共存領域である三重点は，$D(T, P) = 1 + 2 - 3 = 0$ 次元であるから点になる，という具合である．

もちろん，17.3.2 項や 17.6.1 項で見たように，たとえ一成分系でも，他の変数を使った場合の相共存領域の次元はこれらとは異なる．さらに**多成分系になると，T, P を変数に含む相図における相共存領域の次元すら，Gibbs の相律で与えられるものとは異なる**．たとえば，

- $r \leq m$ の場合には，$D(u, v, \boldsymbol{x}) = D(T, v, \boldsymbol{x}) = D(T, P, \boldsymbol{x}) = m + 1$ のように 3 種類の相図における相共存領域の次元が一致し，相図全体の次元と同じ大きさになる．これは，2 相以上が共存する相共存領域では，$f = m + 1 - (r - 1)$ よりも大きい！

- $r = m + 1$ の場合には，$D(u, v, \boldsymbol{x}) = D(T, v, \boldsymbol{x}) = m + 1 > D(T, P, \boldsymbol{x}) = m \geq f = 1$.

- $r = m + 2$ の場合には，$D(u, v, \boldsymbol{x}) = m + 1 > D(T, v, \boldsymbol{x}) = m > D(T, P, \boldsymbol{x}) = m - 1 \geq f = 0$ のように段階的に大きさが変わる．

これ以外にも様々なことが上記の定理からわかる．そのうち，相共存が広く見られる理由については次項で説明する．もっとも重要だと思われるのは，**実験や理論計算を行わなくても，相図の定性的な性質がわかり，さらに，一次相転移における熱力学関数の特異性の出方までわかってしまう**ことだと思われる．それについては，17.8 節で，具体例を用いて説明する．

問題 17.7　Gibbs の相律 (17.58) を示せ．また，その値が $D(T, P, \boldsymbol{\mu})$ に等しいという (17.57) を示せ．

17.7.3　相共存が広く見られる理由

水を入れた水筒の中では，液相と気相が共存している．液相の成分は水が圧倒的だが空気も溶け込んでいる．気相の成分は空気が圧倒的だが水蒸気もたくさん含んでいる．さらに，空気はもともと何種類もの分子から構成される多成分系である．つまり，水筒の中の系は，多成分系 $(m \geq 2)$ の，液相と気相が共存する平衡状態である．注目すべき点は，多少温度を上下しても，この共存

状態は解消されないことだ．

これに対して，純粋な水の場合には，相図を T, P で張られる 2 次元状態空間の中に描くと，図 17.1（p.34）のように，水と水蒸気の相共存領域は，その中の 1 次元領域（線）でしかない．そのため，たとえば圧力を大気圧に固定した場合には，ひとつの温度（100°C）でしか，気相と液相は共存できない．

この大きな違いは，多成分系（混合物）か純粋物質（一成分系）か，という違いから来ている．水筒やシリンダーなどの，物質を外部とやりとりできない容器に入れておけば，**それぞれの成分のモル分率 $\boldsymbol{x} = \boldsymbol{x}_1, \cdots, \boldsymbol{x}_{m-1}$ は一定に保たれる**．その状況で，温度 T や圧力 P を様々に変えたとき，T, P のどれくらい広い範囲で相共存が実現するかを勘定してみよう．

それには，一般化された相律の中の，$D(T, P, \boldsymbol{x})$ を使えばよい．すると，$m \geq 2$，$r = 2$ であるから，

$$D(T, P, \boldsymbol{x}) = m - 1 + \min\{m, 2\} = m + 1 \qquad (17.60)$$

を得る．したがって，今のように $(m-1)$ 個の変数 $\boldsymbol{x}$ が固定されている状況でも，まだ

$$D(T, P, \boldsymbol{x}) - (m - 1) = 2 \qquad (17.61)$$

と 2 次元が残る．このため，P を大気圧に固定しても 1 次元残り，様々な T において相共存が可能になる．これは，純物質（一成分系）が，$D(T, P) = 1$ であるために P を大気圧に固定したらただひとつの T においてしか相共存できなかったのと対照的である．

このように，**多成分の混合物では相共存領域が一気に広がる**．身の周りの物質はたいてい混合物だから，これが，相共存状態を身の周りで頻繁に見かける理由である．

なお，同じことを Gibbs の相律 (17.58) から導こうとすると，間接的になってしまう．今の場合，$r = 2$ より Gibbs の相律は

$$D(T, P, \boldsymbol{x}^{\sigma_1}, \cdots, \boldsymbol{x}^{\sigma_r}) = m \qquad (17.62)$$

を与える．しかし，全体のモル分率 $\boldsymbol{x}$ は一定に保たれても，個々の相の中でのモル分率 $\boldsymbol{x}^{\sigma_1}, \cdots, \boldsymbol{x}^{\sigma_r}$ は一定に保たれないから，(17.61) のような明快な計算ができず，この結果から上記の結論を導き出すには，もう何ステップかの考察が必要になる．

17.8　例：2 成分系の気液転移

前節で述べた多成分系の一般論を，2 成分系の気液転移に当てはめて，具体的に考察してみよう．固液転移や 3 成分以上のケースも同様に議論できる．

17.8.1　相図

低い沸点を持つ純物質 1 と，高い沸点を持つ純物質 2 を混ぜた混合物である 2 成分系の典型的な相図を，T, P, x_1 を変数に選んで図 17.12 に示す．この図では，紙面に垂直に P 軸がある．つまり，P 軸に垂直な適当な面における断面図である．

図の右端にある $x_1 = 1$ のラインは，成分 1 の純物質に相当するから，気相と液相の境目である沸点 $T_{1*}(P)$ は低い．この $x_1 = 1$ の相共存領域は，一成分系の相共存領域だから，$D(T, P) = 1 + 2 - 2 = 1$ であり，P を与えれば $T_{1*}(P)$ は一意的に決まる．他方，図の左端にある $x_1 = 0$ のラインは，成分 2 の純物質に相当するから，沸点 $T_{2*}(P)$ は $T_{1*}(P)$ よりも高い[46)]．これも P を与えれば一意的に決まる．

ところが，これら 2 種類の物質の混合物である $0 < x_1 < 1$ のときには，相共存領域は，(17.56) によると $D(T, P, x_1) = 3$ となるので，3 次元に広がり，**広い範囲で相共存できるようになる**．実際，この図は，その 3 次元の相共存領域から，P のひとつの値の面だけを切り出した断面図であるにもかかわらず，まだ 2 次元的に広がっている．そのため，一成分系とは違って，P を与えても，**$\boldsymbol{P}$ と $\boldsymbol{x_1}$ の両方を与えてもなお，様々な温度で相が共存できる**．すなわち，P, x_1 の値ごとに，液相の上限温度 $T_*^l(P, x_1)$ と気相の下限温度 $T_*^g(P, x_1)$ があって，

$$T_*^l(P, x_1) < T < T_*^g(P, x_1) \tag{17.63}$$

46) 反対に $T_{2*}(P) < T_{1*}(P)$ の場合には，以下の議論の不等号などがことごとく反対になる．

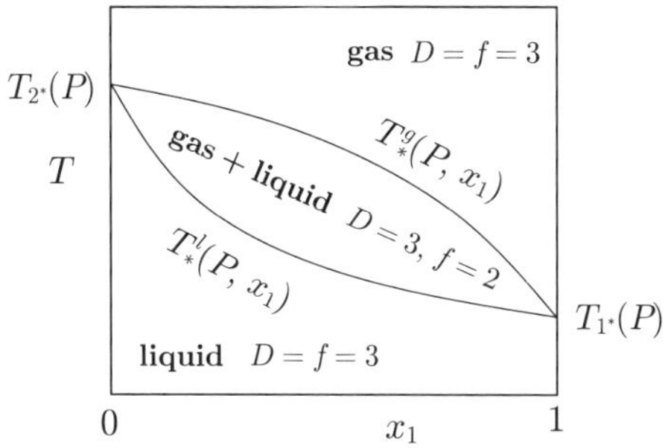

図 17.12　気液転移を起こすような 2 成分系の，T, P, x_1 を軸に選んだときの典型的な相図．紙面に垂直に P 軸がある．

の温度範囲で 2 相が共存する[47)]．

他方，狭義の熱力学的自由度の方は，この相共存領域では (17.57) より $D(T, P, \mu_1) = 2$ しかない．これは，この 2 成分系の 4 つの[48)]狭義示強変数 T, P, μ_1, μ_2 の中で独立に変えられる変数の数を与えているので，**相共存領域内では $\boldsymbol{\mu_1, \mu_2}$ が $\boldsymbol{T, P}$ を与えれば一意的に決まることがわかる**：

$$\mu_k = \mu_{k*}(T, P) \quad (k = 1, 2) \quad \text{in 相共存領域}. \tag{17.64}$$

これは，**相共存領域内では $\boldsymbol{\mu_1, \mu_2}$ が $\boldsymbol{x_1}$ には依存しない**ことを意味するので，μ_1, μ_2 を x_1 の関数として描くと，図 17.13 (a) のように，相共存領域内で水平になる．すると，$\mu_1(T, P, x_1) = \dfrac{\partial}{\partial N_1} G(T, P, N_1, N_2)$ なのだから，図 17.13 (b) のように，**相共存領域内で $\boldsymbol{G(T, P, N_1, N_2)}$ は $\boldsymbol{N_1}$（や $\boldsymbol{N_2}$）について直線になっている**ことがわかる．ゆえに，その領域では，$G(T, P, N_1, N_2)$ を N_1 か N_2 のどちらかについてルジャンドル変換した，完全な熱力学関数が 1 階偏微分係数を持たないという特異性を持つ．そのため，状態がこの相共存領域に入ると一次相転移が起こり[49)]，（後述の定理 17.3（p.78）から言えるよ

---

47)　相図の中の，2 相が共存する領域と単相の領域の境界線は，物質の種類や，気相か液相か固相か，などで様々に呼び分けられている．たとえば**液相線** (liquidus) とか**固相線** (solidus) という具合であるが，具体的な名称はその言葉を使う分野の教科書を参照されたい．**本書では，名称とは無関係に成り立つ普遍的な結果を説明する**．

48)　D の ( ) 内には 3 変数しかないが，これは，4 つのうち最大でも 3 つまでしか独立でないから，$\boldsymbol{\mu}$ から μ_2 を落としたためであった．

49)　ただし，17.4 節の補足で述べたように，あくまで $G(T, P, N_1, N_2)$ の特異性で一次相転移を定義する流儀もあるので，一次相転移かどうかは，その定義による．

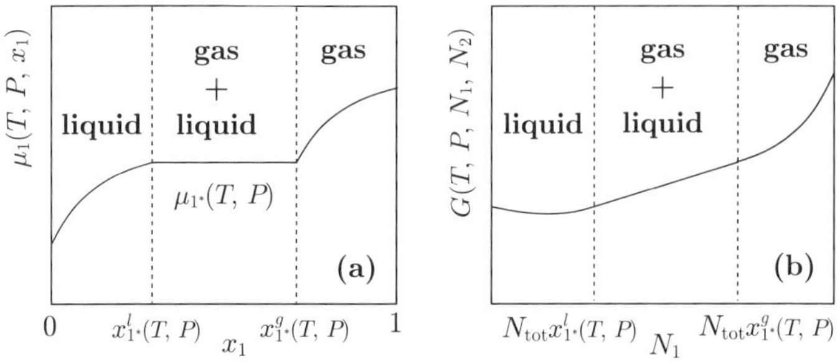

図 17.13 気液転移を起こす，図 17.12 のような相図を持つ 2 成分系の，(a) $\mu_1(T,P,x_1)$ の x_1 依存性と (b) $G(T,P,N_1,N_2)$ の N_1 $(=N_{\rm tot}x_1)$ 依存性の模式図.

うに）相共存が起こるわけだ.

また，相共存領域では，(17.57) より $D(T,P,x^l_1,x^g_1)=2$ だから，T,P,x^l_1, x^g_1（および $x^l_2=1-x^l_1$, $x^g_2=1-x^g_1$）のうちで独立なのは 2 個だけだ．したがって，**相共存領域内では，液相，気相それぞれにおける，それぞれの成分のモル分率 $\boldsymbol{x^l_k=N^l_k/N^l_{\rm tot}}$ $\boldsymbol{x^g_k=N^g_k/N^g_{\rm tot}}$, $\boldsymbol{(k=1,2)}$ は，$\boldsymbol{T,P}$ の値で一意的に決まる**：

$$x^l_1=x^l_{1*}(T,P),\ x^l_2=1-x^l_{1*}(T,P) \quad \text{in 相共存領域,} \tag{17.65}$$

$$x^g_1=x^g_{1*}(T,P),\ x^g_2=1-x^g_{1*}(T,P) \quad \text{in 相共存領域.} \tag{17.66}$$

相共存領域を出れば，液相または気相の単一の相にあるので，(17.56) より $D(T,P,x_1)=3$ となる．つまり，**単一の相にあるときには $\boldsymbol{\mu_1,\mu_2}$ は $\boldsymbol{T,P}$ だけでは決まらず，$\boldsymbol{x_1}$ にも依存する**ようになる：

$$\mu_k=\mu_k(T,P,x_1) \quad (k=1,2) \quad \text{in 単一の相.} \tag{17.67}$$

図 17.13 の模式図は，以上の結果をできるだけ取り込んで描いてある．**純物質（一成分系）では単純に $\boldsymbol{G=N\mu}$ だったから $\boldsymbol{G}$ と $\boldsymbol{\mu}$ は同じグラフになったが，多成分系ではそうなっていない**ことに注意しよう．むしろ，このグラフは，図 17.11 の $F(T,V,N)$ と $P(T,V,N)$ $(=P(T,V/N))$ の振舞いに似ている．それは実は，後述の定理 17.3（p.78）から当然で，図 17.11 の F,V,P の役割を，図 17.13 では，それぞれ，G,N_1,μ_1 が果たしているのである．

以上のように，一般化された相律（定理 17.1）を活用すれば，**実験や理論計算を行わなくても，相図の定性的な性質がわかり，一次相転移における熱力

学関数の特異性の出方までわかる．たとえば三重点があったらどうなるかも，下の問題にしてあるので，考えてみてほしい．

これらの結果を利用して，次の 2 つの項で，2 種類の実験を考えてみよう．

問題 17.8 もしも三重点があったら，図 17.12 の中では何次元の領域になるか？ また，その三重点で Gibbs の相律 (17.57) による熱力学的自由度 f はいくらになり，それは何を意味しているか？

17.8.2 片方の成分を増やしてゆく実験

成分 2 に，温度と圧力を一定に保ちつつ，成分 1 をどんどん加えてゆく（N_1 を増してゆく）実験を考える．ただし，温度 T は，純粋な 2 は液体で純粋な 1 は気体であるような，$T_{1*}(P) < T < T_{2*}(P)$ という範囲内に選んでおく．つまり，2 だけの純粋な液体に，1 の気体をどんどん溶かしてゆくわけだ．すると，系の状態は，成分 1 のモル分率 x_1 が増えるにつれて，図 17.14 の水平な矢印のように移り変わっていく．

この相図によると，x_1 が小さいうちは，系は液相のままである．これは，成分 1 の気体がすべて成分 2 の液体に溶けることを表している．このとき化学ポテンシャルは，図 17.13 (a) のように，x_1 とともに値を変えていく．

やがて $x_1 = x^l_{1*}(T, P)$ において相共存領域に達し，気相が現れて液相と共存を始める．これは，もうこれ以上は成分 1 の気体を成分 2 の溶媒に溶かすことはできない，ということを表している．つまり，$x^l_{1*}(T, P)$ は，この温度・圧力で溶け込むことができる成分 1 の最大のモル分率であるから，成分 1 の成分 2 の溶媒への**溶解度** (solubility) と呼ぶ[50]．たとえば，水に窒素ガス[51]を溶かすとき，少量であれば溶けるが，窒素の溶解度を超えると，いくらかき混ぜてもそれ以上は溶けなくなって，平衡状態は，水に窒素が溶けた液相と，窒素ガスに水蒸気が混じった気相とが相共存するようになる．これは，固体を液体に溶かす場合などでも同様で，たとえば食塩を水に溶かす場合，食塩の溶解度を超えるとそれ以上はどうしても溶けなくなって，塩水の液相と，水気を含んだ食塩の固相が相共存する，ということを日常生活でも経験してい

50) 溶解度は，実用上は，モル分率ではなく，それぞれの応用に便利な単位に換算して表されるが，モル分率からそれぞれの単位に換算するのは容易である．

51) $P = 1$ 気圧のとき，窒素の沸点 $T_{1*}(P)$ は約 77 K で，水の沸点 $T_{2*}(P)$ は約 373 K であるから，たとえば室温では，$T_{1*}(P) < T < T_{2*}(P)$ という条件が満たされている．

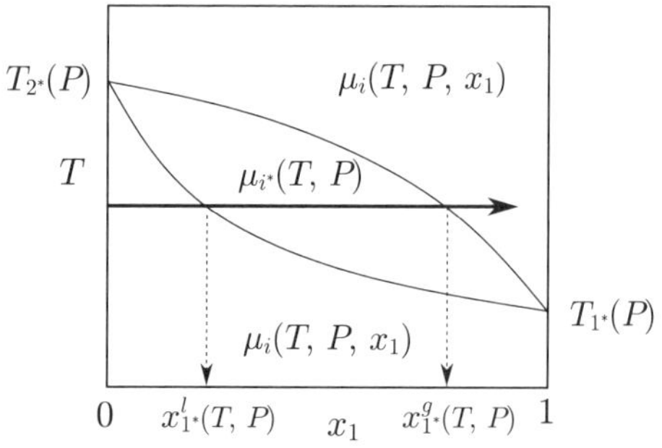

図 17.14　気液転移を起こす，図 17.12 のような相図を持つ 2 成分系について，温度と圧力を一定に保ちつつ，成分 1 を系にどんどん加えていく実験．状態変化のたどる経路を水平な矢印で示した．

ることと思う．

こうして，$x^l_{1*}(T,P) < x_1 < x^g_{1*}(T,P)$ の間は，ずっと 2 相が共存し続ける．図 17.13 (a) や (17.64) が示すように，**その間，化学ポテンシャルはずっと一定である**．さらに，(17.65)，(17.66) が示すように，**その間，それぞれの相における成分 1 のモル分率 $\boldsymbol{x^g_1}$, $\boldsymbol{x^l_1}$ もずっと一定である**．では何が変わるかというと，x_1 を増すにつれて，全物質量

$$N_{\rm tot} \equiv N_1 + N_2 = N^l_{\rm tot} + N^g_{\rm tot} \tag{17.68}$$

のうち，**液相にある物質量 $\boldsymbol{N^l_{\rm tot} = N^l_1 + N^l_2}$ の割合が減ってゆき，気相にある物質量 $\boldsymbol{N^g_{\rm tot} = N^g_1 + N^g_2}$ の割合が増えていく**．その様子を見るには，相図の全領域で満たされる，成分 1 の物質量が満たすべき自明な式

$$N^l_{\rm tot}x^l_1 + N^g_{\rm tot}x^g_1 = (N^l_{\rm tot} + N^g_{\rm tot})x_1 \tag{17.69}$$

を使えばいい．これを相共存領域内で使えばただちに，気相にある物質量 $N^g_{\rm tot}$ と液相にある物質量 $N^l_{\rm tot}$ の比が，

$$\frac{N^g_{\rm tot}}{N^l_{\rm tot}} = \frac{x_1 - x^l_{1*}(T,P)}{x^g_{1*}(T,P) - x_1} \quad \text{in 相共存領域} \tag{17.70}$$

と求まる．また，全物質量 $N_{\rm tot}$ のうち，気相にある物質量 $N^g_{\rm tot}$ の割合も，

$$\boxed{\frac{N^g_{\rm tot}}{N_{\rm tot}} = \frac{x_1 - x^l_{1*}(T,P)}{x^g_{1*}(T,P) - x^l_{1*}(T,P)} \quad \text{in 相共存領域}} \tag{17.71}$$

と求まる．これを図 17.14 で解釈すると，**総物質量が $\boldsymbol{x_1}$ から相共存領域の端までの距離の逆比で配分される**，と言っているので，**てこの規則** (lever rule) と呼ばれる．液相にある物質量の割合 $N^l_{\rm tot}/N_{\rm tot}$ は，この式で $g \leftrightarrow l$ と入れ替えた式で与えられる．

さらに x_1 を増していくと，やがて $x_1 = x^g_{1*}(T,P)$ になったところで，てこの規則からもわかるように，液相がなくなって気相だけになる．つまり，相共存領域の端に達して相転移が終了する．これより x_1 を増すと，系全体は気相のままだから，化学ポテンシャルは，図 17.13 (a) のように，再び x_1 に依存するようになり，値を変えていく．

17.8.3　温度を上げてゆく実験

次に，圧力 P とそれぞれの成分の物質量 N_1, N_2 を一定に保ちつつ，温度 T を上げてゆく実験を考えてみよう．系の状態は，T が上がるにつれて，図 17.15 の垂直な矢印のように移り変わっていく．T が低いうちは，液相にあるので，化学ポテンシャルは (17.67) で与えられる．

やがて T が (17.63) の $T^l_*(P,x_1)$ まで上がると，相共存領域に達し，気相が現れて液相と共存を始める．このときの転移温度 $T^l_*(P,x_1)$ を**沸点** (boiling point) と呼ぶ．

さらに T を上げると，$T^l_*(P,x_1) < T < T^g_*(P,x_1)$ の間はずっと 2 相が共存し続ける．その間，化学ポテンシャルは，(17.64) のように x_1 にはよらずに T,P だけで決まる．これは，**成分 1 がモル分率 $\boldsymbol{x^g_1 = x^g_{1*}(T,P)\ (> x^l_1)}$ で含まれる気相と，モル分率 $\boldsymbol{x^l_1 = x^l_{1*}(T,P)\ (< x^g_1)}$ で含まれる液相が，同じ値の化学ポテンシャルを持って共存**して，その結果として，成分 1 の系全体でのモル分率が両者の中間の値 x_1 $(x^l_1 < x_1 < x^g_1)$ になっていることを表している．

このときの，気相と液相の物質量を求めるには，まず，その温度のところに図 17.15 のように水平線を引く．すると，その水平線と相共存領域の端が交わる点の x_1 座標が，その温度における $x^l_{1*}(T,P), x^g_{1*}(T,P)$ になる．これらの値をてこの規則 (17.71) に代入すれば，$N^l_{\rm tot}/N_{\rm tot}, N^g_{\rm tot}/N_{\rm tot}$ が求まる[52]．

温度を上げるにつれて，水平線を引く高さが上がっていくので，図から明

52)　てこの規則は，個々の平衡状態について成り立つ規則だから，対象とする状態に至るまでにどんな状態変化をさせてきたかという経路とは無関係に成り立つ．

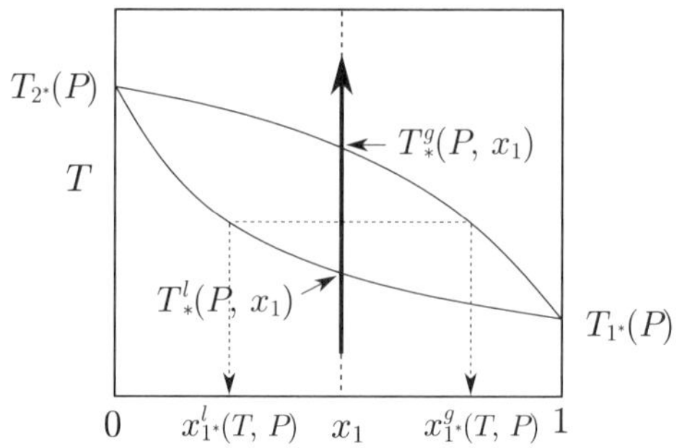

図 17.15　気液転移を起こす，図 17.12 のような相図を持つ 2 成分系について，圧力 P とそれぞれの成分の物質量 N_1, N_2 を一定に保ちつつ，温度 T を上げてゆく実験．状態変化のたどる経路を垂直な矢印で示した．点線の矢印は，てこの規則 (17.71) の使い方を示す．

らかなように，$x^l_{1*}(T,P), x^g_{1*}(T,P)$ は，温度を上げるにつれて小さくなっていく．すると，てこの規則からわかるように，液相に残る物質量 $N^l_{\rm tot}$ が減って，その分だけ，気相に移った物質量 $N^g_{\rm tot}$ が増えてゆく．そして，ついに $x^g_{1*}(T,P) = x_1$ になったところで，気相だけになって相転移が終了する．そのときの温度が $T^g_*(P,x_1)$ であり，**露点** (dew point) と呼ばれる．露点より T を上げると，この相図の物質では，系全体が気相でありつづける．

相図から明らかなように，純物質では沸点と露点は一致して $T_{k*}(P)$ となるが，多成分系では両者は異なってくる．これは，固相と液相の間の**固液転移** (solid-liquid transition) の転移温度でも同様で，固相と固液共存相との相転移の転移温度と，液相と固液共存相との相転移の転移温度が，多成分系では異なってくる[53]．

以上，2 つの実験を分析したが，どちらの場合も，**ある温度・圧力で，液相の $\boldsymbol{\mu}_k$ と気相の $\boldsymbol{\mu}_k$ が一致したところが，転移温度・転移圧力になる**．これは，それらの点において，異なる相が共存するための条件である，すべての狭義示強変数が共通の値をとる，という条件が満たされるからである．

53)　♠ これは気液転移のときとまったく同じである．平衡状態に達していないために起こるヒステリシスと一緒にしている文献もみかけるが，それは，ここで論じている平衡状態の転移点とは別の話である．

17.9 相共存や一次相転移についての一般論

相共存や一次相転移は，エントロピーの自然な変数が U, V, N とか $U, V, N_1, \cdots, N_m$ であるような系について解説されることが多い．しかし，そのような系を対象にした議論は，たとえば（次章で説明する）秩序変数を顕わには考慮しないことが多いなど，一般性に欠けるきらいもある．そこで本節では，もっと一般の系についても成り立つ結果を紹介する．

一般の系を考えるのだから，エントロピーの自然な変数は，具体的に何であるかは指定せず $U, \boldsymbol{X} = U, X_1, \cdots, X_t$ という $t+1$ 個の変数だとする．この一般的な立場では，たとえば定理 17.1（p.66）は，$t = m+1$ で $X_1, X_2, \cdots, X_t = V, N_1, \cdots, N_m$，という特殊なケースを対象にしていたことになる．また，例によって $U, \boldsymbol{X}$ の密度を $\boldsymbol{\zeta}$ と記すが，これは $U, \boldsymbol{X}$ より 1 個少ない t 個の変数になっていることに注意しよう．

17.9.1 相共存の判別

基本関係式が与えられたときに，相共存があるかどうかを判定できる．一般的な定理を述べよう：

定理 17.2 相共存するかどうかの判別その 1：単純系を考える．エントロピー密度 s の自然な変数 $\boldsymbol{\zeta}$ で張られる熱力学的状態空間の中で，$s = s(\boldsymbol{\zeta})$ がどの向きにも直線になっていない領域（と，その閉包）では，平衡状態は均一である．つまり，単一の相にある．一方，いずれかの向きに直線状になる部分がある場合には，その直線部分の任意の内点における $\boldsymbol{\zeta}$ の値において相共存が起こる．

任意のひとつの引数を固定した $S = S(U, \boldsymbol{X})$ の振舞いについても，上記の $s = s(\boldsymbol{\zeta})$ と同様のことが言える．なぜなら，そのときの $S = S(U, \boldsymbol{X})$ のグラフは，（固定した変数で割り算した量を密度とした）$s = s(\boldsymbol{\zeta})$ のグラフと相似だからである．

例 17.1 基本関係式が (3.5) で与えられる単純系は，N を固定して描いたグラフである図 3.2（第 I 巻 p.47）のどこにも直線状の部分がないので，平衡状態はどれも均一であり，したがって要請 II-(iv) から，U, V, N の値だけ定めれば他のマクロ変数の値もすべて完全に定まる．■

このように，系が相共存するか，それとも単一の相にあるかどうかも，基本関係式さえ与えられれば，熱力学で判定できるのである．この定理の証明は，下の補足に書いておいた．その証明の後半の相共存が起こる証明を振り返ってみると，次の定理も成り立つことに気づくだろう：

定理 17.3　相共存するかどうかの判別その 2：自然な変数の中に 2 個の相加変数を含むような完全な熱力学関数のいずれかに，1 つの相加変数 X_k について（他の変数を固定したときに）直線になる部分があれば（つまり，相加変数のある区間内で，その相加変数に共役な示強変数が一定値をとる場合には），その内点で相共存が起こる．このとき，その完全な熱力学関数を X_k についてルジャンドル変換した熱力学関数が微分不可能になる．

17.6.2 項で見たのはまさにこの一例で，$F(T, V, N)$ が V について直線になっている部分で，$G(T, P, N)$ が P について微分不可能になるという一次相転移が起こり，気相と液相が分離して相共存が起きたわけだ．実用上は自由エネルギーで議論することが多いので，この定理は便利である．

補足：定理 17.2 の証明

定理 17.2 を，エントロピーの自然な変数が U, V の場合（すなわち，$t = 1$，$u = U/V$ の場合）について示そう．一般の場合も同様である．

まず，エネルギー密度 u の平衡状態が不均一であれば，$s(u)$ に直線部分があって u がその内点にあることを示す．

要請 II-(iv) により，不均一な平衡状態も，それぞれがマクロに見て空間的に均一な（つまり，それぞれが単相にある）部分系たちに分割できる．そのとき，全体は不均一なのだから，$u^{(i)} = U^{(i)}/V^{(i)}$ は互いに異なる．そうでないと，要請 II-(iv) により，同じ体積の部分をそれぞれから切り出したときに同じ状態になってしまい，不均一という仮定に反するからだ．

それぞれの部分系の体積が，全体積 $V = \sum_i V^{(i)}$ に占める割合を

$$\lambda^{(i)} \equiv V^{(i)}/V \tag{17.72}$$

と書くと，明らかに

$$\sum_i \lambda^{(i)} = 1,\ \lambda^{(i)} > 0 \tag{17.73}$$

を満たす．この $\lambda^{(i)}$ を用いると，エネルギー密度 $u = U/V = \sum_i U^{(i)}/V$ は

$$u = \sum_i \lambda^{(i)} u^{(i)} \tag{17.74}$$

と表せる．

さて，全系は平衡状態だから，エントロピー最大の原理により，

$$S\Big(\sum_i U^{(i)}, \sum_i V^{(i)}\Big) = \sum_i S(U^{(i)}, V^{(i)}). \tag{17.75}$$

これを全体積 V で割り算すると，

$$s\Big(\sum_i \lambda^{(i)} u^{(i)}\Big) = \sum_i \lambda^{(i)} s(u^{(i)}). \tag{17.76}$$

$s(u)$ は凸関数であったから，(17.76)，(17.73) が可能になるのは，$s(u)$ に直線部分があって (17.74) の u がその内点にある場合に限られる．つまり，エネルギー密度 u の平衡状態が不均一であれば，$s(u)$ に直線部分があり u はその内点である．その対偶をとることにより，定理前半が言える．

次に，定理後半の，$s(u)$ に直線部分があれば，その任意の内点 u において相共存する不均一な平衡状態が出現することを示す．

$s(u) = S(U, V)/V$ が，異なる 2 点 u_a, u_b を結ぶ直線の上で直線になっているとすると，任意の内点 $u = \lambda u_a + (1-\lambda)u_b$ $(0 < \lambda < 1)$ について

$$s(\lambda u_a + (1-\lambda)u_b) = \lambda s(u_a) + (1-\lambda)s(u_b). \tag{17.77}$$

両辺を V 倍して，

$$S(\lambda U_a + (1-\lambda)U_b, V) = S(\lambda U_a, \lambda V) + S((1-\lambda)U_b, (1-\lambda)V). \tag{17.78}$$

これは，(U, V) が $(\lambda U_a, \lambda V)$ であるような系 A と，$((1-\lambda)U_b, (1-\lambda)V)$ であるような系 B がそれぞれ平衡状態にあるとき，間に何の「壁」も設けずに両者を合併した系 A+B もまた平衡状態にあることを示している．このとき，もしも A または B のいずれかが不均一であれば，A+B もまた不均一．一方，

A も B も均一であれば，両者は異なるエネルギー密度 u_a, u_b を持つから，やはり A+B は不均一．こうして定理後半も示せた[54]．

17.9.2 ♠ 一次相転移・相共存・不連続相転移

一次相転移と相共存は密接な関係がある．まず，相共存状態では，$\mathbf{\Pi}$ の値が同じなのに $\boldsymbol{\zeta}$ の値が異なる相が共存するのだから，その状態の近傍では，$\mathbf{\Pi}$ の関数として $\boldsymbol{\zeta}$ が不連続に変わる．これは，（狭義示強変数を変数に含むような）完全な熱力学関数のうちのいずれかが 1 階偏微分不可能になることを意味する．ゆえに：

定理 17.4　相共存状態を通る経路における一次相転移の発生：エントロピー密度の自然な変数 $\boldsymbol{\zeta}$ で張られる熱力学的状態空間の中の連続な経路が相共存状態を通るならば，そこを転移点とする一次相転移が起こる．

では，逆に，一次相転移が起これば必ず相共存が起こるかというと，必ずしもそうではない．たとえば，相図 17.4 の線分 b 上の点はすべて一次相転移点だが，b の内点では相共存が起こるものの，両端の b^s と b^l は単相の状態である．また，B で起こる連続相転移については，そこでは相共存は起こらないものの，その近傍には気液共存状態がある．このように，一般に，次のことが言える：

定理 17.5　転移点と相共存：一次相転移の転移点か，その近傍には，必ず相共存状態がある．それに対して，連続相転移の転移点では相共存はない．ただし，その近傍に相共存状態があることもある．

ところで，定理 17.4 の説明で述べたように，相共存状態の近傍では，$\mathbf{\Pi}$ の関数として $\boldsymbol{\zeta}$ が不連続に変わる．したがって，その不連続が生じるように状態を変化させる実験を行えば，$\mathbf{\Pi}$ の関数として系の状態が不連続に変化した

54)　要請 II-(iv) の後半より，不均一な平衡状態と同じ U, V の値で均一な平衡状態が現れることもない．

ように見える．それを指して**不連続相転移** (discontinuous phase transition) と呼ぶことがある．これについて，次のことが言える：

定理 17.6　一次相転移における不連続の発生：単純系を考える．エントロピー密度の自然な変数 $\boldsymbol{\zeta}$ で張られる熱力学的状態空間の中の連続な経路に沿って状態を変化させたとき，一次相転移が起きるとする．その経路上の 0 でない長さの部分にわたって，狭義示強変数 $\boldsymbol{\Pi}$ の値がどれも変化しないときには，その部分では，状態は $\boldsymbol{\Pi}$ の関数として見たときに不連続に変化する．すなわち，不連続相転移が起こる．

たとえば，相図 17.4 の線分 b，c，e の部分では不連続転移が起きる．他方，17.8.3 項の例は，（本書の定義では）一次相転移だが，定理 17.6 の条件が満たされないために不連続転移にはならず，状態は T の関数として連続に変化する．

17.9.3　♠ 相共存状態は単相の状態の凸結合

定理 17.2（p.77）の証明を見ると，相共存状態の u は，単相の状態たちの $u^{(i)}$ を用いて (17.74) のように書けている．これは要請 II-(iv) の帰結だから，エントロピー密度の自然な変数が多変数の $\boldsymbol{\zeta}$ であっても同様である．また，共存する単相の状態たちは互いに平衡にあるのだから，どの狭義示強変数の値も，すべての単相の間で一致している．すなわち，

定理 17.7　熱力学的状態空間の中で，相共存状態の $\boldsymbol{\zeta}$ は，どの狭義示強変数の値も一致しているような単相の状態たちの $\boldsymbol{\zeta}^{\sigma_i}$ と，適当な正数 λ_i たちを用いて，次のように表せる：

$$\text{相共存状態の } \boldsymbol{\zeta} = \sum_i \lambda_i \boldsymbol{\zeta}^{\sigma_i} \quad \Bigl(\sum_i \lambda_i = 1,\ \lambda_i > 0\Bigr). \qquad (17.79)$$

一般に，実ベクトル空間において，ベクトル $\boldsymbol{\zeta}$ が他のベクトルたち $\boldsymbol{\zeta}^{\sigma_1}$,

$\boldsymbol{\zeta}^{\sigma_2}, \cdots$ を用いて上記の形[55]に表せるとき，$\boldsymbol{\zeta}$ は $\boldsymbol{\zeta}^{\sigma_i}$ たちの**凸結合** (convex combination) であると言う．つまり，この定理は，**相共存状態は狭義示強変数の値が等しいような単相の状態たちの凸結合だ**と言っている．現実の物理としては，それぞれが単相にある部分系たちが空間的に分離して共存するわけだが，理論的な描像としては凸結合になっているわけだ[56]．

たとえば，熱力学的状態空間における相図 17.4（p.39）において，c の上にある液相・気相の共存状態は，液相の状態 c^l と気相の状態 c^g の凸結合である．この 2 つの単相の状態 c^l と c^g は，すべての狭義示強変数の値が同じである．そのため，c^l と c^g が様々な割合で共存してもいずれも平衡状態であり，それらの平衡状態が線分 c を成している[57]．

ところで，c^l と c^g のように，狭義示強変数の値が他の単相の状態と同じになるような単相の状態というのは，実は，単相の状態としては特殊である．その意味を説明しよう．エントロピー密度の自然な変数の値が $\boldsymbol{\zeta}$ である状態と，その近傍の状態が，すべて単相の状態だとする．そこから少し状態を動かすと，必ずいずれかの狭義示強変数が変化する．もしもそうでなかったら，定理 17.2 より，単相ではなかったはずだからだ．また，さらに状態を変化させたときに，すべての狭義示強変数の値が元に戻るようなことも，$s(\boldsymbol{\zeta})$ の凸性からありえない．ゆえに，

定理 17.8 熱力学的状態空間の中の，単相の領域の内点では，すべての狭義示強変数の値を指定すれば，エントロピー密度の自然な変数 $\boldsymbol{\zeta}$ が一意的に定まる．つまり，$\boldsymbol{\zeta}$ とそれに共役な狭義示強変数の組は一対一に対応する．

たとえば $U, \boldsymbol{X} = U, V, N$ であれば，単相の領域の内点では，T, P の値を指定

55) $\lambda_i > 0$ を緩めた $\lambda_i \geq 0$ の場合でも凸結合と言うのだが，前者は後者に含まれる．

56) $\boldsymbol{\zeta}$ を与えたときに凸結合の係数（重率）λ_i が一意的に決まるかどうかは，17.9.6 項で説明する．

57) この相図では，真っ直ぐな点線 c に沿って状態が変化してゆくが，そうなる理由は，単純な一成分系で，P を一定にして熱を加えていったケースを考えているため，T, P の値が同じ（つまり，c^l と c^g を共通にする）相共存状態を移り変わるからである．裏を返せば，これらの条件が満たされない場合には，相共存状態を移り変わっていく軌跡は c のような真っ直ぐな線分ではなく曲線になる．

すれば，$\boldsymbol{\zeta} = u, v$ が一意的に定まる．（ゆえに μ も T, P で一意的に決まる．）つまり，$\boldsymbol{\zeta} = u, v$ と T, P（と μ）は一対一に対応する．

この定理からわかるのは，ある単相の状態と狭義示強変数がすべて一致するような，別の単相の状態があったとしたら，どちらの状態も，熱力学的状態空間の中で，単相の領域の内点ではありえない，ということだ．つまり，どちらの状態も，単相の領域が終わる境界の上にあることがわかる．ゆえに，

定理 17.9 相共存状態を凸結合として与えるような単相の状態たちはいずれも，熱力学的状態空間の中で，単相の領域と相共存領域との間の境界にある単相の状態である．

以上のことを念頭において，単純な一成分系の相図を振り返ってみよう．相図 17.1（p.34）からわかるように，液相と気相は，様々な T, P の値で共存できる．つまり，様々な T, P の値を持つ液相の状態が，それと同じ T, P の値を持つ気相の状態と共存できる．熱力学的状態空間における相図 17.4（p.39）においては，気液共存領域は，そういう様々な液相状態と気相状態の組の凸結合の集合だから，かなりの広がりを持つ領域になっている．これに対して，固相・液相・気相の 3 相が共存する三重点は，（いま考えているような一成分系では）ただひとつの T, P の値でのみ共存できる．そのため，三重点における相共存状態を凸結合として与えるような単相の状態たちは，固相・液相・気相のそれぞれにつき，ひとつずつ決まってしまう．そのため，熱力学的状態空間における相図 17.4（p.39）においては，斜線を引いた三角形の領域にある三重点の状態はどれも，三角形のちょうど頂点にある 3 つの単相の状態（それぞれ，固相，液相，気相にある）の凸結合になる．その結果，三重点の領域全体は，これらの状態を頂点とする三角形の領域になっている．

17.9.4 ♠♠ 異なる相共存領域の間の境界の定め方

相共存領域と単相の領域の間の境界は，完全な熱力学関数の解析性の有無で明確に区別できる．では，異なる相共存領域の間の境界はどうか？

一成分系の相図を熱力学的状態空間で描いた図 17.3（p.38）を見ると，異なる相共存領域が互いに接している．相共存領域の間の境界は，このような単純な熱力学系では自明に定まるが，もっと複雑な相図を持つ熱力学系では，そ

れほど自明ではないこともありうる．そういう場合には次のようにして境界を定めればよいだろう．

エントロピー密度の自然な変数 $\boldsymbol{\zeta}$ を座標軸とする熱力学的状態空間の相図を考える．狭義示強変数を座標軸に含む相図については，この熱力学的状態空間で定めた境界をそのまま写像すればよいから，この空間で境界を定めておけば十分である．

境界を定めたい相共存領域の中から点 $\boldsymbol{\zeta}$ をひとつ選び，その状態におけるエントロピー表示の狭義示強変数の組の値を $\mathbf{\Pi}(\boldsymbol{\zeta})$ とする．そして，それと同じ $\mathbf{\Pi}$ の値を持つ単相の状態たちをすべてリストアップしてみたら[58]，R 個の単相状態 $\boldsymbol{\zeta}^{\sigma_1},\cdots,\boldsymbol{\zeta}^{\sigma_R}$ だったとする（下の例を参照せよ）．これらは，$\boldsymbol{\zeta}$ において共存しうる単相状態たちのすべてであるので，その数 R は，$\boldsymbol{\zeta}$ において共存しうる単相の数の上限になる．それに対して，$\boldsymbol{\zeta}$ において実際に共存する単相の数 r は，一般には様々な値を取りうる．気液転移の場合には $r = R$ だが，たとえば強磁性 Heisenberg 模型の $\vec{m} = \vec{M}/N = 0$ なる状態は，次項で説明するように，低温で $R = \infty$，$2 \le r < +\infty$ である[59]．このように，一般に，

$$\text{実際に共存する単相の数 } r \le \text{共存しうる単相の数 } R \tag{17.80}$$

であることに注意しよう．

さて，$\boldsymbol{\zeta}$ を連続的に動かしてみる．すると，$\mathbf{\Pi}(\boldsymbol{\zeta})$ と同じ $\mathbf{\Pi}$ の値を持つ単相の状態たち $\boldsymbol{\zeta}^{\sigma_1},\cdots,\boldsymbol{\zeta}^{\sigma_R}$ も，一般には，熱力学的状態空間の中で動いてゆく（下の例を参照せよ）．**$\boldsymbol{\zeta}$ を連続的に動かしているうちに，$\boldsymbol{\zeta}^{\sigma_1},\cdots,\boldsymbol{\zeta}^{\sigma_R}$ の個数 R が変わったり，$\boldsymbol{\zeta}^{\sigma_1},\cdots,\boldsymbol{\zeta}^{\sigma_R}$ のいずれかが不連続に変化するところがあったら，そこが，その相共存領域と他の相共存領域との境界である**（と定義するのが妥当である）．

例 17.2 相図 17.3 を再掲した図 17.16 において，上記のことを試してみよ

58) 要請 II-(iv) を満たすように $\boldsymbol{\zeta}$ が適切に選んであれば，このような単相の状態たちをリストアップできる．もしも，たとえば $\boldsymbol{\zeta} = u, v, \mathcal{O}$ のうちの秩序変数 $\mathcal{O}$ を（17.2.2 項で述べたように）見ないということをしたい場合には，一旦は $u, v, \mathcal{O}$ で張られる広い空間でリストアップしてから，それらを u, v で張られる狭い空間に写像すればよい．それでおかしなことが起こらないかどうかは，元の広い空間でのリストを見てチェックできる．

59) 秩序変数 $\vec{m}$ を $\boldsymbol{\zeta}$ に入れてきっちり勘定した場合に，次項で説明する $\vec{H} = 0$ の状態から $\vec{m} = 0$ の状態だけ抜き出すと，この結論が得られる．

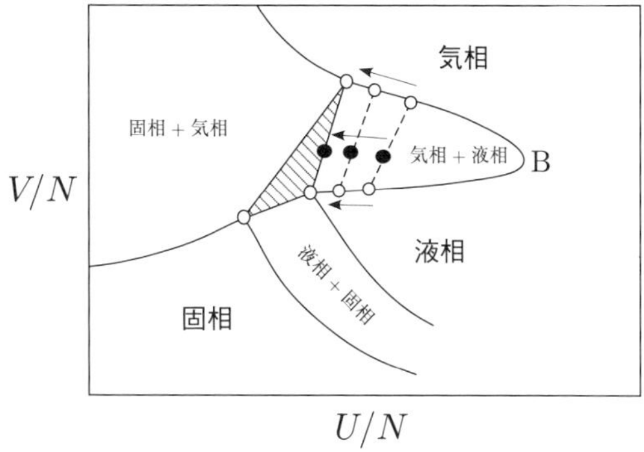

図 17.16　気液共存領域内の点 $\boldsymbol{\zeta}=(u,v)$（黒丸）を，三重点の領域に向かって移動していったときの，共存しうる単相の状態たち（白丸）の動き．

う．たとえば，気液共存領域の中の黒丸で表した点 $\boldsymbol{\zeta}=(u,v)$ から出発する．それと同じ $\mathbf{\Pi}$ の値を持つ単相の状態たち $\boldsymbol{\zeta}^{\sigma_1},\cdots,\boldsymbol{\zeta}^{\sigma_R}$ は，白丸で表した気相と液相の状態であり，$R=2$ だ．そして，$\boldsymbol{\zeta}$ を斜線で示された 3 相共存領域（三重点）に向かって連続的に移動してゆくと，白丸の単相の状態たちも，初めのうちは連続的に移動してゆく．ところが，$\boldsymbol{\zeta}$ が三重点に入った途端，同じ $\mathbf{\Pi}$ の値を持つ単相の状態たちのリスト $\boldsymbol{\zeta}^{\sigma_1},\cdots,\boldsymbol{\zeta}^{\sigma_R}$ に，左下の固相の白丸の状態が突如として加わり，$R=2$ だったのが $R=3$ に切り替わる．しかも，固相の白丸は，それまでにたどってきた気相や液相の白丸とは連続していない．このように固相の状態が突如として $\boldsymbol{\zeta}^{\sigma_1},\cdots,\boldsymbol{\zeta}^{\sigma_R}$ に入ってくるような $\boldsymbol{\zeta}$ の位置を，気液共存領域と三重点の境界と定義しよう，というわけだ． ■

もちろん，このような単純な例では，わざわざ正確に定義しなくても境界は明確であるが，もっと複雑な相図を持つ系では，この明確な定義が有用になるだろう．

17.9.5　♠♠ 対称性があっても成り立つ相律

定理 17.1（p.66）には，「特別な対称性などがない限り」という但し書きがあった．この項では，この制限のない相律を紹介しよう[60]．

このとき注意すべきことは，t は有限なのに，与えられた $\boldsymbol{\Pi}$ の値を持つ単相の数，すなわち共存しうる相の数 R が，無限個になるケースがあることだ．たとえば強磁性体の場合，要請 II-(iv) を満たすように $\boldsymbol{\zeta}$ に磁化 $\vec{m}$ を含めて，きっちりと相の数を勘定すると，$\vec{m}$ の向きが異なる状態を異なる相として勘定することになる．ところが，強磁性 Heisenberg 模型のように連続的な回転対称性を持つ系では，外部磁場 $\vec{H} = 0$ での低温の平衡状態において可能な磁化 $\vec{m}$ の向きは無限種類ある．そのため，$\vec{H} = 0$ においては，磁化 $\vec{m}$ の向きが少しずつ異なるような，無限個の相が共存しうるのである．つまり，$R = \infty$ であり，したがって r にも上限がなくなる．一方，この模型では $\boldsymbol{\zeta} = u, m_x, m_y, m_z$ であるから，$t = 4$ である．したがって，従来の相律から導かれた (17.59)，すなわち $r \leq m + 2 = t + 1$ は満たされず，**従来の相律も満たされない**．その理由は，回転対称性という特別な対称性があるためだ．

これに対して，$\boldsymbol{\zeta}$ から $\vec{m}$ を落として相を勘定する場合には，$\boldsymbol{\zeta} = u$ となるから $t = 1$ であるが，$\vec{m}$ の向きだけが異なる状態は同じ相として 1 個と勘定することになるので，$r \leq t + 1 = 2$ を満たす．

いずれの勘定の仕方をした場合でも，自然な仮定の下で，次の相律を示すことができる：

定理 17.10　系に対称性があっても成り立つ相律（共存しうる相の数が有限とは限らない場合）：単純系を考える．そのエントロピー密度の自然な変数の組を $\boldsymbol{\zeta}$，エントロピー表示の狭義示強変数の組を $\boldsymbol{\Pi}$ とする．$\boldsymbol{\zeta}$ を軸とする熱力学的状態空間において，17.9.4 項で説明した方法により区分した相共存領域の中から，ひとつの相共存領域を選ぶ．その相共存領域から任意に選んだ内点 $\boldsymbol{\zeta}$ における $\boldsymbol{\Pi}$ の値と同じ $\boldsymbol{\Pi}$ の値を持つような平衡状態たち（相共存状態も単相の状態もすべて含む）の $\boldsymbol{\zeta}$ の集合を $\Xi(\boldsymbol{\Pi})$ と書くことにする．その（$\boldsymbol{\zeta}$ を軸とする熱力学的状態空間における）次元 $\dim \Xi(\boldsymbol{\Pi})$ は，狭義示強変数 $\boldsymbol{\Pi}$ を軸とする相図におけるその相共存領域の次元 $D(\boldsymbol{\Pi})$ と，次の関係にある：

60)　ここでは結果だけを紹介するので，導出などは原論文を参照されたい：Y. Chiba, Y. Yoneta, A. Shimizu, 投稿準備中．

$$D(\mathbf{\Pi}) = t - \dim \Xi(\mathbf{\Pi}). \tag{17.81}$$

たとえば，相図 17.16（p.85）の気液共存領域では，その領域内から内点 $\boldsymbol{\zeta}$（黒丸）をひとつ選ぶと，点線の上の状態はすべて同じ $\mathbf{\Pi}$ の値を持つので，その点線が $\Xi(\mathbf{\Pi})$ であり，$\dim \Xi(\mathbf{\Pi}) = 1$ である．すると，この系は $t = 2$ であるから，上の公式より $D(\mathbf{\Pi}) = 2 - 1 = 1$ となり，狭義示強変数を軸とする相図 17.1（p.34）における，この相共存領域の次元 1 を確かに与える．

また，強磁性 Heisenberg 模型では，$\boldsymbol{\zeta} = (u, m_x, m_y, m_z)$ で張られる空間の中から，$u =$ 十分に低い値，$m_x = m_y = m_z = 0$ という一点を選ぶと，$\mathbf{\Pi} = (1/T, \vec{H}/T) = (1/\text{低温}, 0)$ であるから，それと同じ $\mathbf{\Pi}$ の値を持つ状態たちの集合 $\Xi(\mathbf{\Pi})$ は，$\vec{m}$ が様々な方向を向いた単相の状態たちと，それらの凸結合から成る集合である．それは $\boldsymbol{\zeta}$ で張られる空間の中で $\dim \Xi(\mathbf{\Pi}) = 3$ 次元の領域になるので，上の公式より $D(\mathbf{\Pi}) = 4 - 3 = 1$ となり，次章の相図 18.1（p.100）の $T < T_c$ における相共存領域の次元をたしかに与える．従来の相律のような矛盾は生じない．

上記の定理は，共存しうる相の数 R が無限個でも成り立つが，R が有限である場合には次の定理に帰着する：

定理 17.11 系に対称性があっても成り立つ相律（共存しうる相の数が有限の場合）：定理 17.10 と同じ設定のもと，ひとつの相共存領域を選ぶ．その相共存領域から任意に選んだ内点における $\mathbf{\Pi}$ の値と同じ $\mathbf{\Pi}$ の値を持つような単相の状態たちをすべてリストアップしたら，有限な個数 R の単相の状態 $\boldsymbol{\zeta}^{\sigma_1}, \cdots, \boldsymbol{\zeta}^{\sigma_R}$ だったとする．これらを用いて，

$$\Gamma(\mathbf{\Pi}) \equiv \begin{pmatrix} \boldsymbol{\zeta}^{\sigma_1} - \boldsymbol{\zeta}^{\sigma_R} \\ \boldsymbol{\zeta}^{\sigma_2} - \boldsymbol{\zeta}^{\sigma_R} \\ \vdots \\ \boldsymbol{\zeta}^{\sigma_{R-1}} - \boldsymbol{\zeta}^{\sigma_R} \end{pmatrix} \tag{17.82}$$

という $(R-1)$ 行 t 列の行列を定義する．このとき，$\operatorname{rank} \Gamma(\mathbf{\Pi}) = \dim \Xi(\mathbf{\Pi})$ が成り立ち，ゆえに (17.81) より，

$$D(\mathbf{\Pi}) = t - \operatorname{rank}\Gamma(\mathbf{\Pi}) \tag{17.83}$$
$$\geq \max\{t+1-R, 0\} \tag{17.84}$$

最後の不等式は，rank（階数）をとるのが $(R-1)$ 行 t 列の行列だからである．

この定理は，定理 17.1 に比べて，rank を計算しないと値がわからないという使いにくさはあるものの，自然な仮定の下で広く成り立つ結果であるから，安心して使えるというメリットがある．そして，たとえば次のように利用できる．

例 17.3 何らかの理由で，温度や圧力を自由に変える実験ができず，たったひとつの平衡状態しか測定できないとする．それでも，相の勘定の仕方（すなわち $\boldsymbol{\zeta}$ として何を採用するか）を自分で決めれば，共存している相の数 r は勘定できるし，それぞれの相の $\boldsymbol{\zeta}$ の値は測定できるだろう．一般には，共存しうる相の数 R は r 以上だから，$\Gamma(\mathbf{\Pi})$ を構成するには，データが足りないかもしれない．しかし，測定値を用いて，

$$\Gamma'(\mathbf{\Pi}) \equiv \begin{pmatrix} \boldsymbol{\zeta}^{\sigma_1} - \boldsymbol{\zeta}^{\sigma_r} \\ \boldsymbol{\zeta}^{\sigma_2} - \boldsymbol{\zeta}^{\sigma_r} \\ \vdots \\ \boldsymbol{\zeta}^{\sigma_{r-1}} - \boldsymbol{\zeta}^{\sigma_r} \end{pmatrix} \tag{17.85}$$

という $(r-1)$ 行 t 列の行列なら作れるし，その rank も計算できる[61)]．求めた rank は，自明な不等式

$$\operatorname{rank}\Gamma'(\mathbf{\Pi}) \leq \operatorname{rank}\Gamma(\mathbf{\Pi}) \tag{17.86}$$

を満たすので，これを上記の定理に代入して，

$$D(\mathbf{\Pi}) \leq t - \operatorname{rank}\Gamma'(\mathbf{\Pi}) \tag{17.87}$$

61) rank の計算の際に，測定の不確定さのために，rank の値にも不確定さが出ることはありうるが，それでも，その不確定さの範囲内で結果が得られることは有益である．測定の不確定さが推定値に効いてくるのは，この実験に限らずどんな実験でも同じである．

を得る．これにより，ただひとつの平衡状態の測定から，$D(\mathbf{\Pi})$ の上限までわかってしまう！ ■

このように，できる実験が何らかの理由で制限されている場合に，限られた測定値から，実験できていないことに関する情報を得ることができる．

17.9.6 ♠♠ 従来の相律の成立条件と共存する相の割合の一意性の条件

17.9.3 項において，相共存状態は単相の状態の凸結合 (17.79) であると述べた．その係数（重率）λ_i は $\boldsymbol{\zeta}$ の値で一意的に決まるのであろうか？

一成分系の気液共存領域の場合には，$\boldsymbol{\zeta}$ を与えれば T, P が決まり，それによって $\boldsymbol{\zeta}^g, \boldsymbol{\zeta}^l$ も一意的に定まり，17.6.3 項で述べたように $\lambda^g = x$, $\lambda^l = 1 - x$ も定まった．それに対して強磁性 Heisenberg 模型の低温の状態の場合には，$\boldsymbol{\zeta}$ に磁化 $\vec{m}$ を含めて相の数を勘定すると，$\vec{m} = 0$ において共存する状態たちの重率は一般には定まらない．全磁化 $\vec{M} = N\vec{m} = 0$ において許される部分系の $\vec{m}^{(i)}$ の値が多すぎるからだ．

このように，共存する相の比率（各相のモル分率，一般には凸結合の重率）が一意的に定まるかどうかはケースバイケースである．その判定には，次の定理が利用できる：

定理 17.12　従来の相律の成立条件と共存する相の割合の一意性の条件： 定理 17.11 と同じ設定のもと，その相共存領域の内点で共存する相の数を r とする．

$$\operatorname{rank} \Gamma(\mathbf{\Pi}) = R - 1, \ r = R \tag{17.88}$$

となって従来の相律

$$D(\mathbf{\Pi}) = t - r + 1 \tag{17.89}$$

が成り立つための必要十分条件は，任意の $\boldsymbol{\zeta} \in \Xi(\mathbf{\Pi})$ について，凸結合

$$\boldsymbol{\zeta} = \sum_{i=1}^{R} \lambda_i \boldsymbol{\zeta}^{\sigma_i} \quad \Bigl(\sum_{i=1}^{R} \lambda_i = 1, \ \lambda_i \geq 0\Bigr) \tag{17.90}$$

の重率 λ_i（$\lambda_i = 0$ も許す）が一意的に定まることである．また，これ

らが成り立つための必要十分条件は，$\boldsymbol{\zeta}$ で張られる空間内で，$\Xi(\boldsymbol{\Pi})$ が $\boldsymbol{\zeta}^{\sigma_1}, \cdots, \boldsymbol{\zeta}^{\sigma_R}$ を頂点とする $(R-1)$ 次元領域を成す，つまり

$$\Xi(\boldsymbol{\Pi}) = \left\{ \boldsymbol{\zeta} = \sum_{i=1}^{R} \lambda_i \boldsymbol{\zeta}^{\sigma_i} \middle| \sum_{i=1}^{R} \lambda_i = 1,\ \lambda_i \geq 0 \right\} \tag{17.91}$$

となることである．また，rank の性質から明らかに，これらの条件が満たされるためには次の条件が必要である：

$$R \leq t + 1. \tag{17.92}$$

最後の必要条件は，(17.88) より緩い条件ではあるが，rank を計算しなくてすむ点が便利である．

例 17.4 単純な一成分系の場合は，気液共存領域では $R = r = 2, t = 2$，三重点では $R = r = 3, t = 2$ だから，いずれも必要条件 (17.92) が満たされる．さらに（ここでは示さないが）必要十分条件である残りの条件も満たされ，従来の相律が成り立ったわけだ．また，三重点では，$\boldsymbol{\Pi}$ がひとつに定まるから，その $\boldsymbol{\Pi}$ における $\Xi(\boldsymbol{\Pi})$ がそのまま三重点の領域を成し，その領域は $\boldsymbol{\zeta}^{\sigma_1}, \cdots, \boldsymbol{\zeta}^{\sigma_R}$ が固定されているために三角形になる，ということもわかる．■

例 17.5 強磁性 Heisenberg 模型の低温の状態の場合には，$R = \infty, t = 4$ であるから必要条件 (17.92) が満たされなくなり，その結果，従来の相律が破綻し，重率も $\boldsymbol{\zeta}$ の値では定まらなくなる．■

17.9.7 ♠♠ 準安定状態

図 13.1 のように液相にある水を熱してゆくとき，振動などを与えないように静かに熱してゆくと，T が気相への転移温度 T_* に達しても気相ができてこなくて，液相のまま温度が上がり続け，$T > T_*$ の液相が出現することがある．この状態を**過熱状態** (superheated state) と呼ぶ．この状態は，軽く揺するなどしただけで，突然沸騰して爆発的に本来の気相へと相転移する**突沸**とい

う現象を示す．平衡状態であれば，大きな大局的な乱れに対しても安定なのだから，この突沸という現象は，過熱状態が平衡状態ではない証拠である．しかし，そっとしておけば，わりと長い間，過熱状態のままでいる．いくらそっとしておいても，小さな擾乱《じょうらん》は加わっているのが普通だから，この事実は，過熱状態が小さな乱れに対しては安定であることを示している．このように，小さな乱れに対しては安定だが，他に真の安定状態があるために大きな乱れに対しては不安定な状態を，一般に**準安定状態** (metastable state) と言う．

準安定状態は様々な系で観察されている．たとえば，上記とは逆に気相にある水を静かに冷やしてゆくと，T が T_* に達しても液相ができてこなくて，$T < T_*$ の気相が出現することがある．その状態を**過冷却状態** (supercooled state) または**過飽和蒸気** (supersaturated vapor) と呼ぶ．この状態にある蒸気の中を高速の粒子が通過すると，粒子の軌跡に沿って液相が出現するので，素粒子の軌跡を見る「霧箱」という装置で利用されている．また，18.3.4 項で述べるヒステリシスを示しているときの強磁性体の状態も，準安定状態である．

準安定状態は，平衡状態とその間の遷移の理論である**通常の熱力学の適用範囲内にはない**．そうはいっても，小さな乱れに対しては安定なのだから，T, P, μ などの量は，14.6.2 項で述べた非平衡定常状態と同様に，準安定状態でも実験的に測れる．すなわち，操作的に定義できる．そして，そのような量に対しては，16.3.2 項の熱力学的不等式を満たす．このことから，しばしば熱力学を準安定状態にまで拡張して議論する試みが行われ，いくつかの系に関してはある程度の成功を収めている．しかし，14.6.2 項で述べた非平衡定常状態の場合と同様に，T, P, μ などの量が定義できることと，その背後に熱力学的な理論構造が存在することとはまったく別問題だし，脚注 33（p.53）のような事情もあるので，準安定状態に関してどのくらい普遍的で矛盾のない理論が存在するのかは，今のところよくわかっていない．

なお，van der Waals の状態方程式などの，適用領域の限られた近似的な関係式を，その適用領域を超えて適用しようとする試みが古くからなされてきた．すると，当然ながら熱力学の要請を満たさない領域が出てきてしまう．これを適当に補正して熱力学にフィットさせる方法として，**Maxwell**（マクスウェル）**の等面積則**というものがある．しかしこれは，準安定でもない完全に不安定な領域にまで近似的な関係式を使うので，はたして物理として意味のあることをやっているのかどうか不明である．それに，**正しい基本関係式さえ与**

えられれば，Maxwell の等面積則を用いなくても，熱力学で予言できることはすべて予言できる．（たとえば，(17.40) を導くのに，Maxwell の等面積則を用いる文献は少なくないが，本書では用いていない．）したがって，本書では説明しない．

第18章 秩序変数と相転移

この章では，相転移の際にしばしば重要になる，「秩序変数」という量を説明する．

18.1 秩序変数

前章で具体例として一成分系の相転移を説明したとき，エントロピーの自然な変数がU, V, Nだとして．気相や液相だけでなく固相も論じていた．しかし，多くの固体は平衡状態では結晶構造を持っており[1]，結晶の向き（結晶のそれぞれの軸がどの方向を向いているか）が異なる平衡状態は，U, V, Nの値が同じでも，様々なマクロ物理量の方向依存性により区別でき，マクロに見て異なる状態である．したがって，要請II-(iv)を満たすためには，実は，エントロピーの自然な変数はU, V, Nだけでは足りていない．それでも，17.2.2項で述べたように，結晶の向きが影響する物理量にいっさい興味がない（見ない）場合には，U, V, Nを自然な変数として熱力学で解析できたのだった．しかし，当然ながら，それらの物理量にも興味がある場合がある．その場合に必要になるのが「秩序変数」である．

18.1.1 秩序の発生と対称性の破れ

原子が結晶を組んでいるときは，原子の並び方に一定の**秩序** (order) がある．この秩序のために，様々なマクロ物理量に異方性が現れるわけだ．そこで，この秩序の様子を表すようなマクロ変数（の組）をU, V, Nに加えておけば，結晶の向きの異なる平衡状態を区別できるような，要請II-(iv)を満たす熱力学を構成できる．このように，相が持つ秩序を表すマクロ変数を，一般に

1) 結晶構造を持たないガラスなどは，平衡状態ではなく，平衡状態に達するまでの時間が極端に長い非平衡状態と見なすのが普通である．

秩序変数 (order parameter) と呼ぶ．たとえば固相・液相転移は，秩序変数の値の変化で相転移を特徴づけてやれば，「液相ではなかった秩序が現れるのが固相への相転移である」とわかりやすくなる．もちろん，気相・液相転移のように，（上記のような本来の意味では）**秩序変数の値の変化が伴わない相転移もある**わけだが，この章では秩序変数の値が変化するような相転移をやや詳しく説明する．

相転移して新しい秩序ができるということは，相転移の結果，系の平衡状態の対称性が下がることを意味する．たとえば，液相は特別な方向がないので，「ひとつの平衡状態を，任意の向きに任意の角度だけ回転しても，マクロに見て同じ状態である」という高い回転対称性を持っている．それが固相に相転移すると，結晶方位という特別な方向ができるために，同じ平衡状態に移す回転は，特定の軸の周りの特定の角度のものに限られてしまう[2)]．すなわち，対称性が下がる．このように，相転移の結果として系の平衡状態の対称性が下がることを，一般に，（自発的）**対称性の破れ** (symmetry breaking) と呼ぶ．**秩序変数がゼロでない値を持つようになるということは，対称性の破れが起こったことを意味する**のだ．

この定義では，マクロ系の物理学の立場から「対称性の破れ」が定義されているが，ミクロ系の物理学の立場では次のようになる：ミクロ系の物理学で系を記述したときに系がもともと持っていた対称性の一部を平衡状態が持っていないとき，それを（自発的）**対称性の破れ** (symmetry breaking) と呼ぶ．たとえば，多数の原子の集団を記述するシュレディンガー方程式は高い回転対称性を持っているが，気相や液相の平衡状態であればその対称性を維持している．それに対して固相の平衡状態はその対称性が「破れて」いる，というわけである．

系のマクロな状態の違いは，系のマクロな性質のみならず，ミクロな性質にも大きく影響する．状態がマクロに異なるということは，違いがミクロな範囲内には収まりきらないということだから，きわめて大きな違いになるからだ．特に，**系のマクロ状態が何らかの対称性を失えば，系のミクロな性質もその対称性を失ってしまう**．このため，多自由度系の量子論のようなミクロ系の物理学においても，対称性の破れは決定的な役割を演じている．これについては21章でも述べるであろう．

---

2)　たとえば結晶が立方格子であれば，ひとつの格子軸の周りの ±90 度回転で同じ状態に移る．

18.1.2 秩序変数の満たすべき条件

熱力学の観点からは，秩序変数は次のような性質を持つように選ぶのが理想的である[3)]：

(1) 相加変数である．（もちろん相加変数の密度でもよい[4)]．いつでも相加変数に戻せるからだ．）

(2) 秩序のある相だけでなく，秩序のない相でも定義できていて，前者ではゼロでない値をとり，後者ではゼロになる[5)]．

(3) 秩序がない相のエントロピーの自然な変数に秩序変数だけ加えれば，秩序がある相も含めたエントロピーの自然な変数になる．

(4) 秩序変数の数は，物質の量や体積をいくら増やしても（同じ物質の単純系である限り）増えない．

これらの条件を満たすように秩序変数を選んでやれば，きっちりと熱力学の理論に乗る．すなわち，相図の中の着目する領域内に秩序変数がゼロでない相が含まれるならば，その領域全体を，秩序変数を加えたエントロピーの自然な変数で論ずればよい．

たとえば，固相を含む領域で固相・液相とか固相・気相の相転移を論じる場合には，液相や気相でも，固相の秩序変数を U, V, N に加えておいて議論すれば，相ごとに変数を取り替えるような煩雑なことをしなくてすみ，本書の熱力学の議論がそっくりそのまま当てはまる．そのようにすると，液相と気相においては，秩序変数の値がゼロなので U, V, N をエントロピーの自然な変数にとったときと同じ結果になる．一方，固相では秩序変数の値が結晶の向き（や秩序の度合い）を指定してくれるので要請 II-(iv) も満たされる．

固相において，秩序変数を考慮しなかった前節までの結果が違ってこないか心配かもしれないが，それは大丈夫である．なぜなら，前節までは，結晶の向きが関係するような量や現象は論じなかったからである．たとえば，液相から固相への転移温度は，（何か特別な外場でもかかっていない限りは）空間に特

3) 統計力学や物性理論では，これらの条件はとくに要求しないことも少なくない．

4) 特に，無限体積極限をとる場合には，相加変数の値は発散してしまうから，相加変数の密度を使う必要がある．

5) ゼロでなくても一定値ならよいのだが，一定値ならば原点をずらしてゼロにしておくのが便利なのでそうする．

別な方向はないので，結晶の向きとは無関係である．このような事情から，通常は，固相・液相・気相の間の相転移の問題では結晶の向きには興味がなく，17.2.2 項で述べたように秩序変数を省略してしまうのである．

それに対して，強磁性・常磁性転移などの場合には，秩序が現れて秩序変数がゼロでない値になること自体に最も興味が持たれることが多い．また，上記の (1)〜(4) を満たすような秩序変数を構成するのも容易である．そのような例をこの章で述べるので，それで秩序変数の扱いを学んで欲しい．

♠♠ 補足：固相の秩序変数

固相の秩序変数について若干の説明をしておく．簡単のため，1 種類の原子だけからなる物質を考える．$\vec{k}$ を平均原子間隔の逆数程度の大きさのベクトル，j 番目の原子の位置を $\vec{r}_j$ とする．このような物質の固相の秩序変数を，統計力学や物性理論では，たとえば

$$\vec{D}_{\vec{k}} \equiv \frac{\vec{k}}{|\vec{k}|} \sum_j e^{i\vec{k}\cdot\vec{r}_j} \tag{18.1}$$

のように選ぶ．この和はすべての原子についてとるから，この量は相加的であり，上記の条件 (1) を満たす．

もしも原子達が結晶を組んでいれば，$\vec{r}_j$ たちが結晶の周期で並ぶので，波数ベクトル $\vec{k}$ が結晶の逆格子ベクトル[6] $\vec{k}_1, \vec{k}_2, \vec{k}_3$ に等しいところで，$\vec{D}_{\vec{k}}$ が $O(V)$ の高さのピークを持つようになる．他方，液相や気相では，$\vec{r}_j$ たちはランダムなので，$\vec{D}_{\vec{k}_1}, \vec{D}_{\vec{k}_2}, \vec{D}_{\vec{k}_3}$ はいずれも $o(V)$ である．相加変数の大きさが $o(V)$ であればゼロと見なすのが熱力学であったから，液相や気相の $\vec{D}_{\vec{k}_1}, \vec{D}_{\vec{k}_2}$, $\vec{D}_{\vec{k}_3}$ はゼロであると言ってよい．このように，$\vec{D}_{\vec{k}_1}, \vec{D}_{\vec{k}_2}, \vec{D}_{\vec{k}_3}$ がゼロであるかどうかが，原子が結晶を組むという秩序の有無と対応する．したがって，上記の条件 (2), (3) も満たす．

条件 (4) や $\vec{D}_{\vec{k}_i}$ 相互の独立性についてはやや微妙な点もある．$\vec{k}_1, \vec{k}_2, \vec{k}_3$ は，T, P を変えると，固体の膨張などに伴って変化するので一定ではないから，すべての $\vec{k}$ に対する $\vec{D}_{\vec{k}}$ を秩序変数に採用しておきたくなる．しかし，それでは条件 (4) が満たされなくなってしまう．ただ，熱力学の論理体系の中では，

6) 結晶における原子の並びの規則性を反映したベクトル．詳しくは固体物理学の教科書を参照せよ．

秩序変数のミクロな表式は必要ない．たとえば，量子効果である磁性が発見される前から，磁化を変数として含む磁性体の熱力学は出来上がっていた．だから，固相の秩序変数についても，「何か3つの秩序変数 $\vec{D}_1, \vec{D}_2, \vec{D}_3$ がある」で十分である．そのミクロな表式が，T, P を変えれば変わってしまう波数の $\vec{D}_{\vec{k}_1}, \vec{D}_{\vec{k}_2}, \vec{D}_{\vec{k}_3}$ であろうが，熱力学にはどうでもよいことなのだ．そもそも固体の逆格子ベクトルはマクロな物理量ではなくミクロな物理量なので，もしもそれを知りたければ，統計力学や固体物理学などを併用して議論すべきである．

18.2　強磁性体

秩序が現れることに最も興味が持たれる相転移の例として，強磁性・常磁性転移を解説する．ただし，この例を用いてこの種の相転移の扱い方を学んでもらうのが目的だから，18.3.4 項で述べる「反磁界」「ヒステリシス」などの**現実の強磁性体特有の複雑さは無視して説明する**．つまり，強磁性体の言葉を用いて書いているが，**実は秩序が現れる相転移が理想的に扱える，ひとつのモデルを説明している**のである．そのため，実験や応用寄りの本の記述とは一致しない（しかし大多数の理論寄りの本とは一致する！）部分があるが，それについては最後に 18.3.4 項で補足する．

18.2.1　常磁性・強磁性転移

外部から磁場 $\vec{H}$ をかけたときに磁化が誘起されるような物質を**磁性体**と言う．V や N と同等に扱えるように，以下では磁化 $\vec{m}$ ではなく全磁化 $\vec{M}$ を用いるが，均一な状態であれば，両者は単に

$$\vec{M} = V\vec{m} \tag{18.2}$$

という関係にある．温度 T における，磁化が誘起される割合である[7)]

7)　後述のように，$T < T_c$ では磁化は $\vec{H} = \vec{0}$ において不連続なのだが，$\vec{M}(T, \vec{H} - \vec{0})$ と $\vec{M}(T, \vec{H} + \vec{0})$ のそれぞれの片側微係数は，これから考えるような等方的な磁性体では一致する：

$$\frac{\partial M_\alpha(T, \vec{H} - \vec{0})}{\partial H_\beta} = \frac{\partial M_\alpha(T, \vec{H} + \vec{0})}{\partial H_\beta} \quad \text{for all } \vec{H}. \tag{18.3}$$

そこで，この微係数を単純に (18.4) のように書いた．$\pm\vec{0}$ の意味は (18.8) のすぐ上を参照．

$$\chi_{\alpha\beta}(T,\vec{H}) \equiv \frac{1}{V}\frac{\partial M_\alpha(T,\vec{H})}{\partial H_\beta} \quad (\alpha,\beta = x,y,z) \tag{18.4}$$

を**磁化率** (magnetic susceptibility) と呼ぶ．これはテンソル[8)]なのだが，簡単のため等方的な物質を仮定すると，単位テンソル（単位行列 $\delta_{\alpha\beta}$）のスカラー倍になる：

$$\chi_{\alpha\beta}(T,\vec{H}) = \chi(T,\vec{H})\delta_{\alpha\beta}. \tag{18.5}$$

そこで，以後はあたかもスカラーであるかのように扱い，単に $\chi(T,\vec{H})$ と書こう．

普通の磁性体では，外部から磁場をかけなければ磁化はゼロであるし，磁化率は正である: $\vec{M}(T,\vec{0})=0$, $\chi>0$. このとき，その磁性体は**常磁性** (paramagnetism) を示すと言う．ところが，一部の磁性体は，ある温度（転移温度）T_c より高温では常磁性を示すが，$T<T_c$ では，たとえ外部磁場 $\vec{H}$ をかけなくても磁化を持つ．このとき，その磁性体は，**強磁性** (ferromagnetism) を示すと言い，$\vec{H}=\vec{0}$ で生じている磁化を**自発磁化** (spontaneous magnetization) と呼ぶ．$\vec{H}=\vec{0}$ のとき，このような磁性体は，$T=T_c$ において常磁性相から強磁性相へと相転移するわけだ．

このときの，$\vec{H}\to\vec{0}$ における磁化率 $\chi(T,\vec{0})$ に注目する．これは，常磁性相 $(T>T_c)$ でも強磁性相 $(T<T_c)$ でも正で有限である:

$$0<\chi(T,\vec{0})<+\infty \quad (T\neq T_c). \tag{18.6}$$

しかし，T を T_c に近づけてゆくと，$\chi(T,\vec{0})$ は次第に大きくなり，ついに $T=T_c$ において正の無限大に発散する:

$$\chi(T,\vec{0})\to+\infty \quad (T\to T_c). \tag{18.7}$$

このような磁性体は，$T\neq T_c$ においても（T_c からあまり遠くない温度では）通常の物質よりも $\chi(T,\vec{0})$ がかなり大きいので，**強磁性体** (ferromagnet) と呼

8) （2 階の）**テンソル** (tensor) とは，その行列を 3 次元空間内のベクトルにかけた結果が 3 次元空間内の別のベクトルになるような，特別な性質を持った行列のこと．また，**スカラー** (scalar) とは，ベクトルにかけた結果がそのベクトルの実数倍になるような，要するにただの数のこと．

ばれる[9]．

$\chi(T,\vec{0})$ のこのような振舞いから，強磁性相への相転移は，次のように解釈することもできる：$T > T_c$ の常磁性相側で，わずかな磁化 $\vec{m}$ を誘起するのに必要な外部磁場の大きさは，$\vec{H}$ の 1 次までの近似で $\vec{H} = \vec{m}/\chi(T,\vec{0})$ である．T_c へ向かって温度を下げてゆくと，$\chi(T,\vec{0})$ が次第に大きくなるので，必要な $\vec{H}$ はどんどん小さくなってゆく．そして，ついに $T \to T_c$ では $\chi(T,\vec{0}) \to +\infty$ となるので，必要な $\vec{H}$ はゼロになる．つまり，自発磁化が生じてもおかしくない状況になり，強磁性相へと転移する[10]．なお，T_c を通り過ぎて $T < T_c$ になると χ が再び有限になる理由は，下の補足に書いておいた．

T を T_c より低い温度に固定して $\vec{H}$ を変化させると，$\vec{H}$ が 0 を横切って向きが変わるときに，（18.3.4 項で注意するように平衡状態になるまで非常に長い時間待った後の）$\vec{M}$ はゼロでないまま向きが変わるために，$\vec{M}$ は不連続に変わる．すなわち，微小磁場 $\pm\vec{\epsilon}$ の向きを固定したまま長さをゼロにもっていくときの $\vec{M}(T,\pm\vec{\epsilon})$ の極限（下の補足参照）を $\vec{M}(T,\pm\vec{0})$ と記すと，それは互いに正反対の向きを（それぞれ $\pm\vec{\epsilon}$ の向きを）向いているから，

$$\vec{M}(T,-\vec{0}) \neq \vec{M}(T,+\vec{0}) \tag{18.8}$$

である．このように $\vec{H} = \vec{0}$ を境に不連続に変化するために，**$\vec{H} = \vec{0}$ における $\vec{M}$ は不定になり，$\vec{M}$ の確定値を得るためには，$\vec{H}$ の向きを固定しておいて $\vec{H} \to 0$ とする極限をとる必要がある**のだ．

そこで，自発（全）磁化を $\vec{M}(T,\pm\vec{0})$ と記そう．後述するように，$\vec{M}$ は Gibbs エネルギーの $\vec{H}$ に関する 1 階偏微分係数として表せる．したがって，上記の $\vec{M}$ の不連続は，G が 1 階微分不可能（左右の偏微分係数が異なる）になることを意味する[11]．ゆえに，**$T < T_c$ で $\vec{H}$ を変えたときの $\vec{H} = \vec{0}$ における相転移は，一次相転移**である．

---

9)　磁性体の研究者の間では，「フェリ磁性体」等と区別するために，英語通りに「フェロ磁性体」と呼ぶ方がよいとされているようだが，ここでは磁性体以外の分野の物理学者の習慣に従った．冒頭で述べたように，ここでは実際の磁性体というよりは「強磁性モデル」を扱っているので，それでよいだろう．

10)　$T = T_c$ では，実際には以下で見るように $\vec{M} = \vec{0}$ であるが，実は $\vec{M}$ はこの平均値の周りにかなりゆらぐ．ここでは解説する紙面はないが，この大きなゆらぎこそ $\chi(T,\vec{0}) \to +\infty$ の直接の帰結であり，$\vec{M}$ が成長しようとする証なのである．

11)　前にも注意したが，物理ではしばしば，このことをルーズに「微係数が不連続になる」と表現する．

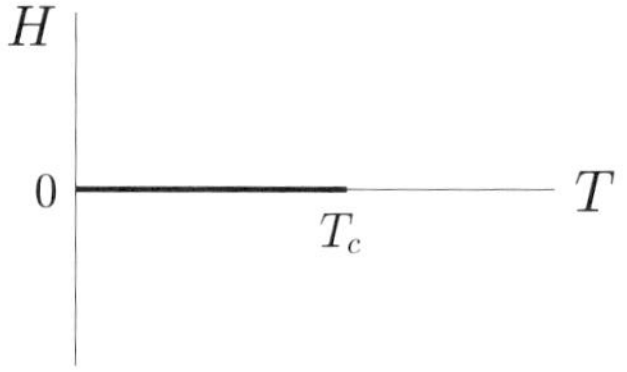

図 18.1 強磁性体の，T-$\vec{H}$ 平面における相図を，$\vec{H} = (H, 0, 0)$ として描いた模式図．いま考えている等方的な強磁性体では，$\vec{H}$ が他の方向を向いていても同じ図になる．T 軸上の $0 \le T \le T_c$ なる線分が相転移領域で，その高温側の終端が臨界点である．

一方，T を T_c より高い温度に固定して $\vec{H}$ を変化させると，$\chi(T, \vec{H})$ も $\vec{M}(T, \vec{H})$ もずっと有限で連続であり，**相転移は起こらない**．

では，$\vec{H}$ を固定して T を変化させた場合はどうなるか？ まず，$\vec{H}$ をゼロでない値に固定すると，どの温度でも $\chi(T, \vec{H})$ も $\vec{M}(T, \vec{H})$ も有限で連続であり，T を変えても**相転移は起こらない**．一方．$\vec{H}$ を $\pm\vec{0}$ に固定して T を変化させる（つまり，各 T ごとに $|\vec{\epsilon}| \to 0$ の極限を見る）と，$\vec{M}$ の微係数である $\chi(T, \vec{0})$ は $T = T_c$ で発散するものの，$\vec{M}(T, \pm\vec{0})$ 自身は T の関数として連続的に変化することが知られている．同様に，他のエントロピーの自然な変数も，どの狭義示強変数の関数としても連続的に変化するので，不連続相転移ではない．そして，完全な熱力学関数はどれも $(T, \vec{H}) = (T_c, \vec{0})$ において 1 階偏微分可能である．ゆえに，**$\vec{H} = \pm\vec{0}$ で T を変えたときの $T = T_c$ における相転移は，連続相転移**であり，その転移点を**臨界点** (critical point)，転移温度 T_c を**臨界温度**と呼ぶ習慣である．

以上のことから，T-$\vec{H}$ 平面における相図は図 18.1 のようになる．太線が相転移領域で，**この領域を出入りするような状態変化をさせたときだけ相転移が起こる**．この相図は，一成分系の T-P 平面における相図 17.1（p.34）の中の，液相と気相の臨界点付近の相図に対応しており，両者の間には様々な共通点があることが知られている．

強磁性体は，$T < T_c$ ではその自発磁化が（外からかけられた外部磁場 $\vec{H}$ ではない）磁場を生み出すため，磁石の材料として使われる．$T > T_c$ では自発磁化を失うが，それでも χ が（$T = T_c$ では無限大になるぐらいだから他の温度でも）通常の物質よりもかなり大きいという特徴を生かして，大きな透磁率 ($= \chi +$ 真空の透磁率) を要求されるトランスや電磁石の芯材としても使われている．

♠ **補足：対称性を破る場**

$\vec{M}(T,\pm\vec{0})$ の極限は統計力学では，引数に V を復活させて書くと，

$$\vec{M}(T,\pm\vec{0},V) = V \lim_{|\vec{\epsilon}|\to 0} \lim_{V'\to\infty} \vec{M}(T,\pm\vec{\epsilon},V')/V' \tag{18.9}$$

のように，$|\vec{\epsilon}| \to 0$ に先立ち体積無限大の極限をとることが必要だが，熱力学では，21.2 節で説明するように既にこの極限がとってあるのと同じだから，単に $\vec{M}(T,\pm\vec{0},V) = \lim_{|\vec{\epsilon}|\to 0} \vec{M}(T,\pm\vec{\epsilon},V)$ でよい．この場合の微小磁場のように，ある微小な外場の向きや符号が平衡状態におけるマクロ変数の値をマクロに変えるとき，その外場を**対称性を破る場** (symmetry-breaking field) と呼び，統計力学や場の理論で頻繁に使われる．

♠ **補足：強磁性相で $\chi(T,\vec{0})$ が有限な理由**

$T=T_c$ で発散していた $\chi(T,\vec{0})$ が，$T<T_c$ では再び有限になるのは，$\vec{H}$ が小さいときに (18.4) より得られる（p.97 脚注 7 参照）

$$\vec{M}(T,\vec{H}) = \vec{M}(T,\pm\vec{0}) + V\chi(T,\vec{0})\vec{H} + o(\vec{H}) \tag{18.10}$$

からわかるように，$\chi(T,\vec{0})$ は自発（全）磁化 $\vec{M}(T,\pm\vec{0})$ からのずれだけをみているからである．一方，次式のように割り算で磁化率を定義する場合もあるが，これだと $\chi(T,\vec{0})$ は T_c 以下のすべての温度で発散する：

$$\text{磁化率の別の定義：} \chi_{\alpha\beta}(T,\vec{H}) \equiv \frac{M_\alpha(T,\vec{H})}{VH_\beta}. \tag{18.11}$$

この定義とは違うことを強調したいときは，(18.4) で定義される χ を**微分磁化率**と言う．

18.2.2 強磁性体の秩序変数と対称性の破れ

強磁性体をミクロ系の物理学（量子論）で記述してみると，結晶の単位胞の各々が持つミクロな磁気モーメントの集まりだと考えることができ，全磁化 $\vec{M}$ はそれらの磁気モーメントの総和になる．すなわち，中心位置 $\vec{r}$ の単位胞が持つ磁気モーメントを $\vec{\mu}(\vec{r})$ とすると，

$$\vec{M} = \sum_{\vec{r}} \vec{\mu}(\vec{r}). \tag{18.12}$$

$\vec{\mu}(\vec{r})$ たちの向きが単位胞ごとにランダムに勝手な方向を向いている場合に

は，$\vec{M} = o(V)$ となる[12]．これは熱力学の立場では（つまりマクロに見ると）$\vec{M} = \vec{0}$ ということだから，常磁性相にあることになる．他方，$\vec{\mu}(\vec{r})$ たちが一定の向きに揃う傾向があると $\vec{M} = O(V)$ となるので，強磁性相になる．したがって，$\vec{M}$ は微小な磁気モーメントの向きが揃うという秩序があるかどうかを表す秩序変数であると言える．このことは次のような対称性と結びついている．

この強磁性体をミクロ系の物理学で記述したときに，系が，$\vec{\mu}(\vec{r})$ たちの向きを一斉に変える回転に対する対称性を持っているとする．すなわち，外部磁場が無いとき，ある状態 ψ が[13]ミクロ系の物理学の方程式（シュレディンガー方程式など）の解なら，その状態の $\vec{\mu}(\vec{r})$ たちの向きを一斉に回転して得られる状態 ψ' もやはり解になっている系だとする．これは結晶そのものを回したわけではないが[14]，簡単のため単に「回転対称性」と呼ぼう．すると，U や N の値（量子論なら期待値）は ψ と ψ' とで一致する．一方，全磁化に関しては，ψ' の持つ全磁化の値 $\vec{M}_{\psi'}$ は，ψ の持つ全磁化の値 $\vec{M}_{\psi}$ をベクトルの回転規則にのっとって回転させた値になる．

さて，ψ が平衡状態だとしよう．すると，回転対称性から，ψ' も平衡状態である．もしも両者が（マクロに見て）同じ状態であれば，すべてのマクロ変数の値が両者で（マクロに見て）一致するので，この平衡状態は「回転対称性を持っている」と言う．その場合は，この平衡状態における $\vec{M}$ の値は（マクロに見て）ゼロである．なぜなら，もしも $\vec{M}_{\psi} \neq \vec{0}$ だったとしたら，それを回転させた $\vec{M}_{\psi'}$ は必然的に $\vec{M}_{\psi'} \neq \vec{M}_{\psi}$ となるので，すべてのマクロ変数の値が一致するという仮定に反するからである．値が $\vec{0}$ のときだけ，回転しても $\vec{0}$ であるから矛盾しない．

逆に言えば，ある平衡状態 ψ において $\vec{M}$ が $\vec{0}$ でない値を持てば，その平衡状態では回転対称性が破れている（ψ とそれを回転した平衡状態 ψ' がマクロに見て異なる）と言える．したがって，$\vec{H} = \vec{0}$ における常磁性相から強磁性

---

12)　♠ ランダム平均を $\langle \bullet \rangle$ と記すと $\langle \vec{M} \rangle = \sum_{\vec{r}} \langle \vec{\mu}(\vec{r}) \rangle = 0$ で，

$$\langle \vec{M}^2 \rangle = \sum_{\vec{r}} \sum_{\vec{r}'} \langle \vec{\mu}(\vec{r}) \vec{\mu}(\vec{r}') \rangle = \sum_{\vec{r}} \langle \vec{\mu}(\vec{r})^2 \rangle = O(V) \tag{18.13}$$

となるから，$\vec{M} = o(V)$ だとわかる．

13)　♠ ψ はこの状態に付けた単なる名前である．純粋状態でも混合状態でも構わないし，その具体的な表現形式も特に指定しない（参考文献 [11] の第 2 章参照）．実際の計算では，純粋状態の場合は状態ベクトルで，混合状態は密度演算子で表すのが普通である．

14)　たとえば原子たちが立方格子を組んでいるとしたら，その立方格子の向きは変えないまま，$\vec{\mu}(\vec{r})$ たちの向きだけを回転する．

相への相転移は，$\vec{\mu}(\vec{r})$ たちの向きを一斉に変える回転に対する対称性の破れを伴う相転移であり，秩序変数 $\vec{M}$ が，この対称性が破れたか ($\vec{M} \neq \vec{0}$) 破れていないか ($\vec{M} = \vec{0}$) を表すシグナルになっている．

全磁化 $\vec{M}$ は，18.1 節の条件 (1)〜(4) をすべて満たすので，理想的な秩序変数である．したがって，ここで議論している強磁性体の相転移は，秩序変数が重要になる相転移の扱いの良い例になっている．

18.2.3　強磁性体の Helmholtz エネルギー

以上の知識を基にして，強磁性体の自由エネルギーを，模式図のレベルで構築してみよう．これにより，秩序変数が現れる相転移における自由エネルギーの振舞いの特徴が理解できると思う．また，既知の実験事実から自由エネルギーを構築する一例にもなっている[15)]．

強磁性体のエネルギーの自然な変数は，たとえば $S, V, N, \vec{M}$ である．以後の議論では，V, N はその値をずっと変えないことにして省略し[16)]，エネルギーの自然な変数を $S, \vec{M}$ としよう．さらに，$S, \vec{M}$ と $T, \vec{M}$ が一対一に対応する（ような領域を考えている）として，$T\vec{M}$ 表示で考えることにする．

この表示の基本関係式は，Helmholtz エネルギー

$$F(T, \vec{M}) = \Big[U(S, \vec{M}) - ST\Big](T, \vec{M}) \tag{18.14}$$

である．多少込み入った議論をすると（参考文献 [6] 等を参照），$\vec{M}$ についての微係数は外部磁場 $\vec{H}$ を与えることが示せる[17)]：

$$\boxed{\frac{\partial F(T, \vec{M} \pm \vec{0})}{\partial M_\alpha} = H_\alpha(T, \vec{M} \pm \vec{0}) \quad (\alpha = x, y, z).} \tag{18.15}$$

つまり，全磁化 $\vec{M}$ に共役な示強変数は外部磁場 $\vec{H}$ である．したがって，$F(T, \vec{M})$ が連続的微分可能な領域では，

15)　模式図のレベルでしっかりと構築できれば，より詳細な情報が与えられたときに実験や計算で F を構築するときに，大きな助けになる．たとえば，十分な数の実験値を代入してやれば，パラメータの値が決まり，F が定量的にも求まる．

16)　圧力を一定にして実験する場合でも，V の変化は無視できるほど小さいとする．

17)　**ここでは，$\boldsymbol{\vec{B} = \mu_0 \vec{H} + \vec{M}}$ となるように $\boldsymbol{\vec{M}}$ を定義した．** $\vec{B} = \mu_0(\vec{H} + \vec{M})$ となるように定義する場合も多いので注意して欲しい．

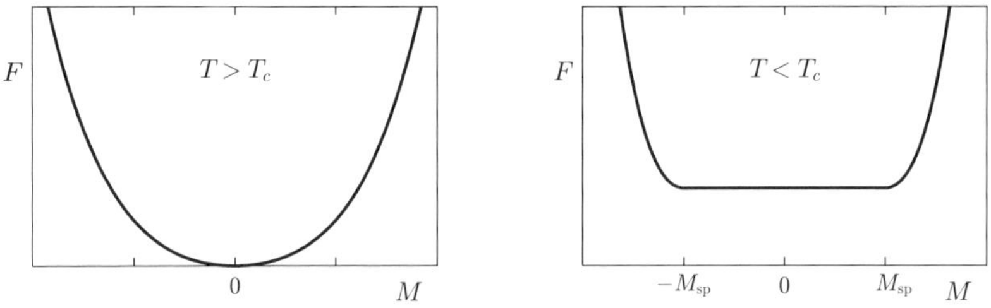

図 18.2　$F(T,\vec{M})$ の $\vec{M}$ 依存性の模式図を，$\vec{M}=(M,0,0)$ として描いた．いま考えている等方的な強磁性体では，$\vec{M}$ が他の方向を向いていても同じ図になる．なお，縦軸の原点は適当にとった．

$$dF = -S(T,\vec{M})dT + \vec{H}(T,\vec{M})\cdot d\vec{M}. \tag{18.16}$$

現実の実験では外部磁場 $\vec{H}$ を調整して $\vec{M}$ を変化させるから，「$\vec{M}$ を与えると $\vec{H}$ が決まる」というここの議論はわかりにくいかもしれない．しかし，ひとたび平衡状態になれば（いま考えている領域では）$\vec{M}$ と $\vec{H}$ は一対一に対応するから，どちらでどちらが決まるとしても等価である．それが嫌なら，18.2.4 項の $G(T,\vec{H})$ を用いればよい．

さて，13 章の一般論から明らかなように，F は T については上に凸で，$\vec{M}$ については下に凸である．これを考慮すると，18.2.1 項と 18.2.2 項で述べたことから，強磁性体の $F(T,\vec{M})$ は次のように振る舞うことがわかる．

まず，回転対称性があるのだから，ある $(T,\vec{M})$ の値で指定される平衡状態があれば，その磁化を回しただけの $(T,\vec{M}')$（ただし $|\vec{M}'|=|\vec{M}|$）のような平衡状態もあり，どちらも F の値は等しい：

$$F(T,\vec{M}) = F(T,\vec{M}') \quad \text{for } |\vec{M}| = |\vec{M}'|. \tag{18.17}$$

$T > T_c$ においては，$\vec{H}=\vec{0}$ でのみ $\vec{M}=\vec{0}$ であったから，F の $\vec{M}$ についての微係数 $(=\vec{H})$ は，$\vec{M}=\vec{0}$ でのみゼロになる．F は $\vec{M}$ については下に凸なのだから，数学の定理 5.3（第 I 巻 p.82）を下に凸な関数に翻訳したものより，$\vec{M}=\vec{0}$ で F は最小値をとる．さらに F が $\vec{M}$ について連続的微分可能なことも考慮すると[18]，結局，図 18.2 の左側のような形をしていることになる．

他方，$T < T_c$ においては，$\vec{H}=\vec{0}$ でも自発磁化が生じて $\vec{M}\neq\vec{0}$ であった．

18)　もしも連続的微分可能でないとすると，ルジャンドル変換の一般的な性質から言って，$\vec{H}$ の方が不連続に変化することになるが，それは 18.2.1 項で述べたことと矛盾する．

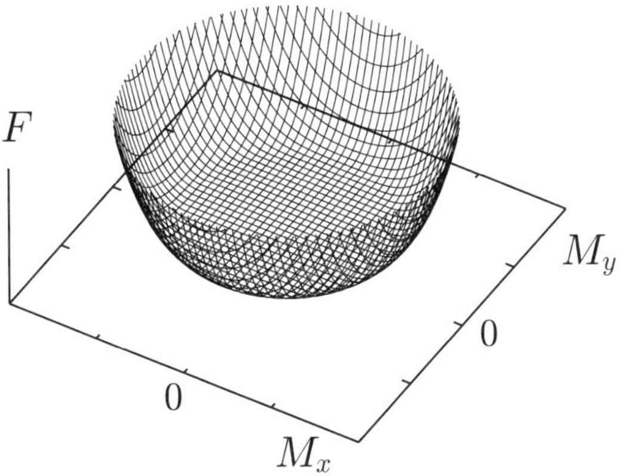

図 18.3　$T < T_c$ における $F(T, \vec{M})$ の模式図を，$\vec{M} = (M_x, M_y, 0)$ として描いた．

したがって，自発磁化の大きさを $M_{\rm sp}$ と書くと，F の $\vec{M}$ についての微係数は，$|\vec{M}| = M_{\rm sp}$ を満たすような，ある $\vec{M}$ の値でゼロになる．すると，回転対称性 (18.17) より，$|\vec{M}| = M_{\rm sp}$ を満たすすべての $\vec{M}$ の値において微係数がゼロになる．これらの $\vec{M}$ の値において F は等しい値をとるが，F は $\vec{M}$ については下に凸なのだから，それは F の最小値である．すると，F の凸性を保つためには，$|\vec{M}| < M_{\rm sp}$ なる $\vec{M}$ の値においても，F はずっとこの最小値をとるしかない．（上に出っ張ったら下に凸でなくなってしまうし，下に出っ張れば $|\vec{M}| = M_{\rm sp}$ で最小でなくなってしまう．）さらに，F が $\vec{M}$ について連続的微分可能なことも考慮し，また $\dfrac{\partial F}{\partial T} = -S < 0$ より $T > T_c$ のときの F よりも全体的に大きくなることも考慮すると，図 18.2 の右側のようになっていることがわかる．

この図で，$|\vec{M}| > M_{\rm sp}$ の側から $|\vec{M}| \to M_{\rm sp}$ とすると，F の微係数が次第に小さくなり，ついにゼロになったところが $|\vec{M}| = M_{\rm sp}$ で，その先の $|\vec{M}| < M_{\rm sp}$ では F はずっと真っ平らで微係数はゼロのままである．**$|\vec{M}| = M_{\rm sp}$ でも F は $\vec{M}$ について微分可能である**ことに注意しよう．この $T < T_c$ のグラフを M_x, M_y の関数として 3 次元グラフを描くと，図 18.3 のように，風船の先端をそっとテーブルに押しつけたような，水平面を持つ形になる．

なお，$T < T_c$ における F の振舞いとして，図 18.4 に示した，いわゆる「ワインボトルの底のような」図をよく見かける．これは，統計力学や場の理

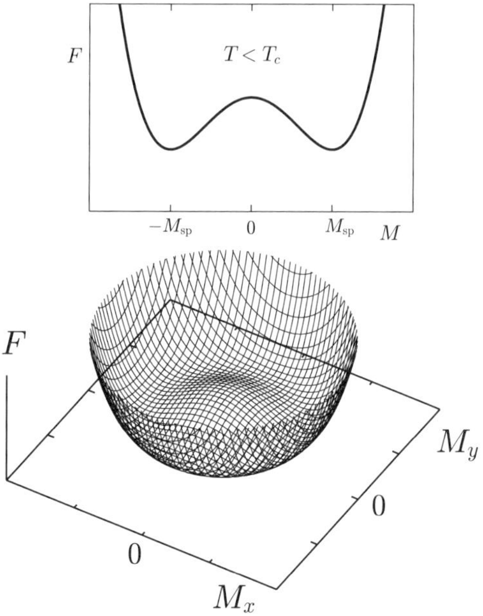

図 18.4　簡単な近似計算あるいは Landau 理論による，$T < T_c$ における $F(T, \vec{M})$ の模式図．$|\vec{M}| < M_{\rm sp}$ の部分が盛り上がっているので，F が $\vec{M}$ について下に凸ではなくなってしまっている．

論において簡単な近似計算を行ったときとか，**Landau（ランダウ）の二次相転移の理論**において得られる図である[19)]．しかしこの図は，$|\vec{M}| < M_{\rm sp}$ においては下に凸になっていないので，**熱力学の *F* とは定性的にも異なっている**．これは，これらの理論では，単純な近似で得られるような限定された状態たちしか扱えないために，図 18.2 や図 18.3 の水平な部分にあるような（後述の）状態たちが抜け落ちてしまうからである．そうではあるが，そのような限定された状態たちだけに興味がある場合（たとえば $|\vec{M}| = M_{\rm sp}$ の状態を求めたい場合）には，そのような理論もとても役に立つ．ただし，熱力学の F がどうなるべきかは知っておかないと，進んだ考察をするときに悩んでしまうであろう．

19)　ある意味では，Landau 理論は平均場近似と同一視できるが，完全に同一視することには筆者は抵抗を覚える．

18.2.4 強磁性体の Gibbs エネルギー

実験では T と $\vec{H}$ を制御して測定することが多いので，F を $\vec{M}$ についてルジャンドル変換した，(13.48) で定義された一般的な[20] Gibbs エネルギー

$$G(T,\vec{H}) \equiv \left[F(T,\vec{M}) - \vec{H}\cdot\vec{M}\right](T,\vec{H}) \tag{18.18}$$

を用いて $T\vec{H}$ 表示で議論する方が便利である[21]．17.5 節で述べたように，$U(S,\vec{M})$ からルジャンドル変換を重ねるほど解析性は悪くなるから，相転移に伴う特異性が最も現れやすいのはこの G であり，相転移の性質（一次相転移か否かなど）を調べるのにも G を用いた $T\vec{H}$ 表示がよく使われる．

13 章の一般論から，G は T についても $\vec{H}$ についても上に凸であり，

$$\boxed{\frac{\partial G(T,\vec{H}\pm\vec{0})}{\partial H_\alpha} = -M_\alpha(T,\vec{H}\pm\vec{0}) \quad (\alpha = x,y,z)} \tag{18.19}$$

である．したがって，G が連続的微分可能な領域では，

$$dG = -S(T,\vec{H})dT - \vec{M}(T,\vec{H})\cdot d\vec{H} \tag{18.20}$$

となり，2 次微係数が磁化率を与える：

$$\boxed{\chi(T,\vec{H}) = \frac{\partial M_\alpha(T,\vec{H})}{V\partial H_\alpha} = -\frac{\partial^2 G(T,\vec{H})}{V\partial H_\alpha^2} \quad (\alpha = x,y,z).} \tag{18.21}$$

ここでは (18.5) が成り立つ等方的な強磁性体を考えているので，α が x,y,z のいずれでもこの微係数は同じ値になる．

G の振舞いを見るために，12 章の特異性のある関数のルジャンドル変換の議論に従って，$F(T,\vec{M})$ の $\vec{M}$ に関する微係数を見てみよう．それは (18.15) より外部磁場 $\vec{H}$ を与える．そのグラフは，図 18.2 のグラフの傾きだから，図 18.5 のようになる（$T = T_c$ のときのグラフも加えておいた）．12 章の内容をマスターした読者であれば，この図を見ただけで，$G(T,\vec{H})$ が図 18.6 のように振る舞うことがただちにわかるだろう[22]．特に，$T < T_c$ の図では，点

20) 先に述べたように V を固定しているし，p.103 脚注 16 の仮定もあるので，V についてはルジャンドル変換をしないで，引数にも書かないことにする．

21) 統計力学や物性理論では，この G を単に「自由エネルギー」と呼んで，F と書いてしまうことも多い．

22) $T < T_c$ のときの方が G が大きいのは，F のときと同様に，$\dfrac{\partial G}{\partial T} = -S < 0$ だから

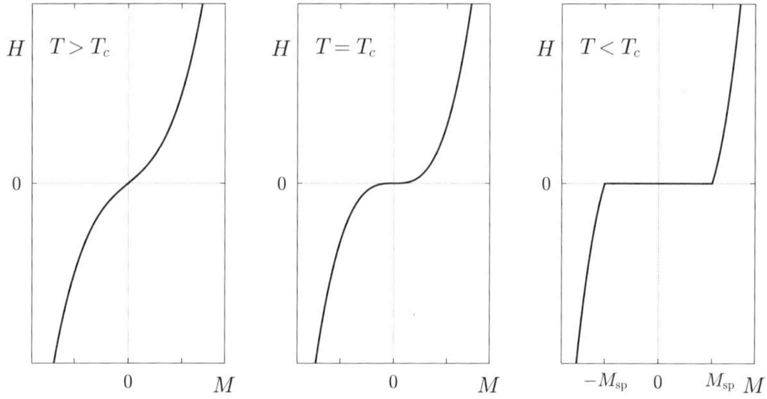

図 18.5　$\vec{H}(T, \vec{M})$ の模式図を，$\vec{H} = (H, 0, 0)$，$\vec{M} = (M, 0, 0)$ として描いた．等方的な磁性体を考えているので，$\vec{H}$ と $\vec{M}$ が共に他の方向を向いていても同じ図になる．

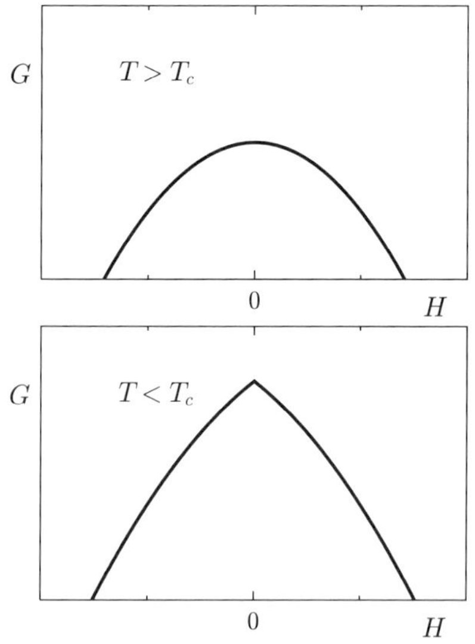

図 18.6　$G(T, \vec{H})$ の $\vec{H}$ 依存性の模式図を，$\vec{H} = (H, 0, 0)$ として描いた．等方的な磁性体を考えているので，$\vec{H}$ が他の方向を向いていても同じ図になる．なお，縦軸の原点は適当にとった．

$\vec{H} = \vec{0}$ において，そこが F の微係数が一定になる領域に対応するために，G

である．

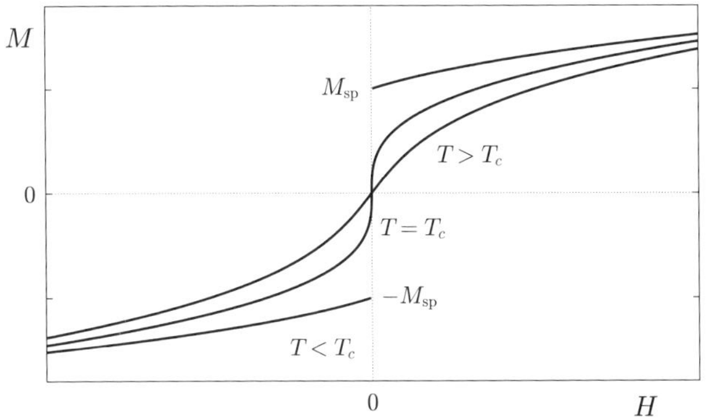

図 18.7 $\vec{M}(T, \vec{H})$ の模式図を，$\vec{M} = (M, 0, 0)$，$\vec{H} = (H, 0, 0)$ として描いた．等方的な磁性体を考えているので，$\vec{M}$ と $\vec{H}$ が共に他の方向を向いていても同じ図になる．

がカクンと曲がっていることに注目して欲しい．つまり，$T < T_c$ においては，確かに G が微分不可能になり，一次相転移が $\vec{H} = \vec{0}$ で起こる．

(18.19) より，図 18.6 のグラフの傾きは磁化を与える．それをプロットしたのが図 18.7 である．これはもちろん，基本的には図 18.5 を寝かせたものだが，ルジャンドル変換の一般的性質により，$T < T_c$ のグラフは $\vec{H} = \vec{0}$ でジャンプしている．これは (18.8) を与えるとともに，$\vec{H} = (H, 0, 0) = \vec{0}$ における磁化 $\vec{M} = (M, 0, 0)$ が

$$M(T, -\vec{0}) \leq M \leq M(T, +\vec{0}) \qquad (18.22)$$

の範囲の値をとりうることを示している．$M(T, -\vec{0}) < M < M(T, +\vec{0})$ なる状態は，すぐ下で述べるように，$\vec{M}$ の向きが異なる相が共存する状態である．また，(18.21) により，図 18.7 のグラフの傾きは磁化率を与えるが，確かに (18.6) や (18.7) のようになっている．

18.2.5 ドメイン構造

以上のことから，$T\vec{H}$ 表示による相図が確かに図 18.1 のようになり，また $T\vec{M}$ 表示による相図が図 18.8 のようになることがわかる．両者を見比べると，$T\vec{H}$ 表示では線分だった相転移領域が，$T\vec{M}$ 表示では帯状に広がっている．後者において，点線のようにひとつの温度に注目して垂線を書くと，それが相転移領域の端（太線）と交わるところが $\pm M_{\rm sp}(T)/N$ を与える．ここで，

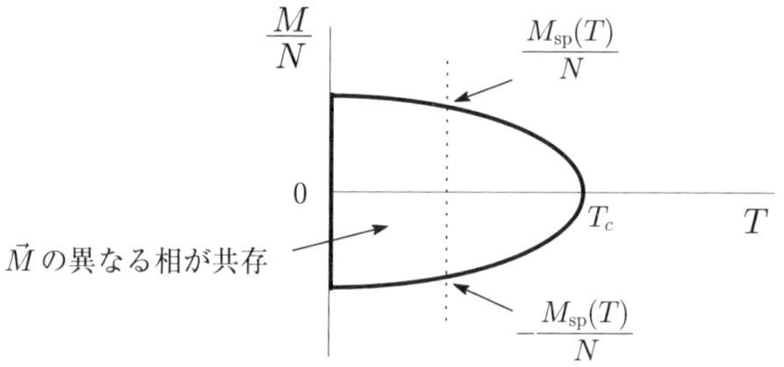

図 18.8 強磁性体の，T-$\vec{M}$ 平面における相図を，$\vec{M} = (M, 0, 0)$ として描いた模式図．等方的な磁性体を考えているので，$\vec{M}$ が他の方向を向いていても同じ図になる．また，縦軸を M/N にしたので，N と V を一緒に同じ倍率だけ増減しても同じ図になる．太線で囲まれた領域が相転移領域で，その内部では $\vec{M}$ の向きが異なる相が共存する．相転移領域の右端である $(T, M) = (T_c, 0)$ が臨界点である．点線のようにひとつの温度に注目すると，太線と交わるところが $\pm M_{\mathrm{sp}}(T)/N$ を与える．

$M_{\mathrm{sp}}(T)$ は，その温度における自発（全）磁化の最大値である．

また，図 18.2 の右側や図 18.3 をみると，平らな（直線状の）領域がある．したがって，定理 17.3（p.78）より，その内点で相共存が起こる．つまり，相図 18.8 の相転移領域（太線で囲まれた領域）の内部では，各部分系の $\vec{M}/N$ の大きさが $M_{\mathrm{sp}}(T)/N$ で，向きだけが異なるような状態が空間的に分かれて共存する．

これらの特徴は，液相・気相転移のときに，TP 表示では線分だった相転移領域が TV 表示では帯状に広がり，帯の内部では液相と気相が共存したのと同様である．

ただし，液相・気相の共存のときは T, V, N を与えれば液相・気相の比率が定まったが，（$\vec{H} = \vec{0}, T < T_c$ の）強磁性体では，どんな $\vec{M}$ の値を持つ相がどんな割合で共存するかは，一般には定まらない．たとえば，$\vec{M} = \vec{0}$ といっても，$\vec{M}/N = (M_{\mathrm{sp}}/N, 0, 0)$ の相と $\vec{M}/N = (-M_{\mathrm{sp}}/N, 0, 0)$ の相が共存してもいいし，$\vec{M}/N = (0, 0, M_{\mathrm{sp}}/N)$ の相と $\vec{M}/N = (0, 0, -M_{\mathrm{sp}}/N)$ の相が共存してもいいし，他にもいろいろな可能性がある．実験においても，たとえば $T > T_c$ の状態から，ぴったりと $\vec{H} = \vec{0}$ に保って冷やしていく場合には，どれが実現するかは 11.7 節で述べた**本質的に定まらない部分**であり，実験するたびに結果が変わるし，熱力学でも予言できない．もしもどれになるかを予言する理論があったらその理論は誤っていることになるが，熱力学は「予言できない」という正しい結論を下すのだ．

この場合のように，秩序変数の向きや符号が異なる相が共存するとき，それぞれの相を**ドメイン** (domain) と呼ぶ．各ドメインは，秩序変数の密度（今の場合は $\vec{m} = \vec{M}/N$）の絶対値がその温度で許される最大値をとる単一の相である．隣り合うドメインの間の境界のことを**ドメイン・ウォール** (domain wall) と呼ぶ．特に磁性体の場合は，ドメインを**磁区** (magnetic domain)，ドメイン・ウォールを**磁壁** (magnetic domain wall) と言う．実は，このような**ドメイン構造** (domain structure) ができているときには，ドメイン・ウォールが担うエネルギーやエントロピーについて注意が必要になるのだが，それについては 18.3.3 項で述べよう．

なお，図 18.1 でも図 18.8 でも，臨界点を迂回すれば相転移を経ることなく $M < 0$ の状態から $M > 0$ の状態へと連続的に移り変われる．これはちょうど，液相・気相転移のときに臨界点を迂回すれば液体の状態から気体の状態へと相転移を経ることなく連続的に移り変われたのと同様である．

18.3 ♠ 磁性体の例からわかること

以上で，秩序変数についての基本的なことは理解できたと思う．磁性体の例は，それ以外にも様々なことを教えてくれるので，説明しよう．

18.3.1 ♠ 臨界指数

$\vec{H} = \vec{0}$ で T を臨界点 T_c に近づけてゆくと，磁化率が $T = T_c$ で発散すると述べた．その発散の仕方を詳しく見ると，$T \simeq T_c$ で磁化率が次のように振る舞うことが知られている：

$$\chi(T, 0) = \chi_{\rm reg}(T) + \frac{\chi_0}{|T/T_c - 1|^\gamma}. \tag{18.23}$$

ここで，$\chi_{\rm reg}(T)$ は $T = T_c$ で有限にとどまる連続的微分可能な関数，χ_0 と γ は正定数である．γ の値は一般には $T < T_c$ と $T > T_c$ とで異なりうるが，簡単のため一致するとした（以下で出てくる α についても同様）．したがって，付録 A で述べた「比例係数を除いて漸近する」という意味の記号 $\sim$ を用いれば，$\chi(T, 0) \sim 1/|T - T_c|^\gamma$ である．一方，$T < T_c$ で生じていた自発磁化は $T \to T_c$ でゼロになるが，その振舞いは次のようになる：

$$\vec{M}_{\rm sp}(T) = \vec{M}_0\,(1 - T/T_c)^{\beta} \qquad (T < T_c). \tag{18.24}$$

ここで，$\vec{M}_0$ と β は定数である．したがって，$\vec{M}_{\rm sp}(T) \sim (T_c - T)^{\beta}$ である．また，比熱については，我々は V の変化が無視できる場合を考えているので $C_V = C_P$ であり，それを単に C と記すと，その振舞いは次のようになる：

$$C(T, 0) = C_{\rm reg}(T) + C_0\,|T/T_c - 1|^{-\alpha}\,. \tag{18.25}$$

ここで，$C_{\rm reg}(T)$ は $T = T_c$ で有限にとどまる連続的微分可能な関数，C_0 と α は定数である．したがって，もしも $\alpha > 0$ なら $C(T, 0) \sim 1/|T - T_c|^{\alpha}$ と発散し，$-1 < \alpha < 0$ ならば $C(T, 0) - C(T_c, 0) \sim |T - T_c|^{|\alpha|}$ のように有限値 $C(T_c, 0)$ $(= C_{\rm reg}(T_c))$ に近づく．

これらの式に現れた定数 α, β, γ のことを，**臨界指数** (critical exponent) と呼ぶ．ひとくちに強磁性体と言ってもいろいろな物質があり，以上の式の中で，臨界指数以外の定数や関数である $T_c, \chi_{\rm reg}(T), \chi_0, C_{\rm reg}(T), C_0, \vec{M}_0$ は，異なる強磁性体では異なっている．ところが，臨界指数だけは，今考えているような等方的な（あるいは近似的に等方的な）強磁性体でさえあれば，ほとんどの物質で共通で，

$$\alpha \simeq -0.14,\ \beta \simeq 0.38,\ \gamma \simeq 1.38 \tag{18.26}$$

という値をとることが知られている（この場合，$\alpha < 0$ だから，比熱は $T = T_c$ で有限である）．この事実を，臨界指数の値が**普遍的** (universal) であると言う．異方性が強い強磁性体ではさすがに上記の値からずれるが，ずれた値もまたほとんどの物質で共通で，

$$\alpha \simeq 0.11,\ \beta \simeq 0.33,\ \gamma \simeq 1.24 \tag{18.27}$$

という普遍的な値をとることが知られている（今度は $\alpha > 0$ だから，比熱は $T = T_c$ で発散する）．しかも驚くべきことに，(18.26) の場合でも (18.27) の場合でも，次の等式を高い精度で満たすことが実験的に確認されている：

$$\alpha + 2\beta + \gamma = 2. \tag{18.28}$$

この普遍的な関係を**スケーリング則** (scaling relation) と呼ぶ．

一般に，臨界点の近くで起こる現象を**臨界現象** (critical phenomena) と呼ぶが，これについては，強磁性体に限らず様々な物質で，上記の (18.26),

(18.27), (18.28) に類似の，あるいはもっと深遠な，様々な普遍性が見いだされている．その理由は，「くりこみ理論」などを用いて「多分こんなことになっているのだろう」という程度にはわかっているが，まだ完全に解明されてはいない．

18.3.2 ♠ 等温磁化率と断熱磁化率

磁化率は，外部磁場を変化させたときに磁化がどれくらい変化するかを表している．これと似た量としては，たとえば電場をかけたときに電気分極がどれだけ変化するかを表す電気分極率がある．これらの量を測定すると，等温条件で測るか断熱条件で測るかで値が異なる．そのことを，磁化率を例にして見てみよう．

今まで使っていた磁化率の定義式 (18.4) を見ると，**温度 T を一定にして磁場を変化させたときの**磁化の変化率になっている．そのことを強調するときは，**等温磁化率** (isothermal magnetic susceptibility) と呼び，T を添え字に付けて χ^T と記す．実験的には，たとえば，熱浴に浸けてゆっくりと磁場を加えていって測った磁化率は等温磁化率になる．

これに対して，断熱してゆっくりと磁場を加えていったときの磁化の変化率を，**断熱磁化率** (adiabatic magnetic susceptibility) と呼ぶ[23]．式で書くと，この場合 S が一定になるから，

$$\chi^S_{\alpha\beta}(S,\vec{H}) \equiv \frac{1}{V}\frac{\partial M_\alpha(S,\vec{H})}{\partial H_\beta} \quad (\alpha,\beta = x,y,z). \qquad (18.29)$$

簡単のため等方的な物質を仮定すると，等温のときと同様に単位テンソルのスカラー倍になるので，以後はあたかもスカラーであるかのように扱い，単に χ^S と書く．$\vec{M},\vec{H}$ についても同様に，$\vec{M}=(M,0,0)$, $\vec{H}=(H,0,0)$ として，単に M,H と書く．（この章ではエンタルピーは使わないので，H は磁場である！）

準静的断熱過程では，最初と最後の平衡状態の温度は同じとは限らないので，χ^S は χ^T とは異なる値になる可能性がある．両者の関係を調べるには，15.3 節の処方箋に従って，χ^S の表式を変形すればよい．そのために，まず磁性体の熱力学的正方形を描くと，(18.16)，(18.20) よりただちに図 18.9 を得る．

23) 本当は「準静的断熱磁化率」と呼びたいところだが，単に「断熱磁化率」と呼ぶ習慣である．なお，「等温磁化率」の方は，準静的であってもなくても，終状態の温度が同じことから磁化率の値は変わらないと期待できる．

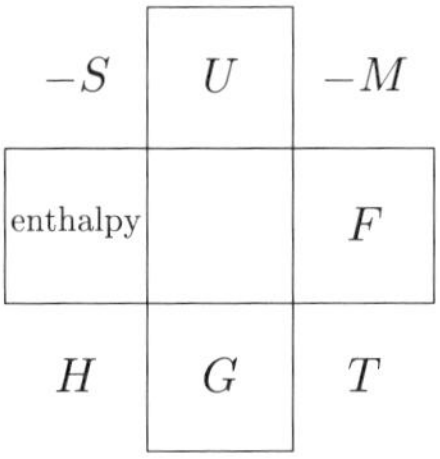

図 18.9　磁性体の熱力学的正方形．エンタルピーは磁場 H と紛らわしいので enthalpy と記した．

このダイアグラムを用いて，15.3 節の処方箋を実行すると，次の結果が得られる（下の問題）：

$$\boxed{\chi^S = \chi^T - \frac{T}{c_H}\left[\left(\frac{\partial m}{\partial T}\right)_H\right]^2.} \tag{18.30}$$

ただし $m = M/V$ は磁化，c_H は磁場 H を一定に保ったときの単位体積あたりの比熱である：

$$c_H \equiv \frac{T}{V}\left(\frac{\partial S}{\partial T}\right)_H. \tag{18.31}$$

c_V や c_P と同様にして，$c_H \geq 0$ が言えるので，

$$\boxed{\chi^S \leq \chi^T} \tag{18.32}$$

だとわかる．等号が成り立つのは，m が（ずっと 0 などの理由で）温度に依存しないか，c_H が発散するような転移点にある場合だけである．たとえば，自発磁化が生じていない常磁性体でも，あらかじめ磁場がかかっていれば $m \neq 0$ であるし，そのときの m の大きさは普通は温度に依存する．その場合，c_H が発散するような転移点でない限りは，必ず $\chi^S < \chi^T$ となり，両者の値は異なるのだ[24]．

問題 18.1　(18.30) を導け．

24)　これらと孤立した量子力学系の磁化率との関係は，Yuuya Chiba, Kenichi Asano, Akira Shimizu, Phys. Rev. Lett. **124** (2020) 110609 で明らかにされた．

18.3.3 ♠ 理論は各オーダーごとに階層的に適用してゆく

ドメイン構造ができているときには注意がいる．磁性体の場合は，それに加えて，18.3.4 項で述べるような長距離力によるさらなる複雑さがあってややこしいが，ここでは長距離力がない場合について一般的な注意を述べる．

系の半分が $\vec{M} = (M_{\rm sp}, 0, 0)$ なるドメイン 1 で，残りの半分が $\vec{M} = (-M_{\rm sp}, 0, 0)$ なるドメイン 2 になっている（間にドメイン・ウォールがある）状態 A と，系全体が $\vec{M} = (M_{\rm sp}, 0, 0)$ の単一の相にあり，ドメイン・ウォールがない状態 B のエネルギーを比べてみよう．ドメイン 1 とドメイン 2 は，秩序変数 $\vec{M}$ の向きが違うだけだから，両者のエネルギーは等しい：$U^{(1)} = U^{(2)}$．ゆえに，エネルギーの相加性を用いると，状態 A のエネルギーは $U_{\rm A} = U^{(1)} + U^{(2)} = 2U^{(1)}$ であり，状態 B のエネルギーは $U_{\rm B} = 2U^{(1)}$ であるから，$U_{\rm A} = U_{\rm B}$ を得る．エントロピーについても同様だから，自由エネルギーについても状態 A と状態 B で等しいことがわかる：

$$F_{\rm A} = F^{(1)} + F^{(2)} = 2F^{(1)} = F_{\rm B}. \tag{18.33}$$

したがって，この議論の範囲では，状態 A と状態 B のどちらが出来やすいということはない．これは，F の直線部分が，液相・気相転移のときと違って水平になっているからである．

ところが，2.9 節でエネルギーについて述べたのと同様に，S や F の相加性も，$o(V)$ の項を無視した $O(V)$ の精度でのみ正しい．したがって，(18.33) には $o(V)$ だけの誤差がある．物理的にはこれは，ドメイン・ウォールが形成されたことによるエネルギーやエントロピー変化から来る，F の変化分 $F_{\rm dw}$ (> 0) である．系の体積を $V \sim L^3$ とすると，ドメイン・ウォールは系を二分する壁のような形状をしているので，$F_{\rm dw}$ はその「壁」の面積に比例する．すなわち $F_{\rm dw} \sim L^2 \sim V^{2/3}$ であり，たしかに $o(V)$ である[25)]．したがって，$O(V^{2/3})$ の精度まで見ると，

$$F_{\rm A} = F_{\rm B} + F_{\rm dw} > F_{\rm B} \tag{18.34}$$

25) ドメイン・ウォールが一定の体積密度で発生してしまうような系の場合には $O(V)$ の寄与があるが，それはもはや 2 つの相を分けるドメイン・ウォールではなく，ドメイン・ウォールに似たミクロ構造を内蔵するマクロに均一な 1 つの相であり，正しい基本関係式にはすべての寄与が $O(V)$ で入っているはずなので，この節で述べているような気遣いは不要になる．

となり，実際には状態 B の方が出来やすい（あるいは安定である）ことがわかる．

このように，**ドメイン構造を持つ 2 つの状態 A, B が $O(V)$ の精度では $F_{\mathrm{A}} = F_{\mathrm{B}}$ である場合，さらに詳細に，どちらの状態がより実現しやすい（安定）かまで見たいのであれば，$o(V)$ の項まで調べる必要がある**．

ちなみに，もしも $O(V)$ の精度ですでに $F_{\mathrm{A}} > F_{\mathrm{B}}$ であったなら，$o(V)$ の項を加えても不等号が逆転することはないから，このような気遣《きづか》いをすることなく，ただちに状態 B の方が実現しやすい（安定だ）と結論できていたのである．たとえば液相・気相転移のときに共存領域でのモル分率を求めたが，そのときにこのような気遣いが不要だったのは，液相と気相は，$O(V)$ の精度ですでに自由エネルギーが異なっていたからである．

以上のことから，処方箋《しょほうせん》はこうなる：まずは，$O(V)$ の精度で（つまり通常の熱力学を使って）計算せよ．その結果，自由エネルギーやエントロピーが等しいような複数個の状態が出てきたとする．通常はそれで満足だが，実際問題としてどの状態が実現しやすい（安定）かも見たくなった場合には，（必要なら物性理論や統計力学なども併用して）$o(V)$ の項まで調べよ．$o(V)$ といっても様々だが，たとえばまず「面」のオーダーである $O(V^{2/3})$ の項まで調べよ．それでも差がなかったら，「線」のオーダーである $O(V^{1/3})$ の項まで調べよ．このように，**理論を，それぞれのオーダーごとに，階層的に適用していけばよい**．これは，**ドメイン構造ができているときに限らない，一般的な処方箋**である．

18.3.4 ♠♠ 強磁性体特有の注意

前節では強磁性・常磁性転移を解説したが，秩序が現れることに興味が持たれる相転移の扱い方を学んでもらうのが目的だったから，強磁性体に特有の複雑さは無視して説明した．その「複雑さ」をこの項で説明しよう．

ひとつめは，強磁性体を構成する磁気モーメントの間の相互作用の長距離性に伴う複雑さである．電磁気学でおなじみのように，磁気モーメントの間の相互作用のポテンシャルは，距離の 3 乗に反比例する．これは 2.9 節で説明した**長距離力** (long-range force) であるので，要注意だ．幸い，常磁性相であれば，外部磁場をかけない限りは，磁気モーメントの向きがバラバラだから，ほとんど打ち消しあって（というか協調的に効かないので），この長距離力はマクロには効かない．つまり，短距離力を仮定した通常の熱力学がほぼそのまま成り立つ．ところが強磁性相では，磁気モーメントの向きがほとんど揃っているので，個々の磁気モーメントは小さくても，10^{24} 個程度の巨大な数の磁気モーメントが協調的に効いてくるために，**マクロな長距離力をもたらす**．その結果，次のような複雑さが生じる[26]．

まず，磁気モーメント自身が作る**反磁界**と呼ばれる磁場が，自分たちに影響を及ぼす[27]．反磁界は，長距離相互作用に由来するから，磁気モーメントが全体にどのように分布しているかに依存する．したがって，試料の形状により反磁界の強さが変わる．このため，通常の熱力学系とは異なり，**試料の形状により磁性体の特性が変わってしまう**．また，磁区ができたときに，それぞれの磁区の中では磁気モーメントが協調的に効いてくるために，それぞれの磁区がマクロな磁石になる．つまり，強磁性体がマクロな磁石の集まりになる．磁石を 2 つ並べたことがある人ならわかるように，磁石同士は，その向きや大きさにより，激しく反発したり引き合ったりする．これが，磁区の大きさや並び方に大きな影響を及ぼす．大ざっぱに言ってしまえば，これらはいずれも，**強磁性体では U が相加的でなくなる**ということである．そのために，現実の強磁性体の振舞いを分析したければ，（短距離力を仮定した）熱力学だけでは足りず，電磁気学的な考察も必要になる．

もうひとつは，平衡状態への緩和時間の長さからくる複雑さである．ここまでの議論は，それぞれの $\vec{H}$ の値において，平衡状態になるまで十分長い時間待った後の $\vec{M}$ の値について述べていた．もしも十分長い時間待たなければ，日常経験からも明らかなように，弱い磁場をかけたからといって磁石の磁化の向きは変わらない．（このとき強磁性体は，17.9.7 項で述べた「準安定状態」にある．）このため，磁場をかける前に磁化がどちらを向いていたかによって，磁場をかけた後の磁化の向きも大きさも違ってくる．この現象を**ヒステリシス** (hysteresis) と呼ぶ．**ヒステリシスがあるような時間スケールでは，平衡に達していないのだし，$\vec{M}(T,\vec{H})$ も $\vec{H}$ の一価関数ではなくなるので，熱力学は純粋には適用できない**．現実にはこの時間スケールは非常に長く，ヒステリシスは普通に観測される．だから，$T<T_c$ では，よほど丁寧に実験しないかぎり図 18.5 や図 18.7 のようにはならないのである．そのため，熱力学を適用するときには，「使えるところだけ使う」というような使い方がなされている．

26)　詳しくは，近角聰信『強磁性体の物理』（裳華房）などを参照せよ．

27)　もともと，磁気モーメントの間の相互作用は，ひとつの磁気モーメントが生み出した磁場の影響を別の磁気モーメントが受けるという相互作用である．

第19章
化学への応用

熱力学は物理学だけでなく化学においても大活躍しており,「化学熱力学」という一分野を築いているほどである.その教科書をひもとくとわかるように,化学熱力学は膨大な実践的ノウハウの集積であり,とても本書でカバーしきれるものではないし,筆者の手に余る.そこで本書では,化学熱力学に出てくる関係式の中から,膨大なノウハウの元になっていそうな,最も重要と思われる関係式を選び出し,それらを,本書の首尾一貫した論理体系から導き出すことを行う.とくに,これらの**主要な関係式の,理論的裏付けと適用条件を明確化する**ことに重点を置く[1].なお,化学熱力学の中の物理学と共通の内容については,すでに第I巻と,16章,17章で十二分に説明してある.

19.1 理想混合気体

化学の議論に登場する,原子,分子,イオン,ラジカルなどの,化学的に区別できる構成要素を,総称して**分子種** (molecular entity) という.化学の実験では,様々な分子種が混じり合い,化学反応を起こしたりするが,4.3.4 項で述べたように,個々の分子種だけがあるときの基本関係式から,複数の分子種が混ざった混合物の基本関係式を求めることは,一般にはできない.しかし,その混合物が理想気体であれば,つまり**理想混合気体** (ideal gas mixture) であれば,次のような推論で簡単に基本関係式が求まり[2],そこからあらゆる熱力学的性質も予言できる.

ただし,それらの結果は理想極限だけで成り立つことに,くれぐれも注意して欲しい.つまり,実在の混合気体については,**希薄で温度が低くない場合に**

1) 明確化された本書の結果を使って,読者が新しいノウハウを生み出してくれることも願っている.

2) これは推論なので,厳密には経験事実(実験)や他の理論(統計力学)で正当化されるべきものだ.よくみかける半透膜を用いた議論も,実験事実を利用した正当化である.

は近似的に成り立つが，そうでなければズレが大きくなる．そうではあるが，一般の場合を考えるためのファーストステップとしては有用なので，次節以降の議論でもしばしば利用されることになる．

19.1.1　Helmholtz エネルギー

まず，下準備として，分子種 1 よりなる物質量 N_1 の気体を体積 V の容器に入れ，分子種 2 よりなる物質量 N_2 の気体を体積 V の別の容器に入れた場合を考える．両者とも同じ温度 T の平衡状態にあり，理想気体と見なせるほど希薄（N_k/V が小さい，$k=1,2$）かつ温度も低くないとする．すると，それぞれの Helmholtz エネルギーは，(13.28) より，

$$F_k^{\rm ig}(T,V,N_k) = \frac{NT}{N_0T_0}F_{k0} - RNT\ln\left[\left(\frac{T}{T_0}\right)^{c_k}\left(\frac{V}{V_0}\right)\left(\frac{N_0}{N}\right)\right] \tag{19.1}$$

である．ただし，c_k は分子種 k の分子の内部運動の自由度で決まる正定数で，T_0, V_0, N_0 の値は第 I 巻 p.109 問題 6.7 で示したように任意に選べるので，ここではすべての分子種に共通に選んだ．また，この章では，実在物質の解析に理想気体の理論の一部を借用する，ということをしばしば行うので，混乱を避けるため，$F_k^{\rm ig}$ のように，**純粋物質の理想気体の量には上付き添え字 ig を付ける**．今は，それぞれの分子種の気体が別々の容器に入っているケースを考えているから，**同じ温度の部分系に対する**自由エネルギーの相加性 (13.8) から，全体の自由エネルギー F は，これを単純に足した，

$$F = F_1^{\rm ig}(T,V,N_1) + F_2^{\rm ig}(T,V,N_2) \tag{19.2}$$

になる．

これをふまえて，いよいよ，これら 2 種類の同じ温度の気体を，体積 V の**ひとつの容器に一緒に入れた**混合気体の平衡状態を考える．いまは，理想気体という，気体分子間の相互作用が無視できる理想的なケースを考えているのであった．したがって，どちらの分子種から見ても相手はいてもいなくても同じであり，相手が入った容器が離れた場所にあっても，自分の容器と同じ場所に重なっていても（つまり，ひとつの容器に一緒に入っていても），温度が同じなら[3]何も変わらない．したがって，全体の自由エネルギー F は，2

3)　♠ もしも同じ容器に入れた 2 種類の気体の温度が異なっていたら，温度が等しくなるまで高温側から低温側に熱が流れるので，こうはいかない．理想気体が要請 I を満たすためには，第 I 巻 p.106 脚注 6 で述べたように無視しているわずかな相互作用があるか，壁と

種類の気体が別々の容器に入っていたときと同じはずである．（これが理想気体の特殊性で，一般の物質では，分子間の相互作用があるからこうはならない！）したがって，F はやはり (19.2) で与えられる．そして，右辺に現れる独立変数 T, V, N_1, N_2 は，ちょうど，この混合気体の自由エネルギーの自然な変数の組になっている．したがって，(19.2) が，理想混合気体の基本関係式 $F = F(T, V, N_1, N_2)$ を与える．

この議論は，ただちに，3 種類以上の分子種よりなる多成分理想気体にも拡張できる．すなわち，温度 T の m 種類の分子種 $1, 2, \cdots, m$ よりなる多成分理想気体の Helmholtz の自由エネルギーは，

$$F(T, V, \boldsymbol{N}) = \sum_{k=1}^{m} F_k^{\mathrm{ig}}(T, V, N_k) \tag{19.3}$$

に，(19.1) の右辺を代入したもので与えられる．ここで，$\boldsymbol{N}$ は $N_1, \cdots, N_m$ の略記である：

$$\boldsymbol{N} \equiv N_1, \cdots, N_m. \tag{19.4}$$

こうして基本関係式が求まったので，あらゆる熱力学的性質を求めることができる．たとえば圧力は，

$$\begin{aligned} P &= -\frac{\partial}{\partial V} F(T, V, \boldsymbol{N}) = -\sum_k \frac{\partial}{\partial V} F_k^{\mathrm{ig}}(T, V, N_k) \\ &= \sum_k \frac{R N_k T}{V} = \frac{R N_{\mathrm{tot}} T}{V} \end{aligned} \tag{19.5}$$

と，理想気体として自然な結果が得られる．ここで，N_{tot} は (17.44) にも出てきた全物質量 $N_{\mathrm{tot}} = \sum_{k=1}^{m} N_k$ である．この結果は，(17.47) にも出てきた**モル分率** (molar fraction) $x_k \equiv N_k / N_{\mathrm{tot}}$ を用いて，**Dalton（ドルトン）則**と呼ばれる，次の単純明快な形に表せる：

$$\boxed{P = \sum_k P_k, \ P_k = x_k P.} \tag{19.6}$$

ここで P_k は，分子種 k の気体**だけを体積 V の箱に入れたときの圧力**であり，

相互作用するかが必要だが，いずれにせよ，温度が異なっていたら熱交換することになる．ここの議論は，あらかじめ同じ温度にすることで熱交換が起こらないようにしているのがミソである．

分圧 (partial pressure) と呼ばれる．理想混合気体では，他の分子種の気体を入れても影響を及ぼし合わないと仮定しているので，個々の成分の分圧 P_k は単純にそのモル分率に比例するわけだ．（もちろん実在気体ではズレが生ずる！）そして，その総和が圧力 P になる[4]，というわけだ．

19.1.2 Gibbs エネルギー

続いて，Gibbs エネルギー G を求めてみよう．それは，(19.3)，(19.6) を用いれば，次のように簡単に計算できる．

$$G(T,P,\boldsymbol{N}) = [F+VP](T,P,\boldsymbol{N}) \tag{19.7}$$

$$= \sum_{k=1}^{m}\left[F_k^{\mathrm{ig}}(T,V,N_k)+VP_k\right](T,P,\boldsymbol{N}) \tag{19.8}$$

$$= \sum_{k=1}^{m} G_k^{\mathrm{ig}}(T,PN_k/N_{\mathrm{tot}},N_k) \tag{19.9}$$

$$= \sum_{k=1}^{m} N_k\mu_k^{\mathrm{ig}}(T,x_kP) \qquad (x_k = N_k/\sum_j N_j). \tag{19.10}$$

ここで G_k^{ig} は，分子種 k だけの純粋な理想気体の Gibbs エネルギーであり，μ_k^{ig} はその化学ポテンシャルである．μ_k^{ig} の具体的な表式

$$\mu_k^{\mathrm{ig}}(T,P) = \frac{T}{T_0}\mu_k^{\mathrm{ig}}(T_0,P_0) + RT\ln\left[\left(\frac{T}{T_0}\right)^{c_k}\left(\frac{P}{P_0}\right)\right] \tag{19.11}$$

の P に x_kP を代入した式を (19.10) に入れてやれば，G をその自然な変数で表した基本関係式になる．

基本関係式が得られたので，理想混合気体のあらゆる熱力学的な実験の結果を予言できる．たとえば，分子種 $1,2,\cdots,m$ のそれぞれよりなる理想気体を，温度は T で同じだが，**圧力はそれぞれ (19.6) の $\boldsymbol{P_1,\cdots,P_m}$ の値にして，別々に用意**したとする．それを混ぜて理想混合気体を作ったら，(19.9) によると，混ぜる前と比べて**まったく $\boldsymbol{G}$ は変化しない**．さらに，(19.9) を T で偏微分してエントロピーを求めれば

---

4) ♠ 圧力は壁を押す力学的力に対応するので，分圧の総和が全体の圧力になることは納得できると思う．一方，温度については，$U_k \propto N_kT$ だから，$U_{\mathrm{tot}} = U_1 + U_2$，$N_{\mathrm{tot}} = N_1 + N_2$ となるためには，温度は和にはなれない．

$$S(T,P,\boldsymbol{N}) = \sum_{k=1}^{m} S_k^{\mathrm{ig}}(T,P_k,N_k) \tag{19.12}$$

となるので，**S も変化しない**．この式は，S の自然な変数で表されていないので基本関係式ではないが，どんな変数の関数として表そうと S の値は同じであるから，値の予言はできている．いわゆる「混合のエントロピー」については次項で説明する．

19.1.3 温度と圧力が一定の実験に便利な形への変形

化学の実験では，前項の終わりの例のように別々の圧力で気体を用意することは稀で，**同じ圧力（と温度）に揃えて実験する**ことが多い．その場合にどうなるかを調べるには，(19.10) の右辺に

$$\mu_k^{\mathrm{ig}}(T,x_kP) = \mu_k^{\mathrm{ig}}(T,P) + [\mu_k^{\mathrm{ig}}(T,x_kP) - \mu_k^{\mathrm{ig}}(T,P)] \tag{19.13}$$

という自明な変形を施してから，最後の 2 項に (19.11) を代入して得られる，次の表式が便利である：

$$G(T,P,\boldsymbol{N}) = \sum_{k=1}^{m} N_k\mu_k^{\mathrm{ig}}(T,P) + RT\sum_{k=1}^{m} N_k \ln x_k \tag{19.14}$$

$$= N_{\mathrm{tot}}\left[\sum_{k=1}^{m} x_k\mu_k^{\mathrm{ig}}(T,P) + RT\sum_{k=1}^{m} x_k \ln x_k\right]. \tag{19.15}$$

右辺第 1 項は，分子種 $1,2,\cdots,m$ のそれぞれよりなる理想気体を物質量 N_1, $\cdots, N_m$ ずつ，**すべて同じ温度と圧力にして**別々に用意したときの全自由エネルギーである．それらの気体を混合して，**同じ温度と圧力の環境において平衡状態になるまで待ったら**，その G は右辺第 2 項分だけ，すなわち

$$\Delta G = RN_{\mathrm{tot}}T\sum_{k=1}^{m} x_k \ln x_k \quad (<0) \tag{19.16}$$

だけ減少することがわかる．これを**混合の自由エネルギー** (free energy of mixing) と呼ぶ．これは負の値を持つから，自由エネルギー最小の原理により，このような実験を（理想気体と見なせる気体で）行えば，**気体が自発的に混ざり合うこともわかる**．この実験における終状態のエントロピーも，(19.14) を T で偏微分すればただちに求まり，

$$S(T,P,\boldsymbol{N}) = \sum_{k=1}^{m} S_k^{\mathrm{ig}}(T,P,N_k) - RN_{\mathrm{tot}} \sum_{k=1}^{m} x_k \ln x_k. \tag{19.17}$$

これから，S は

$$\Delta S = -RN_{\mathrm{tot}} \sum_{k=1}^{m} x_k \ln x_k \quad (>0) \tag{19.18}$$

だけ増加したことがわかる．これを**混合のエントロピー** (entropy of mixing) と呼ぶ．

ついでに，後の便利のために，混合気体中の分子種 k の化学ポテンシャル μ_k も求めておこう．(19.14) を，$x_1, \cdots, x_m$ のすべてに N_k が含まれていることに注意して N_k で偏微分すれば [5)]，

$$\boxed{\mu_k(T,P,\boldsymbol{x}) = \mu_k^{\mathrm{ig}}(T,P) + RT \ln x_k.} \tag{19.19}$$

ここで，μ_k は示強変数だから $T, P, x_1, \cdots, x_m$ の関数になるわけだが，常に $\sum_k x_k = 1$ であることからこれは余剰なので，17.7 節でもそうしたように，T, P と

$$\boldsymbol{x} \equiv x_1, \cdots, x_{m-1} \tag{19.20}$$

を独立変数に選んで，左辺の引数とした．（ただし，ここで考えている理想混合気体では，たまたま $\boldsymbol{x}$ のうちの x_k だけに依存していることが上式からわかる．）**最初から最後まで温度も圧力も同じにして実験した際には，理想気体の混合後の化学ポテンシャルは**

$$\Delta\mu_k = RT \ln x_k \quad (<0) \tag{19.21}$$

だけ下がることがわかる．

---

5) たとえば $m=2$ のとき，

$$\frac{\partial}{\partial N_1}[N_1 \ln x_1 + N_m \ln x_m] = \frac{\partial}{\partial N_1}[N_1(\ln N_1 - \ln(N_1+N_m)) + N_m(\ln N_m - \ln(N_1+N_m))] = \ln x_1$$

また，$N_1 = Nx_1$ ではあるが，$\dfrac{\partial}{\partial N_1} \neq \dfrac{1}{N}\dfrac{\partial}{\partial x_1}$ に注意．$N_m = N(1-x_1)$ なので，N を固定して x_1 を変化させると N_m も変化してしまって，N_1 に関する偏微分にならないからだ．

注意して欲しいのは，前項の結果と比較すればわかるように，**混合前の状態の選択によって熱力学量の変化量はまるで異なる**ことだ．それにもかかわらず，いずれの場合の結果も，ひとつの基本関係式 (19.9) から正しく予言できる．実際，**混合のエントロピーを見いだすのに使った基本関係式 (19.14) は，(19.9) を恒等変形しただけの同じものであったから，わざわざこの変形をしなくても同じ結果が得られる**．変形したのは，ただ便利のためだけである．

問題 19.1 圧力を 1 気圧，温度を 300 K に保って，酸素ガスと窒素ガスを，大気の組成比に近い，22 : 78 の比率で混合した．全物質量が 1.0 モルだったとして．ΔG と ΔS を求めよ．ただし，これらは理想気体と見なせるとする．

19.2 溶液・固溶体

水に少量の食塩を入れてよくかき混ぜれば，均一な食塩水ができる．この例のように，混ぜ物のない純粋な液体または固体（**溶媒** (solvent)）に別の物質（**溶質** (solute)）を混ぜたとき，均一な平衡状態が達成できることがある．そのとき，この（マクロに見て）均一な混合物が，上記の例のように液体であれば**溶液** (liquid solution) と呼び，固体であれば**固溶体** (solid solution) と呼ぶ[6]．（溶質と溶媒が分離するような，不均一な混合物はそうは呼ばない．）両者をひっくるめて英語では solution と呼ぶが，その日本語訳は「溶液」となっていて紛らわしい[7]．仕方がないので，**本書では，特に断らない限り，溶液と固溶体をひっくるめて溶液** (solution) **と呼ぶことにする**．

19.2.1 理想希薄溶液

熱力学の適用対象は純物質に限らない．実際，溶液のような多成分系の熱力学といっても，独立変数が増えているだけなので，たとえば相転移も，17.7 節や 17.8 節で説明したように綺麗に分析できる．

ただ，完全な熱力学関数がいつもわかっているわけではないし，たとえわかっていたとしても，おおよその様子を調べる上で，なにか理想化した理論を作

6) たとえば宝石のルビーは，酸化アルミニウムの結晶に微量のクロムが混合した固溶体である．

7) 溶体（ようたい）と訳すこともあるようだ．

っておくのが有用である．一般の場合を考えるためのとっかかりにもなる．これはちょうど，実在気体の解析に理想気体が便利だったのと同様である．そのような理想化としてもっともよく使われている理論を紹介する．

以下では，記述を統一するために，**分子種 m が溶媒で，分子種 $1, \cdots, m-1$ が溶質だとする**[8)]．とくに，溶質の濃度が低い溶液を**希薄溶液** (dilute solution) という．つまり，モル分率が

$$x_1 + \cdots + x_{m-1} \ll 1 \quad (\text{ゆえに } x_m \simeq 1) \tag{19.22}$$

であるような溶液が希薄溶液だ．$x_k \geq 0$ だから，これは，$x_1, \cdots, x_{m-1} \ll 1$ も意味する．また，**溶媒は液体または固体とするが，溶質は溶かす前には気体でも液体でも固体でも構わない**．このような希薄溶液を理想化した，**理想希薄溶液** (ideal dilute solution) の理論を作ろう[9)]．

まず溶媒の化学ポテンシャルだが，溶け込んでいる溶質が微量にすぎないのだから，純粋な溶媒のとき ($x_m = 1$) の化学ポテンシャル $\mu_m(T, P)$ とほとんど同じになりそうだ．ただし，x_m がわずかに 1 に足りないことによる小さな補正がある．その補正については，理想混合気体のときと同じだと近似しよう：

$$\boxed{\mu_m^l(T, P, \boldsymbol{x}) = \mu_m^l(T, P) + RT \ln x_m \quad \text{for 溶媒.}} \tag{19.23}$$

ここで，この理論は液相または固相にのみ使うことを忘れないために，液相を示す添え字 l を付した（固相のときは s を付す）．$\mu_m(T, P)$ は相をまたぐときにカクッと曲がっているが，その液相（または固相）側を使うわけだ．右辺第 2 項の補正は，$x_m \simeq 1$ だから小さな補正であることに注意しよう．

次に溶質についてだが，「溶液とは均一な平衡状態を持つ混合物である」と定義したので，溶液中の溶質分子は，溶液全体に薄く，マクロに見て均一に分布している．その様子は，理想混合気体の中で，それぞれの種類の分子がマクロに見て均一に分布しているのと同様であろう．だから，もしも溶媒が気体で

8)　化学では溶媒を分子種 1 とすることが多いようだが，ここでは，独立変数の数を一目瞭然にするために溶媒を分子種 m とした．溶媒は溶質を溶かす medium であるからその頭文字 m だと思っていただいてもいい．

9)　溶かす前の溶質が気体の場合には，ここの結果を導くことも可能だが（文献 [6]），ここでは気体に限っていないので「もっともらしいモデルを構築する」というスタンスで説明する．

あったなら，理想混合気体がよい近似になり，溶質の化学ポテンシャルは，溶媒の種類とは無関係な (19.19) になったであろう．しかしここでは，気体よりもずっと密度が高い，液体や固体である溶媒に溶かすのだから，溶質の化学ポテンシャルは，なにか溶媒の種類に依存した値になるであろう．そこで，

$$\boxed{\mu_k^l(T,P,\boldsymbol{x}) = \mu_k^m(T,P) + RT\ln x_k \quad \text{for 溶質 } k(=1,\cdots,m-1)} \tag{19.24}$$

と近似する．右辺第 1 項の $\mu_k^m(T,P)$ が，理想混合気体のときの $\mu_k^{\text{ig}}(T,P)$ から変更を受けたことを表す項で，**溶媒と溶質の種類と $\boldsymbol{T}, \boldsymbol{P}$ のみに依存する**（$\boldsymbol{x}$ には依らない）と仮定する．

これらの化学ポテンシャルから，Gibbs エネルギーが，

$$G(T,P,\boldsymbol{N}) = \sum_{k=1}^{m-1} N_k\mu_k^m(T,P) + N_m\mu_m^l(T,P) + RT\sum_{k=1}^{m} N_k \ln x_k \tag{19.25}$$

$$= N_{\text{tot}}\left[\sum_{k=1}^{m-1} x_k\mu_k^m(T,P) + x_m\mu_m^l(T,P) + RT\sum_{k=1}^{m} x_k \ln x_k\right] \tag{19.26}$$

と求まる．$\mu_k^m(T,P)$ と純粋な溶媒の $\mu_m^l(T,P)$ の具体形が実験などで求まれば，それをこの表式に代入することで基本関係式の具体形がわかり，この理想希薄溶液のあらゆる熱力学的性質も求まることになる．また，たとえ具体形がわかっていなくても，以下で見ていくように，様々な有用な結果がこの理論から得られる．

19.2.2 van 't Hoff 係数

塩化カリウム KCl を溶質として水に溶かすと，その一部が，

$$\text{KCl} \rightleftharpoons \text{K}^+ + \text{Cl}^- \tag{19.27}$$

のように，カリウムイオン K^+ と塩素イオン Cl^- に**解離** (dissociate) して（つまり分かれて），水の中を動き回る．もしもすべての KCl が解離するとしたら，KCl 分子 1 個あたり 2 個のイオンができるが，実際にはすべての KCl が解離するわけではなく，**解離度** (degree of dissociation) と呼ばれる割合 α だ

けが解離する[10]．したがって，物質量 $\tilde{N}_{\mathrm{KCl}}$ の KCl を溶かすと（チルダ ~ は解離前の量であることを表す），水の中では，物質量 $\alpha\tilde{N}_{\mathrm{KCl}}$ ずつの K^+ と Cl^- と，物質量 $(1-\alpha)\tilde{N}_{\mathrm{KCl}}$ の KCl 分子の，合計で物質量 $[2\alpha+(1-\alpha)]\tilde{N}_{\mathrm{KCl}}$ の粒子が動き回ることになる．

この例でわかるように，溶質は，溶液の外にあったときと，中に入ったときとで，粒子数が変化することがある．上記の例では，粒子数が $2\alpha+(1-\alpha)$ 倍になったが，一般に，分子種 k の溶質が解離度 α_k で n_k 個のイオンに分かれるならば，「分子種 k の粒子数」は減るものの，「溶質 k に由来する分子種たちの総粒子数」は，

$$i_k = n_k\alpha_k + (1-\alpha_k) \tag{19.28}$$

倍に増える．この倍率 i_k を，**van 't Hoff**（ファントホッフ）**係数**と呼ぶ[11]．完全に解離すれば $i_k = n_k$ であるし，解離しなければ $i_k = 1$ である．**溶質の種類や濃度，溶媒の種類や温度などが変われば，解離度 α_k の値は変わるので，van 't Hoff 係数 i_k もそれに伴って値が変わる．**

また，分子が解離して粒子数が増えるのではなく，逆に，n_k 個の分子が**会合** (associate) して（つまり繋がって）「n_k 量体」と呼ばれるもっと大きな分子を形成し，粒子数が減る場合もある．物質量 $\tilde{N}_k$ の溶質のうち，割合にして β_k だけが会合する場合，溶液の中では，物質量 $(\beta_k\tilde{N}_k)/n_k$ の n_k 量体と，物質量 $(1-\beta_k)\tilde{N}_k$ の溶質分子の，合計で物質量 $[\beta_k/n_k+(1-\beta_k)]\tilde{N}_k$ の粒子が動き回る．したがって，この場合の van 't Hoff 係数は，

$$i_k = \beta_k/n_k + (1-\beta_k) \tag{19.29}$$

となる．すべて会合すれば $i_k = 1/n_k$ であるし，会合しなければ $i_k = 1$ である．

要するに，物質量 $\tilde{N}_k$ の溶質 k を溶かしたとき，解離や会合があると，溶液中では，

$$\text{溶質 } k \text{ に由来する分子種たちの総物質量} = i_k\tilde{N}_k \tag{19.30}$$

となるわけだ．ところで，溶液の理論において，モル分率は中心的な役割を演

---

10) このようにイオンに分かれる溶質を**電解質** (electrolyte)，その解離のことを**電離** (ionize)，その解離度のことを**電離度**とも呼ぶ．

11) オランダ語の発音をカタカナに直すと「ジャントフ」のように聞こえるのだが，習慣に従ってファントホッフとカナ表記した．

じている．物質量は粒子数をアボガドロ定数を単位にして勘定した量だから，モル分率は，粒子数の割合である．溶質が解離したり会合したりすると，上記のように粒子数が変わるから，

$$\text{溶質 } k \text{ に由来する分子種たちの総モル分率}$$
$$= \frac{i_k \tilde{N}_k}{\sum_{j=1}^{m-1} i_j \tilde{N}_j + N_m} = \frac{i_k \tilde{x}_k}{\sum_{j=1}^{m-1} i_j \tilde{x}_j + x_m} \simeq i_k \tilde{x}_k. \tag{19.31}$$

ここで，$\tilde{x}_k$ は解離・会合前の溶質のモル分率であり，最後の $\simeq$ は溶質が希薄であるときの近似である．溶媒のモル分率も，溶媒粒子自身の数は変わらなくても溶質粒子の数が変わることの影響を受けて変わる：

$$x_m = \frac{N_m}{\sum_{k=1}^{m-1} i_k \tilde{N}_k + N_m} \tag{19.32}$$
$$= \frac{\tilde{x}_m}{\sum_{k=1}^{m-1} i_k \tilde{x}_k + \tilde{x}_m} \simeq 1 - \sum_{k=1}^{m-1} i_k \tilde{x}_k. \tag{19.33}$$

もしも混合物の完全な熱力学関数を知っていれば，α_k, β_k, i_k の値も含むすべての熱力学的性質がわかるのだが，実用上は完全な熱力学関数を知らなくても何らかの結果を近似的に導き出したい．そのときに活躍するのが理想希薄溶液の理論であるが，その場合，溶質が解離したり会合したりする場合には，上記のような補正が入ることに注意する必要がある．

問題 19.2 温度 300 K において，薄い NaCl 溶液の解離度は $\alpha = 0.925$ であった．van 't Hoff 係数 i はいくらか？

19.3 浸透圧

溶質 1, 2 は透過できないが，溶質 $3, \cdots, m-1$ と溶媒 m は透過できる，という**半透膜** (semipermeable membrane) を考えよう．図 19.1 のように，この半透膜で左右に仕切られた容器にこれらの物質を一緒に入れる．そのとき，溶質 1, 2 は左側だけに入れたとしよう．すると，これらの溶質は半透膜を透過できないから半透膜を押しそうだ．つまり，容器の左側の圧力 P の方が，右側の圧力 P' よりも高くなり，半透膜が押されて図のように膨らんだところで平衡状態になりそうだ．この平衡状態における左右の圧力差

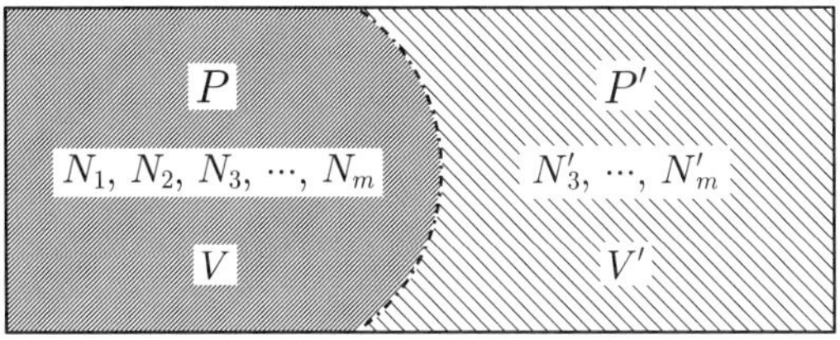

図 19.1 半透膜で左右に仕切られた容器.

$$P_{\text{osm}} \equiv P - P' \tag{19.34}$$

を**浸透圧** (osmotic pressure) という．これについて便利な公式を導こう．ここでは，半透膜を透過できない溶質が 2 種類だとして計算するが，それが何種類でも同様であり，理想希薄溶液のときの公式 (19.43) は同じになる．

19.3.1 理想希薄溶液の場合

とりあえずは，あたかも溶質が解離も会合もしないかのように考えて計算する．いったん結果が得られてから計算過程を振り返り，解離や会合の効果を取り入れる．

溶質 $3, \cdots, m-1$ と溶媒 m は半透膜を透過できるから，定理 9.2 により，それぞれの化学ポテンシャルは左右で等しい[12)]：

$$\mu_k^l(T, P, x_1, x_2, x_3, \cdots, x_{m-1}) = \mu_k^l(T, P', x_3', \cdots, x_{m-1}') \quad \text{for } k = 3, \cdots, m. \tag{19.35}$$

この溶液が理想希薄溶液と見なせるとしよう（一般の溶液の場合は次項で論ずる）．すると，まず，$k = m$ における上式に溶媒の表式 (19.23) を代入して，

$$\mu_m^l(T, P) + RT \ln x_m = \mu_m^l(T, P') + RT \ln x_m'. \tag{19.36}$$

これに $x_m = 1 - \sum_{k=1}^{m-1} x_k$ と $x_m' = 1 - \sum_{k=3}^{m-1} x_k'$ を代入すると，溶質は希薄だから和の部分は微小であり，$\ln x_m \simeq -\sum_{k=1}^{m-1} x_k$ などとしてよい．また，$x_1 = x_2 = 0$ では $P = P'$ だから，$P_{\text{osm}} = P - P' = O(x_1) + O(x_2)$ であり，これも小さい．そこで，上式を $\mu_m^l(T, P) - \mu_m^l(T, P') = RT(\ln x_m' - \ln x_m)$

12) 言うまでもないが，$\mu_k^l(T, P', x_3', \cdots, x_{m-1}') = \mu_k^l(T, P', 0, 0, x_3', \cdots, x_{m-1}')$ である．

と変形してから，これらの量の 1 次までとると，

$$P_{\mathrm{osm}} \frac{\partial \mu_m^l(T,P)}{\partial P} \simeq RT \left[x_1 + x_2 + \sum_{k=3}^{m-1} (x_k - x_k') \right]. \tag{19.37}$$

半透膜を透過できる溶質がひとつもないとき（溶媒のみが透過できるとき）には，右辺の最後の項は現れないので，ここから (19.40) に飛べる．そうでないときには，この項を評価するために，$k \neq m$ における (19.35) に溶質の表式 (19.24) を代入して整理する：

$$x_k - x_k' = x_k \left[1 - \exp\left(\frac{1}{RT} \left[\mu_k^m(T,P) - \mu_k^m(T,P') \right] \right) \right] \tag{19.38}$$

$$= x_k [O(x_1) + O(x_2)] \quad \text{for } k = 3, \cdots, m. \tag{19.39}$$

2 行目に行くとき，$P - P' = O(x_1) + O(x_2)$ を用いた．ゆえに，(19.37) の最後の項はその前の微小な項 $x_1 + x_2$ の $O(x_1) + O(x_2)$ 倍しかなく，さらに微小（高次の微小量）である．そこで (19.37) からこの項を落とし，両辺に左側の溶液の全物質量 $N_{\mathrm{tot}} = N_1 + \cdots + N_m$ をかけると，$N_{\mathrm{tot}} \mu_m(T,P)$ は純粋な溶媒が物質量 $N = N_{\mathrm{tot}}$ だけあるときの自由エネルギー $G_m(T,P,N)$ だから，

$$P_{\mathrm{osm}} \frac{\partial G_m(T,P,N)}{\partial P} \simeq RT(N_1 + N_2). \tag{19.40}$$

左辺の $\partial G_m(T,P,N)/\partial P = V$ は，溶質が微量だから，左側の溶液の体積と同じと見なせる[13]．また，右辺の物質量は，要するに半透膜を透過できない成分の総物質量である．ゆえに，

$$P_{\mathrm{osm}} \simeq RT \frac{\text{透過できない成分の総物質量}}{V}. \tag{19.41}$$

この結果は，半透膜を透過できないのは成分 1, 2 だとして得られた結果だが，透過できない成分がもっと多くても少なくても，同じ結果になる．

さて，ここで，溶質が解離したり会合したらどうなるかを考えよう．たとえば溶質が AB という化合物で，それを溶媒に溶かしたときに，

$$\mathrm{AB} \rightleftharpoons \mathrm{A}^+ + \mathrm{B}^- \tag{19.42}$$

のように解離して，AB，A^+，B^- の 3 種類の分子種がバラバラに動き回ると

13) $[1 + \sum_{k=1}^{m-1} O(x_k)]$ 倍しか違わないから，以下の結果には $(x_1 + x_2) \sum_{k=1}^{m-1} O(x_k)$ という高次の微小量しか寄与しない．

する．浸透圧の問題では，この効果を組み込むのは簡単だ．というのも，気相などの解離しない（あるいは解離度が異なる）別の相との平衡を考える必要がないから，溶媒に溶ける前の溶質が化合物としてどのような形態をとっていたかは，結果にまったく効かないからだ．このため，これらを別々の「溶質」と見なして計算すればよい．つまり，物質量 $\tilde{N}_{\mathrm{AB}}$ の AB を溶かした場合，溶液の中に物質量 $N_{\mathrm{AB}} = (1-\alpha)\tilde{N}_{\mathrm{AB}}$ の溶質 AB と，物質量 $N_{\mathrm{A^+}} = \alpha\tilde{N}_{\mathrm{AB}}$ の溶質 $\mathrm{A^+}$ と，物質量 $N_{\mathrm{B^-}} = \alpha\tilde{N}_{\mathrm{AB}}$ の溶質 $\mathrm{B^-}$ の，3 種類の溶質があるとして計算すればいい．化学ポテンシャルの釣り合いの式も，それぞれの分子種について成り立つ．したがって，溶液中の実態に合わせて別々の分子種として計算したと思えば，上記の計算は，すべて有効である．つまり，(19.41) は，右辺の物質量をこのように勘定した物質量であるとすれば，そのまま成り立つ．その物質量は (19.30) で与えられるから，次の定理に到達する：[14)]

定理 19.1 理想希薄溶液の中に置いた浸透膜にかかる浸透圧は，溶液に入れる前の，解離や会合をする前の溶質の物質量 $\tilde{N}_k$ を用いて，次式で与えられる：

$$P_{\mathrm{osm}} \simeq RT \sum_{k \in \text{透過できない溶質}} i_k \frac{\tilde{N}_k}{V}. \tag{19.43}$$

つまり，**理想希薄溶液の浸透圧は，半透膜を透過できない分子種の物質量の和と同じだけの物質量の理想気体を，これらの分子種が入った溶液と同じ体積の容器に入れたときの圧力と同じになる**．また，**理想希薄溶液の浸透圧は正** $(\boldsymbol{P_{\mathrm{osm}} > 0})$ **であることもわかる**．

19.3.2 応用例

さて，導出過程からもわかるように，得られた公式 (19.43) は，図 19.1 のように半透膜が変形して**平衡状態に達した後に満たされる関係式**である．したがって，この式に現れる浸透圧 P_{osm} も体積 V も，**平衡状態に達した後の値**

14) この結果のように，希薄溶液について，分子種に依らずに溶質のモル分率だけで決まる性質を，化学では**束一的性質** (colligative properties) と呼ぶ．

である．そのため，たとえば次のようなケースでは，この公式だけでは $P_{\rm osm}$ も V も求まらず，付加的な条件式と連立させる必要がある[15]．そういう場合でも，この公式があれば，熱力学まで戻って計算をやり直さなくてすむので便利である．

例 19.1 半透膜が浸透圧に押されて膨らんで容器の左側の体積 V が（押される前の値 V_0 から）増す増し高は，今考えているような浸透圧が微小な状況では，浸透圧に比例するだろう；

$$V = V_0 + \kappa P_{\rm osm}. \tag{19.44}$$

この比例係数 κ は，半透膜の材質や形状で決まり，柔らかいほど κ が大きい．この式を (19.43) に代入すれば，$P_{\rm osm}$ に関する 2 次方程式を得るので，$P_{\rm osm}$ が求まる（下の問題）[16]．その結果を上式に代入すれば V も求まる．これは，半透膜である細胞膜を持つ細胞などに応用できるであろう．■

問題 19.3 上記の例における，$P_{\rm osm}$ と V を求めよ．

もうひとつ，非常によく使われる応用例をあげよう．図 19.2 のように，垂直に立てた U 字管の中央に堅い（押されても歪まない）半透膜を設置して溶媒を入れる．左側には，その半透膜を透過できないことは確認したが分子量は未知な溶質 1 を，わずかな質量 M_1 グラムだけ入れ，平衡状態に達するまで待つ．このとき，左右の液面には，同じ大きさの大気圧 $P_{\rm a}$ がかかっているが，外場である重力が働いているために，9 章の冒頭で注意したように（詳しくは 20 章），**下に行くほど圧力が高い平衡状態になる（温度は，全体にわたって等しい）**．ただし，重力は垂直方向だから，U 字管の底の水平な部分では，左右それぞれの圧力は場所に依らず一定である．その左右の圧力差がちょうど浸透圧と等しいところで釣り合って平衡状態になるはずだ．ということは，平衡状態では液面の高さに差ができていることになる．左側の溶液の質量密度を ρ，重力加速度を g とすると，力の釣り合いから

15) 実験しても，そういう付加的な条件を変えれば結果が変わるから，これは当然である．

16) 2 つの根のうち，$V < 0$ のような非物理的な結果を与えるような根を捨てることにより，一意的に求まる．

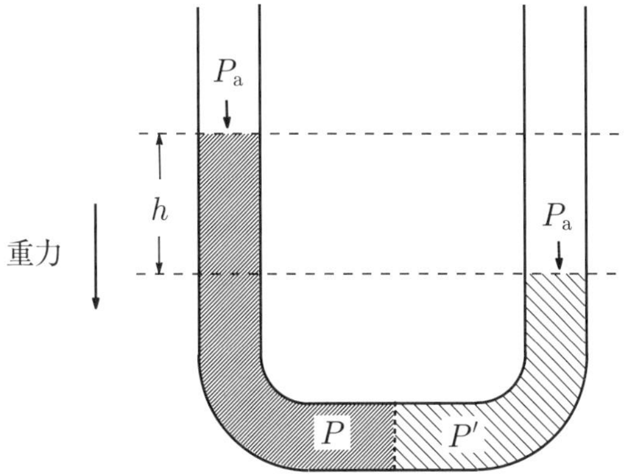

図 19.2 垂直に立てたU字管の真ん中に堅い半透膜を設置して溶媒を入れ，溶質を左側に入れる．

$$P - P' = \rho h g \tag{19.45}$$

であるから，液面の高さの差 h を測れば浸透圧 $P_{\mathrm{osm}} = P - P'$ がわかる．一方，U字管の底の水平な部分の左側における溶質の単位体積あたりの物質量は，(19.43) から P_{osm}/RT である．ここでは簡単のため左側の溶液の溶質密度が（垂直な部分まで含めて）均一だとすると，これに左側の溶液の全体積をかければ，溶質の全物質量がわかる．そのアボガドロ数倍が溶質分子の総数で，その総質量が M_1 グラムなのだから，割り算すれば，未知だった溶質分子の質量がわかる．これは，**溶質分子の質量の簡便な測定法**になる（下の問題）．

問題 19.4 図19.2のU字管の中の半透膜は，水は通すが，ある分子を通さないとする．U字管に水を入れ，その分子を左側だけに0.1 g溶かして，温度を300 Kに保って平衡になるまで待った．そのとき，左側の溶液の体積は1.0 Lで，浸透圧は100 Paであった．この分子の質量はいくらか？　ただし，この分子は解離せず，溶液は理想希薄溶液と見なせ，溶液の上下における溶質密度や溶液密度の違いは無視できるほど小さいとする．

19.3.3 ♠♠ 一般の溶液の場合

理想希薄溶液とは見なせない一般の場合に，図19.1における浸透圧を求めるためには，(19.35) まで戻って，(19.23) の代わりに，19.6.4 項で説明する**活量** (activity) a_k の定義式 (19.103) を代入しないといけない．ただし，a_k の値は（やはり 19.6.4 項で説明する）「標準状態」を何にとるかによって変わることに注意が必要である．

(i) まず，溶媒の標準状態として，純粋な溶媒が対象系と同じ温度・圧力にあるときの平衡状態を選んでみよう．すなわち，左右の溶液についてそれぞれ[17)]，

$$\mu^l_m(T,P,x_1,x_2,x_3,\cdots,x_{m-1}) = \mu^l_m(T,P) + RT\ln a_m(T,P,x_1,x_2,x_3,\cdots,x_{m-1};\mu^l_m(T,P)). \quad (19.46)$$

$$\mu^l_m(T,P',x'_3,\cdots,x'_{m-1}) = \mu^l_m(T,P') + RT\ln a_m(T,P',x'_3,\cdots,x'_{m-1};\mu^l_m(T,P')). \quad (19.47)$$

これを $k=m$ における (19.35) に代入して，$\mu_m(T,P)$（$=G_m(T,P,N)/N$）の P 微分が，純粋な溶媒のモル体積 $v_m(T,P)$ を与えることを使うと，

$$RT\ln\frac{a_m(T,P',x'_3,\cdots,x'_{m-1};\mu^l_m(T,P'))}{a_m(T,P,x_1,x_2,x_3,\cdots,x_{m-1};\mu^l_m(T,P))} = \mu^l_m(T,P) - \mu^l_m(T,P') = \int_{P'}^{P} v^l_m(T,P)dP. \quad (19.48)$$

浸透圧の実験をすれば P,P' が測れ，純粋な溶媒の実験から $v^l_m(T,P)$ が測れるから，それらを右辺に代入すれば，左辺の**活量の比がわかる**．
たとえば，溶質が 1 種類だけのときは，右側の溶液は純粋な溶媒だから，(19.47) の左辺は $\mu^l_m(T,P')$ となり，$a_m(T,P';\mu^l_m(T,P'))=1$ だとわかる．これを (19.48) に代入すれば，

$$a_m(T,P,x_1;\mu^l_m(T,P)) = \exp\left[-\frac{1}{RT}\int_{P'}^{P} v^l_m(T,P)dP\right] \quad (19.49)$$

となり，溶質を溶かしたときの**活量 $\boldsymbol{a_m(T,P,x_1;\mu^l_m(T,P))}$ の絶対値までわかる**．

---

17) これらを (19.23) に代入してみればわかるように，このように標準状態を選ぶと，希薄溶液のときには，溶媒の活量はモル分率に等しくなる．

(ii) 次に，溶媒の標準状態として，純粋な溶媒が，対象系と同じ温度だが圧力は適当な**標準圧力** (standard pressure) $P^\ominus$ にあるときの平衡状態に選んでみよう[18]．すると，(19.46) と (19.47) の右辺第 1 項に相当する項は同じものになるので，これらを (19.35) に代入すれば，左右の活量は等しいという結果が得られる：

$$
\begin{aligned}
& a_m(T, P, x_1, x_2, x_3, \cdots, x_{m-1}; \mu^l_m(T, P^\ominus)) \\
&= a_m(T, P', x'_3, \cdots, x'_{m-1}; \mu^l_m(T, P^\ominus)). \qquad (19.50)
\end{aligned}
$$

たとえば溶質が 1 種類だけのときは，右側の溶液は純粋な溶媒だから，(19.47) に相当する式は

$$
\mu^l_m(T, P') = \mu^l_m(T, P^\ominus) + RT \ln a_m(T, P'; \mu^l_m(T, P^\ominus)) \qquad (19.51)
$$

となり，これを (19.50) に入れて，

$$
\begin{aligned}
a_m(T, P, x_1; \mu^l_m(T, P^\ominus)) &= a_m(T, P'; \mu^l_m(T, P^\ominus)) \qquad (19.52) \\
&= \exp\left[\frac{1}{RT}\left(\mu^l_m(T, P') - \mu^l_m(T, P^\ominus)\right)\right] \qquad (19.53) \\
&= \exp\left[-\frac{1}{RT}\int_{P'}^{P^\ominus} v^l_m(T, P)dP\right] \qquad (19.54)
\end{aligned}
$$

を得る．指数関数の中の積分の上限が (19.49) と異なる理由は，標準状態の選び方が異なるからである．この場合もやはり，浸透圧の実験をすれば P' が測れ，純粋な溶媒の実験から $v^l_m(T, P)$ が測れるから，それらを右辺に代入すれば，溶質を溶かしたときの**活量 $\boldsymbol{a_m(T, P, x_1; \mu^l_m(T, P^\ominus))}$ の絶対値までわかる**．

なお，いずれのケースでも，これらの式に登場する圧力の範囲内でモル体積 v^l_m が一定と見なせる場合には，積分がそれぞれ $(P - P')v^l_m = P_{\rm osm}v^l_m$，$(P^\ominus - P')v^l_m$ と計算できて，もっと簡単になる．

---

18) ここで用いた標準状態を表す記号 $\ominus$ は，喫水線を表し，Plimsoll（プリムソル）記号と呼ぶそうだ．

19.4　希薄溶液と気体の接触

液体と気体が接していると，液体中に気体分子の一部が溶け込んで溶液となり，気体中に液体分子の一部が蒸発して溶け込んで混合気体となる．その熱力学的性質は，その混合物の基本関係式が与えられれば完全に解析できるが，ここでは，個々の混合物の基本関係式の詳細に依らない共通の性質を抽出する．すなわち，理想希薄溶液と理想混合気体の理論を用いて，近似的だが普遍的で有用な結果を導く．これは，一般の場合を考えるためのファーストステップにもなる．なお，**溶質が解離も会合もしない場合を想定して計算を進め，最後の結果を出してから，van 't Hoff 係数 $i_k \neq 1$ のケースでも使える結果に（変換できる場合には）変換する**.

19.4.1　モル分率

この節の議論では，溶液は液相でも固相（固溶体）でもいいが，記述を見やすくするために液相だとして式を書く．固溶体のときは，$l \to s$ と読み替えればいい．また，今までと同様に，成分 k の物質量を N_k，その総和を $N_{\rm tot}$ と記すが，そのうちの液相にある分を N_k^l，$N_{\rm tot}^l$，気相にある分を N_k^g，$N_{\rm tot}^g$ と記す．モル分率についても，全体のモル分率はいままで通り x_k $(= N_k/N_{\rm tot})$ と記すが，液相と気相それぞれにおけるモル分率

$$x_k^l \equiv N_k^l/N_{\rm tot}^l,\ x_k^g \equiv N_k^g/N_{\rm tot}^g \quad (k = 1, \cdots, m) \qquad (19.55)$$

も以下では頻繁に使う[19)].

この節では，もっぱら希薄溶液を扱う．つまり，図 19.3 のように，液相中では溶媒成分 m が圧倒的多数で，気相中では溶質成分 $k = 1, \cdots, m-1$ が圧倒的多数とする．つまり，それぞれの中でのモル分率について，

19)　17.8 節で説明した $m = 2$ のケースでは，2 相が共存するときの x_k^l は，T, P で一意的に決まるので $x_{k*}^l(T, P)$ と記したが，ここでは $m \geq 3$ のケースも含めて導出しているので，単に x_k^l と書く．

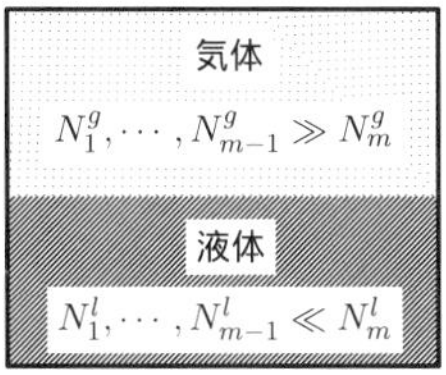

図 19.3　液体と気体が接して平衡状態に達した様子.

$$\text{液相中} : \sum_{k=1}^{m-1} x_k^l \ll 1,\ x_m^l = 1 - \sum_{k=1}^{m-1} x_k^l \simeq 1 \tag{19.56}$$

$$\text{気相中} : \sum_{k=1}^{m-1} x_k^g \simeq 1,\ x_m^g = 1 - \sum_{k=1}^{m-1} x_k^g \ll 1 \tag{19.57}$$

であるとする. そして, **液相は理想希薄溶液として, 気相は理想混合気体として扱える, と近似して**解析する.

19.4.2　化学ポテンシャルが満たすべき等式

液相と気相が平衡にあるのだから, 解離も会合もない場合には, 定理 9.2 により, それぞれの分子種の化学ポテンシャルが気相と液相で等しいという相平衡の条件が満たされている. それを書き下してみよう.

溶媒 m については, 液相では理想希薄溶液の化学ポテンシャル (19.23) を使い, 気相では理想混合気体の化学ポテンシャル (19.19) を使えば,

$$\mu_m^l(T,P) - \mu_m^{\mathrm{ig}}(T,P) = RT \ln \frac{x_m^g}{x_m^l} \tag{19.58}$$

を得る. 左辺の $\mu_m^l(T,P)$ は純粋な溶媒の化学ポテンシャルを測定すればわかる. $\mu_m^{\mathrm{ig}}(T,P)$ は (19.11) で与えられる. したがって, この式から x_m^g/x_m^l の値が求まる[20]. 逆に, x_m^g/x_m^l の値を測って $\mu_m^l(T,P)$ の値を知ることもできる.

溶質 k についても同様で, 相平衡の条件に, 理想希薄溶液の化学ポテンシャル (19.24) と理想混合気体の化学ポテンシャル (19.19) を使うことにより,

20)　$x_m^g/x_m^l \simeq x_m^g$ という妥当な近似を行えば, この段階で x_m^g の値が求まる.

$$\mu_k^m(T,P) - \mu_k^{\mathrm{ig}}(T,P) = RT \ln \frac{x_k^g}{x_k^l} \quad (k = 1, \cdots, m-1). \qquad (19.59)$$

左辺の $\mu_k^{\mathrm{ig}}(T,P)$ の具体形は (19.11) で与えられる．一方，$\mu_k^m(T,P)$ は溶質と溶媒の種類に大きく依存する関数である．その具体形が実験などにより知れていれば，この式から x_k^g/x_k^l の値が求まるが[21]，むしろ逆に，x_k^g/x_k^l の値を測って $\mu_k^m(T,P)$ の値を知る，という方が実際的かもしれない．

実は，たとえ $\mu_k^m(T,P)$ や $\mu_m^l(T,P)$ の具体形を知らなくても，上の関係式を様々な形で用いて，有用な結果を得ることができる．それを以下で見ていこう．

なお，溶質が解離や会合を起こす場合には，一体となって動く分子やイオンが組み変わるのだから，19.6.1 項のような取り扱いをしなければならなくなる．その結果，溶質の化学ポテンシャルの釣り合いの式は (19.59) ではすまなくなり，後述の (19.93) のようなものに変わってしまう．ただし，溶媒の方の釣り合いの式 (19.58) は，溶質が解離や会合を起こす場合にも成り立つから，モル分率に van 't Hoff 係数による補正 (19.33) を入れるという微修正だけですむ．

19.4.3 Raoult 則

希薄な溶液の溶媒 m の蒸気圧が，溶媒だけの純粋な物質の蒸気圧と比べて，どれくらい変わるかを求めてみよう．

まず，溶媒 m だけの純粋な物質が温度 T で相平衡にあるときを考える．このときの蒸気圧を（17.5 節では $P_*(T)$ と記したが）$P_{m*}(T)$ と記すと，相平衡にあるのだから，液相と気相の化学ポテンシャルは等しい：

$$\mu_m^{\mathrm{ig}}(T, P_{m*}) = \mu_m^l(T, P_{m*}). \qquad (19.60)$$

一方，微量の溶質が溶けている場合（$1 > x_m^l \simeq 1$）には，式 (19.58) が成り立つ．両式を辺々足し算して，μ_m^{ig} の表式 (19.11) を代入し，公式 (19.6) より理想混合気体中の m の分圧が

$$P_m^g = x_m^g P \qquad (19.61)$$

で与えられることを使えば，

21）$x_k^l/x_k^g \simeq x_k^l$ という妥当な近似を行えば，この段階で x_k^l の値が求まる．

$$\ln \frac{P_m^g}{x_m^l P_{m*}} = \frac{\mu_m^l(T,P) - \mu_m^l(T,P_{m*})}{RT} \tag{19.62}$$

を得る．この式の右辺を，溶媒 m のモル体積 $v_m^l(T,P) = \partial\mu_m^l(T,P)/\partial P$ と，理想気体のモル体積 $v^{\mathrm{ig}}(T,P) \equiv RT/P$ を使って書き直すと，

$$\begin{aligned}
\text{右辺} &= \frac{1}{v^{\mathrm{ig}}(T,P)P}\int_{P_{m*}}^{P} v_m^l(T,P')dP' \\
&= \frac{P-P_{m*}}{P} \times \frac{[\text{上記積分区間内での } v_m^l(T,P') \text{ の平均値}]}{v^{\mathrm{ig}}(T,P)} \\
&= O(1-x_m^l) \times \frac{\text{気体と同じぐらいの } T,P \text{ における液体のモル体積}}{\text{理想気体のモル体積}} \\
&\ll 1
\end{aligned} \tag{19.63}$$

ここで，$x_m^l \to 1$ で $P \to P_{m*}$ であることを用いた．最後の不等式は，$x_m^l \simeq 1$ であることと，通常の実験条件では液体のモル体積の方が気体のモル体積よりもずっと小さいことを用いた．ゆえに (19.62) の右辺はゼロと近似でき，したがって

$$\boxed{P_m^g \simeq x_m^l P_{m*} \quad \text{for } x_m^l \simeq 1.} \tag{19.64}$$

これを **Raoult（ラウール）則**と呼ぶ．

この結果の導出には，溶媒の方の釣り合いの式 (19.58) しか使っていないので，溶質が解離や会合を起こす場合にも，x_m^l に van 't Hoff 係数による補正を入れた (19.33) を（液相でのモル分率であることを示す添え字 l を x_m と $\tilde{x}_k$ に付して）用いれば成り立つ．

導出からわかるように，Raoult 則は，液体が理想希薄溶液と見なせ，それと共存する気体が理想混合気体と見なせるという条件の下で成り立つ．これは満たされやすい条件なので，**様々な溶液で，溶質が希薄な，つまり溶媒が圧倒的（$x_m^l \simeq 1$）な領域で成り立つ**．もちろん，溶質が希薄ではない領域や，共存する気体が理想混合気体と見なせない場合には成り立たない．

ただし，溶媒と溶質の特殊な組み合わせの場合に限り，モル分率の大小に関係なく Raoult 則がよく成り立つことがある．そのような例外的な溶液を，「理想溶液」とか「完全溶液」と呼ぶことがある．

19.4.4　蒸気圧降下

Raoult 則 (19.64) の左辺は，全蒸気圧ではなく，溶媒の蒸気分圧であるこ

とに注意しよう．全蒸気圧 P には，溶質の蒸気分圧も

$$P = P_1^g + \cdots + P_{m-1}^g + P_m^g \tag{19.65}$$

のように寄与する．したがって，溶質が**不揮発性** (non-volatile) でその分子が気相にほとんど入り込まず $P_1^g, \cdots, P_{m-1}^g \simeq 0$ となる場合に限り，$P \simeq P_m^g$，すなわち

$$\boxed{P \simeq x_m^l P_{m*} \quad \text{for } x_m^l \simeq 1 \text{ and } P_1^g, \cdots, P_{m-1}^g \simeq 0} \tag{19.66}$$

が成り立つ．つまり，溶液の全蒸気圧 P は，（van 't Hoff 係数による補正を入れた）x_m^l に比例して，純粋な溶媒の蒸気圧 P_{m*} よりも下がる．これを**蒸気圧降下** (vapor pressure depression) と呼ぶ．

これに対して，気相にも有意に入り込む**揮発性** (volatile) の溶質の場合には，**全蒸気圧 P は，たとえ $x_m^l \simeq 1$ の領域でも，一般には x_m^l には比例しないし，下がるどころか上がることすらある**．

このように，蒸気圧降下の結果 (19.66) は，Raoult 則 (19.64) よりも限定された条件の下でのみ成り立つ．

19.4.5 Henry 則

上で述べた Raoult 則 (19.64) は，希薄な溶液において，その主要な成分である溶媒 m のモル分率 x_m^l ($\simeq 1$) と，その蒸気分圧 P_m^g の間に成り立つ関係式であった．次に，溶液の微量な成分である溶質 k のモル分率 x_k^l ($\simeq 0$) と，その蒸気分圧 P_k^g の間にどんな関係式が成り立つかを調べよう．

まず，自明にわかることとして，$x_k^l = 0$ ならば $x_k^g = 0$ となって[22] $P_k^g = x_k^g P = 0$ となるから，$P_k^g = O(x_k^l)$ である．すなわち，

$$\boxed{P_k^g \simeq K_{\mathrm{H}k}^m x_k^l \quad \text{for } x_k^l \ll 1} \tag{19.67}$$

これを **Henry**（ヘンリー）**則**と呼び，比例係数 $K_{\mathrm{H}k}^m$ を **Henry**（ヘンリー）**定数**と呼ぶ．これによると，液体と相平衡にあるときの気体中の気体分子の分圧 P_k^g は溶液中に溶けた気体分子のモル分率 x_k^l に比例する．

ここまでは，Henry 定数についてほとんど何も言っていないので，自明な

22) 気体分子が液体に（溶けにくいということはあっても）まったく溶けないというようなことはない，としている．

結果にすぎない．非自明なのはここからで，実は，通常の実験条件では，Henry 定数 $K_{\mathrm{H}k}^m$ は，全圧 P の変化には鈍感で，液体の分子種 m と気体の分子種 k の組み合わせごとに決まる，温度 T の関数になることがわかる．つまり，$K_{\mathrm{H}k}^m = K_{\mathrm{H}k}^m(T)$ である．その理由を知りたい読者は，下の補足を参照されたい．

前出の **Raoult 則 (19.64) はその主要な成分である溶媒について成り立ったのに対して，Henry 則は微量な成分である溶質について成り立つ**，という違いに注意しよう．そして，比例定数は，前者では純粋な溶媒の蒸気圧 $P_{m*} = P_{m*}(T)$ であったが，後者では「純粋な溶質の蒸気圧」ではなく，Henry 定数 $K_{\mathrm{H}k}^m(T)$ になるのである．なお，導出から明らかなように，**溶質が希薄ではない領域では Henry 則は成り立たない**．

♠ 補足：Henry 定数が全圧には鈍感なこと

Henry 定数が何で決まるかを見るために，理想希薄溶液の理論を使って考察する．簡単のため，溶質は解離も会合もしないとしよう．

(19.59) によると，x_k^l/x_k^g の P 依存性は，左辺の P 依存性が決める．そこで，左辺の P 依存性が主にどこから来るかを見てみよう．そのために，左辺を P で偏微分してみる．まず $\mu_k^{\mathrm{ig}}(T,P)$ の P 微分は，

$$\frac{\partial}{\partial P}\mu_k^{\mathrm{ig}}(T,P) = v^{\mathrm{ig}}(T,P) = RT/P \tag{19.68}$$

と，理想気体のモル体積になる．

一方，$\mu_k^m(T,P)$ の P 微分については，理想希薄溶液の自由エネルギー (19.26) を利用する．この式の $\boldsymbol{x} = x_1, \cdots, x_{m-1}$ は $x_1 + \cdots + x_{m-1} \ll 1$ でありさえすれば任意だから，x_k と x_m 以外のすべての x_j を 0 にする（$x_m = 1 - x_k$ となる）．そうしておいてから P で偏微分して，N_{tot} で割算すると，

$$v^l(T,P,x_k) = x_k\frac{\partial}{\partial P}\mu_k^m(T,P) + x_m\frac{\partial}{\partial P}\mu_m^l(T,P) \tag{19.69}$$

を得る．ここで，$\boldsymbol{x}$ は x_k 以外はゼロだから，$v(T,P,\boldsymbol{x})$ を $v^l(T,P,x_k)$ と記した．（液相であることを忘れないように，添え字 l も付した．）(19.69) の右辺最後の微係数は，純粋な液体のモル体積 $v_m^l(T,P)$ である．また，左辺の $v^l(T,P,x_k)$ は，それぞれの成分 k がモル分率 x_k で溶け込んでいる理想希薄溶液のモル体積だから，$x_k = 0$ では純粋な溶媒の体積 $v_m^l(T,P)$ になる．ゆえに (19.69) は，x_k の 1 次までの近似で，

$$v_m^l(T,P) + x_k \left. \frac{\partial}{\partial x_k} v^l(T,P,x_k) \right|_{x_k=0} \simeq x_k \frac{\partial}{\partial P} \mu_k^m(T,P) + x_m v_m^l(T,P). \tag{19.70}$$

したがって，$1 - x_m = x_k$ も用いて，

$$\frac{\partial}{\partial P} \mu_k^m(T,P) \simeq v_m^l(T,P) + \left. \frac{\partial}{\partial x_k} v^l(T,P,x_k) \right|_{x_k=0} \tag{19.71}$$

のように，$\partial \mu_k^m(T,P)/\partial P$ が評価できる．

(19.68) の右辺と (19.71) の右辺を比べると，前者の $v^{\mathrm{ig}}(T,P)$ は気体のモル体積であり，後者の $v_m^l(T,P), v^l(T,P,x_k)$ はいずれも，それと同じ温度・圧力のときの液体の体積である．通常は，前者の方が後者よりもはるかに大きい．したがって，$v^l(T,P,x_k)$ が x_k の関数として（$x_k \to 0$ で）よほど激しく変化しない限りは，

$$(19.68)\text{ の右辺} \gg |(19.71)\text{ の右辺}| \quad \text{（仮定）} \tag{19.72}$$

であろう．この仮定を認めると，(19.59) 左辺では，$\mu_k^m(T,P)$ の P 依存性は無視してよいことになるので，$\mu_k^m(T,P)$ を，今考えている範囲内の代表的な圧力 P_{fix} での値 $\mu_k^m(T,P_{\mathrm{fix}})$ に固定してしまってよい．こうして，

$$\mu_k^m(T,P_{\mathrm{fix}}) - \mu_k^{\mathrm{ig}}(T,P) \simeq RT \ln(x_k^g / x_k^l) \tag{19.73}$$

を得る．この式の $\mu_k^{\mathrm{ig}}(T,P)$ に (19.11) を代入すると，P は $\ln P$ の形で入っている．それを右辺の $\ln x_k^g$ と合わせると，理想混合気体中の気体分子の分圧 $P_k^g = x_k^g P$ の対数としてまとまる．すると，この P_k^g と x_k^l の他には P に依存する項はなくなる．したがって，(19.73) は (19.67) の形に整理でき，Henry 定数 $K_{\mathrm{H}k}^m$ は，液体の分子種 m と気体の分子種 k の組み合わせごとに決まる，全圧 P には鈍感な，温度 T の関数になることがわかった．

19.5 沸点上昇と凝固点降下

圧力 P（と総物質量 N_{tot}）が一定の下で，固相から液相への相転移が起こる温度を**融点** (melting point)，液相から気相への相転移が起こる温度を**沸点** (boiling point) と呼ぶ，と 17.3.1 項で述べた．この節では，これらの転移温度が，純粋な溶媒と，そこに微量の溶質を溶かした希薄溶液とでどれくらい変わるかを調べる．

具体的には，応用上もっともよく使われるケースである，溶質が液相（添え字 l）にはよく溶け込むが，気相（添え字 g）にはほとんど溶けこまない**不揮発性** (non-volatile) で，固相（添え字 s）にもほとんど溶けこまない[23)]というケースを説明する．式で書くと，

$$\text{条件：}\ x_k^g,\ x_k^s \ll x_k^l \ll 1 \quad (k = 1, \cdots, m-1) \tag{19.74}$$

が満たされているケースである．ここで，液相にはよく溶けるといっても，溶かす溶質の量自体は少量にとどめておかないと，純粋な溶媒との違いが大きくなりすぎて普遍的な結果にはならないので，$x_k^l \ll 1$ の条件も付けてある．この条件の下では，液相は，理想希薄溶液として扱ってよいだろう．また，気相と固相は，もはや，溶媒成分だけの純粋物質として扱ってよいだろう．これらを仮定して議論しよう．

まず，気液転移の沸点から考える．純粋な溶媒であったなら，その沸点 $T_* = T_*(P)$ は，次の等式を満たす温度である：

$$\mu_m^l(T, P) = \mu_m^g(T, P) \quad \text{at } T = T_*. \tag{19.75}$$

復習になるが，連続だが沸点でカクッと折れ曲がっている $\mu_m(T, P)$ の，折れ曲がりの液相側を $\mu_m^l(T, P)$ と書き，気相側を $\mu_m^g(T, P)$ と書いたのだからこの等式は実は自明である．また，もともと $\mu_m(T, P)$ $(= G_m(T, P, N)/N)$ が上に凸だから，$\mu_m^l(T, P)$ も $\mu_m^g(T, P)$ も上に凸で，沸点で連続に接続されている．したがって，グラフを描くと図 19.4 (a) のようになっている．

一方，液相に溶質が溶けているときの沸点を $T'_* = T'_*(P, \boldsymbol{x})$ とすると，これを決める等式は，(19.23) を用いて，

$$\mu_m^l(T, P) + RT \ln x_m^l = \mu_m^g(T, P) \quad \text{at } T = T'_* \tag{19.76}$$

に変わる．ここで，条件 (19.74) より，液相は理想希薄溶液として，気相は純粋物質として扱ってよいことを用いた．純粋な溶媒のときの式 (19.75) と比べると，右辺の関数は変わらないのに，左辺だけが $RT \ln x_m^l$ (< 0) だけ下がっている．そのため，図 19.4 (b) に描いたように，$T = T_*$ ではまだ気相の $\mu_m^g(T, P)$ と交わらなくなる，つまり，まだ気相には転移できなくなる．もっ

23)　溶質が，溶媒を主成分とする気体や固体とは分離して**析出** (deposit) する場合も，溶媒にとってはこの条件が満たされているのと同じなので，以下の議論が成り立つ．

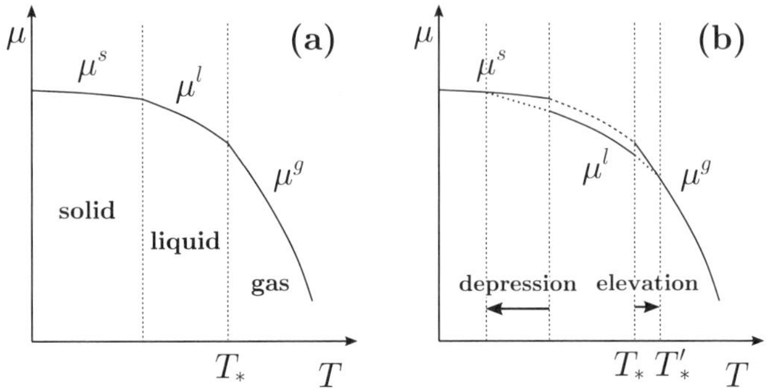

図 19.4 固相・液相・気相を持つ物質の化学ポテンシャルの温度依存性.

と温度が上がってようやく気相の $\mu_m^g(T,P)$ と交わるから，その交わる温度，すなわち新しい沸点 T'_* は T_* より高くなる．つまり，**液相にある溶媒に，その溶媒の気相には溶けにくい（不揮発性の）溶質を微量だけ溶かすと，気液転移の沸点は上昇する**．この現象を，**沸点上昇** (boiling-point elevation) と呼ぶ.

明らかに $x_m^l \to 1$ では $T'_* \to T_*$ となるから，$x_m^l \simeq 1$ の範囲では，$T'_* - T_* \propto 1 - x_m^l$ と期待される．その比例係数まで求めるには，次のように考える.

$\mu_m^l(T,P)$ は，$T \le T_*$ までしか定義されていないのだが，T_* からわずかに高い T'_* までなら，まっすぐ延長しても，さほど悪くはないだろう（と仮定する)．すると，沸点における $\mu_m^l(T,P)$ の傾きは，沸点直下の純粋な溶媒のモルエントロピー

$$s_{m*}^l \equiv -\frac{\partial}{\partial T}\mu_m^l(T-0,P)\bigg|_{T=T_*} \tag{19.77}$$

で与えられるから，延長した $\mu_m^l(T,P)$ は，

$$\mu_m^l(T,P) \simeq \mu_m^l(T_*,P) - (T-T_*)s_{m*}^l \quad \text{for } T_* < T \le T'_* \tag{19.78}$$

となる．こういう直線近似をしたのだから，それに合わせて同じ温度領域での気相の $\mu_m^g(T,P)$ も接線で近似してもいいだろう．すると，沸点直上の純粋な溶媒気体のモルエントロピー（1 mol あたりのエントロピー）

$$s^g_{m*} \equiv - \left. \frac{\partial}{\partial T} \mu^g_m(T+0, P) \right|_{T=T_*} \tag{19.79}$$

が傾きを与えるから，

$$\mu^g_m(T,P) \simeq \mu^g_m(T_*,P) - (T-T_*)s^g_{m*} \quad \text{for } T_* < T \leq T'_* \tag{19.80}$$

となる．これら 2 つの直線近似の式を (19.76) に代入して，(19.75) も用いれば，T'_* が求まる：

$$\boxed{T'_* - T_* \simeq \frac{RT_*}{s^g_{m*} - s^l_{m*}}(1-x^l_m) = \frac{RT_*^2}{q_{m*}}(1-x^l_m).} \tag{19.81}$$

ただし，$(T'_*-T_*)(1-x^l_m)$ のような $(1-x^l_m)$ の 2 次以上の微小項は落とし，最後の等式では (17.22) で与えられる純粋な溶媒の蒸発熱 q_{m*}（それは (17.24) によりモルエンタルピー（1 mol あたりのエンタルピー）の変化に等しい）を用いた．

以上の議論は，ただちに，固液転移における凝固点にも適用できる．ただし，その場合には，液相の方が高温側にあるので，図 19.4 (b) からもわかるように，気液転移のときの図を左右に（温度方向に）反転した状況になる．そのため，凝固点は上がるのではなく下がる．つまり，**液相にある溶媒に，その溶媒の固相には溶けにくい溶質を微量だけ溶かすと，固液転移の凝固点は下降する**．この現象を，**凝固点降下** (freezing-point depression) と呼ぶ．その大きさは，気液転移のときの結果を温度方向に反転させれば，ただちに次のように求まる：

$$\boxed{T_* - T'_* \simeq \frac{RT_*}{s^l_{m*} - s^s_{m*}}(1-x^l_m) = \frac{RT_*^2}{q_{m*}}(1-x^l_m).} \tag{19.82}$$

(19.81) と (19.82) の導出には，溶媒の方の釣り合いの式 (19.58) しか使っていないので，溶質が解離や会合を起こす場合にも，x^l_m に van 't Hoff 係数による補正を入れた (19.33) を（液相でのモル分率であることを示す添え字 l を x_m と $\tilde{x}_k$ に付して）用いれば成り立つ．(19.32) によれば，

$$1 - x^l_m = \frac{\sum_{k=1}^{m-1} i_k \tilde{N}^l_k}{\sum_{k=1}^{m-1} i_k \tilde{N}^l_k + N^l_m}. \tag{19.83}$$

であるから，要するに，**$(1-x^l_m)$ を「溶液中の，溶媒以外の粒子のモル分**

率」とすれば，解離や会合の有無（$i_k = 1$ か否か）にかかわらず，(19.81) と (19.82) が成り立つ.

以上の結果から，たとえば水に食塩や砂糖を溶かすと，濃度（モル分率）に比例して，沸点は上がり凝固点は下がることがわかる．この現象は，日常生活でも目にするし，様々に利用されてもいる.

問題 19.5 純粋な水の場合，1 気圧では，沸点が $T_* = 100°\mathrm{C}$ で蒸発熱が $q_* = 41\,\mathrm{kJ/mol}$ である．1 kg の水に食塩 (NaCl) を溶かして，沸点が $T_* = 101\,°\mathrm{C}$ であるような食塩水を作るためには，食塩を何グラム溶かせばよいか？
なお，水のモル質量（1 mol あたりの質量）は 18 g/mol，NaCl のモル質量は 58 g/mol，解離度は $\alpha = 0.95$ とせよ.

19.6 化学反応が起こる系

熱力学の理論的枠組みは，化学反応が起ころうが起こるまいが同じだが，ここまで具体例として取り上げてきたのは，ほとんどが，化学反応が起こらない系だった．そこでこの節では，化学反応が起こる場合の基礎事項を説明する.

19.6.1 化学反応式と反応進行度

化学反応式を表すのには，**化学反応式** (chemical equation) がよく用いられる．たとえば，水素と酸素が反応して水になる反応と，その逆反応は，

$$2\mathrm{H_2} + \mathrm{O_2} \rightleftharpoons 2\mathrm{H_2O} \tag{19.84}$$

という化学反応式で表される．以後の式を綺麗にするために，これを少し変形して

$$0 \rightleftharpoons -2\mathrm{H_2} - \mathrm{O_2} + 2\mathrm{H_2O} \tag{19.85}$$

と記すことにしよう．以下では，これを一般化した，分子種 $1, \cdots, m$（その化学式を $\mathrm{A}_1, \cdots, \mathrm{A}_m$ とする）の間の化学反応式

$$0 \rightleftharpoons \nu_1\mathrm{A}_1 + \nu_2\mathrm{A}_2 + \cdots + \nu_m\mathrm{A}_m \tag{19.86}$$

を考える．この式の係数 ν_k を**化学量論係数** (stoichiometric coefficient) と呼

ぶ[24).

ここでは，(19.85) と同様に，**反応物の $\boldsymbol{\nu_k}$ は負に，生成物の $\boldsymbol{\nu_k}$ は正にとる**と約束しよう．ただしこれは便宜的なもので，逆さにしても構わない．逆さにした場合の表式は，単純に，以下の式の ν_k を一斉に $-\nu_k$ に代えたものである．そもそも化学反応は，後述する化学平衡の条件式 (19.93) が満たされるようになる向きに進行するので，初期状態においてどの物質が過剰だったかで化学反応の向きも，どちらが生成物かも変わるので，もとよりどちらでも構わないわけだ．

さて，分子種 k の物質量を N_k とし，エネルギーの自然な変数は，$S, V, N_1, \cdots, N_m$ だとしよう．もしも外部との物質の出入りを許せば $N_1, \cdots, N_m$ は自由に変化できるが，ここでは，物質の出入りができないような容器（閉じた容器）に閉じ込めた場合を考える．これは，(19.85) で試してみればわかるように，次の束縛条件を与える：

$$\frac{\Delta N_1}{\nu_1} = \frac{\Delta N_2}{\nu_2} = \cdots = \frac{\Delta N_m}{\nu_m} \equiv \xi. \tag{19.87}$$

この比 ξ を**反応進行度** (extent of reaction) と呼ぶ．ξ は，物質量さえ定義できていれば定義できるので，たとえ非平衡状態でも定義できている量である．

慣習に従い，物質を閉じこめただけでまだ化学反応が起こっていないときの N_k の値 N_k^0 を初期値に選び，ΔN_k をそこからの増分と定義すると，化学反応を起こす前は $\xi = 0$ ということになる．化学反応が進行するのに伴って，ξ は増加し，N_k は

$$N_k = N_k^0 + \nu_k \xi \tag{19.88}$$

のように変化する（反応物の量が減少し，生成物の量は増加する）．この式も，(19.87) と同様に，物質の出入りができないことを表している．

このように，「閉じた容器」という束縛条件を相加変数で表現するときに，化学反応が起こらない系ならば単に $\Delta N_k = 0$ と表現できるが，化学反応が起こる系では，(19.87) や (19.88) のような表現になる．

なお，初期値 N_k^0 の値はまったく任意であり，ν_k の値とは無関係に選べる．N_k^0 の値が異なれば，化学反応が止む（後述の条件式 (19.93) が満たされる）

24) 教科書によっては，$|\nu_k|$ を stoichiometric coefficient と呼び，ν_k を stoichiometric number と呼び分けることもあるようだ．

ときの ξ の値（ξ の平衡値）も異なってくる．また，N_k^0 が任意であるおかげで，(19.87) の拘束の下でも，$N_1, \cdots, N_m$ は独立な変数となる．

19.6.2 等温・等圧環境における化学反応

化学反応を，物質の出入りがない，等温・等圧環境で起こす場合を考えよう．つまり系を，断物だが透熱で可動な壁を持つ容器に入れて，熱浴・圧力溜と接触させる[25]．この状況では，いわゆる TPN 表示の基本関係式

$$G = G(T, P, N_1, \cdots, N_m) \tag{19.89}$$

を用いて解析するのが便利である．$G(T, P, N_1, \cdots, N_m)$ は，下に凸な関数 $U(S, V, N_1, \cdots, N_m)$ を S, V についてルジャンドル変換したものだから，**$\boldsymbol{T}$, $\boldsymbol{P}$ については上に凸で，$\boldsymbol{N_1, \cdots, N_m}$ については下に凸である．**

まず，化学反応が起こらないような状況を考えよう．それはたとえば，効果的な触媒があるような化学反応において，触媒を加えていないときに反応が（とてもゆっくりなために）起こらないと見なせる[26]，という状況などである．その条件下で実現される平衡状態は，N_k が N_k^0 という（既知の）値に固定されたときの平衡状態である．等温・等圧環境だから T, P も与えられているので，$T, P, N_1, \cdots, N_m$ の値はすべて決まっている．この状態の G の値 G_{before} は，

$$G_{\text{before}} = G(T, P, N_1^0, \cdots, N_m^0). \tag{19.90}$$

次に，化学反応を起こす．たとえば，効果的な触媒があるような化学反応では触媒を加えればよい．化学反応が進行している間は，非平衡状態になるので一般には G は定義できない．しかし，そのまま十分長い時間放置すると，やがて化学反応が止み，最初とは別の平衡状態に落ち着く．それは，(19.88) の束縛の下で，

$$\begin{aligned} \widehat{G} &\equiv G(T, P, N_1, \cdots, N_m) \\ &= G(T, P, N_1^0 + \nu_1 \xi, \cdots, N_m^0 + \nu_m \xi). \end{aligned} \tag{19.91}$$

---

25) 中学校などの授業でやる，蓋のない試験管に液体を入れて化学反応を起こす実験も，試験管と外部の間の物質の出入りが無視できれば，断物の等温・等圧環境と見なせる．

26) 反応がとてもゆっくりであれば，系にとって準静的な過程になるので，系はそのときどきの ξ の値における平衡状態にあると見なせる．

を最小にするような状態である．ここで，この系は単純系だが，それを単純系1個からなる複合系と見なし[27]，定理14.3を適用した．この $\widehat{G}$ の表式で，自由に値が変われるのは ξ だけだから，このときの平衡状態の G の値 G_{after} は，

$$G_{\mathrm{after}} = \min_{\xi} \widehat{G} = \min_{\xi} G(T, P, N_1^0 + \nu_1 \xi, \cdots, N_m^0 + \nu_m \xi) \tag{19.92}$$

であり，右辺の $G(T, P, N_1^0 + \nu_1 \xi, \cdots, N_m^0 + \nu_m \xi)$ を最小にする状態が平衡状態である．今考えているように T, P の値を固定すると，G は $N_1, \cdots, N_m$ の下に凸な関数であり，ξ を増してゆくと，$(N_1^0 + \nu_1 \xi, \cdots, N_m^0 + \nu_m \xi)$ という点は，ξ に比例した距離だけ直線上を移動してゆく．ゆえに，G は変数 ξ についても下に凸な関数であり，ξ に関する偏微分係数がゼロとなるところで最小になる[28]．こうして，次の定理を得る：

定理 19.2　化学平衡の条件式：自由に化学反応が起こるとき，平衡状態においては，

$$\sum_{k=1}^{m} \nu_k \mu_k = 0 \tag{19.93}$$

が満たされる．これを**化学平衡の条件式**と呼ぶ．

μ_k は (19.88) を通じて ξ の関数になっているから，この式は ξ についての式になる．それを解くことにより ξ の平衡値 ξ_* が求まる．そうして求まった ξ_* を (19.91) に代入した値が G_{after} である：

$$G_{\mathrm{after}} = G(T, P, N_1^0 + \nu_1 \xi_*, \cdots, N_m^0 + \nu_m \xi_*). \tag{19.94}$$

これは，G_{before} より小さい値になっている．なぜなら，(19.91) の値を考えると，ξ の値が $\xi = 0$ に固定されたときの値が G_{before} であり，ξ が自由に変化

27)　そういう場合でも，要請 II-(v) は 4.3.2 項で述べたように成り立つので，そこから導かれる定理 14.3 も成り立つ．

28)　ξ の変域の中に偏微分係数がゼロとなるところが存在することについては，下の補足を見よ．

できるときの最小値が $G_{\rm after}$ だからだ．つまり，**物質の出入りがない等温・等圧環境での化学反応は**（途中の非平衡状態はともかくとして，最初と最後の G の値を比べると）**G の値が減少する方向に進む**：

$$\Delta G \equiv G_{\rm after} - G_{\rm before} < 0. \tag{19.95}$$

反応が進む速度は，物質によって様々だし，触媒の有無でも大きく変わるが，ともかくこれを目指して進むことが言えるのである[29]．

ξ が平衡値 ξ_* に達する前に化学反応を途中で人為的に止めることを考えると，上の計算の意味が明確になる．たとえば触媒を絶って化学反応を止め，しばらく待てば，平衡状態に達して G が定義できるようになる．そのときの ξ の値を $G(T, P, N_1^0 + \nu_1\xi, \cdots, N_m^0 + \nu_m\xi)$ に代入すれば，その G の値が求まる．その G の値は $G_{\rm before}$ より小さい．また触媒を加えて反応を進め，また途中で止めてしばらく待つと，もっと G の値が小さい平衡状態になる．これを繰り返すと，G はどんどん減ってゆき，$\xi = \xi^*$ に達したところで，G は最小値になり，もうそれ以上は反応が進まなくなる[30]．このように途中で何度も反応をストップしようが，ストップせずに一気に反応を進めようが，最終的に到達する平衡状態は同じであり，したがって状態量である G の値も同じである．その G の値が，上で求めた $G_{\rm after}$ である．

♠ 補足：化学平衡の条件式を満たす状態が存在すること

化学平衡を与える条件は，元々は (19.92) であったが，それを偏微分係数が 0 になるという式 (19.93) で置き換えたものを，化学平衡の条件式とした．後者は本当に前者と等価だろうか，という疑問を抱くかもしれない．というのも，反応進行度 ξ は，(19.88) からわかるように，

$$\nu_k \xi \geq -N_k^0 \quad \text{for all } k \tag{19.96}$$

を満たす範囲内でしか変化できないから，その範囲内に (19.93) を満たす ξ が

29) つまり，反応の速度とは無関係に，ともかく「反応前」と「反応後」の，平衡状態とみなせるような 2 つの状態に着目して比べると，G が減少している．

30) (19.93) の左辺の量（すなわち (19.91) の $\widehat{G}$ の ξ 微分）にマイナスをつけたものを**親和力** (affinity) と呼ぶが，このような実験を行うと，親和力は正の値から次第に減少していき，$\xi = \xi^*$ に達したところで 0 になる．したがって，親和力は反応がどの程度大量に起こるかの尺度を与えているとも解釈できる．

存在するのか，という疑問である．存在しない場合には，いずれかの分子種 k の物質量 N_k がゼロになったところで，(19.92) が（$N_k \geq 0$ という拘束条件の下での）最小になり，そこでは (19.93) は成り立たない．幸い，次の理由で，そういうことは起こりそうもないと考えられる．

分子種 k を，溶媒と他の溶質の混合物よりなる「溶媒」に溶けた溶質と見なせば，N_k が微小になれば，分子種 k の化学ポテンシャルは (19.24) のように振る舞うだろう（このときの μ_k^m は，溶媒と他の溶質の混合物である「溶媒」中のものになる）．したがって，$N_k \to 0$ で $\mu_k \to -\infty$ になるはずだ．すると，$\sum_{k=1}^m \nu_k \mu_k$ は，$N_k \to 0$ となる分子種 k が反応物なら $+\infty$ になり，生成物なら $-\infty$ になる．同じことが，すべての溶質について言える．したがって，$\sum_{k=1}^m \nu_k \mu_k$ は，許される ξ の範囲内で，$-\infty$ から $+\infty$ までのあらゆる値をとることができる[31]．ゆえに，途中で 0 をとるところ，すなわち (19.93) が成り立つところが必ずあるはずだ．

19.6.3 平衡定数 — 理想混合気体と理想希薄溶液の場合

化学反応が起こる系では，ひとつの容器の中に，様々な反応物と生成物が混在している．どの反応がどれくらい進んだかで，それぞれの分子種のモル分率は変わる．そのモル分率を見積もるための実用的な公式を導こう．

理想混合気体と理想希薄溶液の基本関係式を求めたとき，「混合前後でまったく相互作用もなく化学反応も起こらない」という思考実験を用いて求めたのであった．しかし，ひとたび基本関係式が求まってしまえば，そこから導かれた**化学ポテンシャルなどの表式は，対象系が理想混合気体や理想希薄溶液と見なせるような平衡状態でありさえすれば使える**．つまり，たとえその状態が，化学反応の結果としてできた状態でも構わない[32]．**化学反応が終わった後の平衡状態にある分子種が，安定で，希薄で，温度が低くなければよい**わけだ．この汎用性ゆえに，理想混合気体や理想希薄溶液の理論は，化学反応を記述するときにも頻繁に利用される．

---

31) 反応物が減れば生成物が増えるし逆も言えるので，和をとったときに $+\infty$ と $-\infty$ がキャンセルすることはない．

32) ただし，化学反応が起こる場合には，T, P を変化させると各分子種のモル分率が変化しうるので，たとえばモル分率を固定して P で偏微分することは，圧力が $P + dP$ になってもモル分率が変わらないように物質の量を調整した平衡状態との差分を dP で割り算していることになる．

まず，反応が終わって最終的に実現される平衡状態が理想混合気体と見なせる場合について考えよう．この場合の化学ポテンシャルの表式 (19.19) を，化学平衡の条件式 (19.93) に代入すると，

$$\sum_{k=1}^{m} \nu_k \ln x_k = -\frac{1}{RT} \sum_{k=1}^{m} \nu_k \mu_k^{\text{ig}}(T,P) \tag{19.97}$$

となる．右辺を指数関数に乗せた量を

$$\boxed{K(T,P) \equiv \exp\left[-\frac{1}{RT} \sum_{k=1}^{m} \nu_k \mu_k^{\text{ig}}(T,P)\right]} \tag{19.98}$$

と記そう．これは，T, P には依存するが，モル分率 x_k には依らないという意味では「定数」である．そこで $K(T,P)$ を，理想混合気体の**平衡定数** (equilibrium constant) と呼ぶ．（右辺に (19.11) を代入すれば，より具体的な表式も得られるが，ここでの議論には x_k に依らないということだけで十分である．）この平衡定数を使うと，(19.97) は

$$\prod_{k=1}^{m} x_k^{\nu_k} = K(T,P) \tag{19.99}$$

と書ける．

次に，反応が終わって最終的に実現される平衡状態が理想希薄溶液と見なせる場合を考えよう．この場合も，化学ポテンシャルの表式 (19.23) と (19.24) を，化学平衡の条件式 (19.93) に代入することにより，(19.99) と同じ形の等式が得られる．ただし，この場合の $K(T,P)$，すなわち理想希薄溶液の**平衡定数** (equilibrium constant) は，

$$\boxed{K(T,P) = \exp\left(-\frac{1}{RT}\left[\sum_{k=1}^{m-1} \nu_k \mu_k^{m}(T,P) + \nu_m \mu_m(T,P)\right]\right)} \tag{19.100}$$

となる．理想混合気体の $K(T,P)$ と同様に，これも，T, P には依存するが，モル分率 x_k には依らないという意味の「定数」である．

このように，理想混合気体でも，理想希薄溶液でも，(19.99) が成り立つ．一般に，同じ温度と圧力であっても，反応前の物質のモル分率が異なれば，反応が終わって最終的に実現される平衡状態のモル分率も異なる．それでも $\prod_{k=1}^{m} x_k^{\nu_k}$ の値は同じである，とこの式は言っている．したがって，1種類の

モル分率の組み合わせだけで実験をして，最終的に実現される平衡状態の平衡定数を測っておけば，他のモル分率のときに最終的に実現される平衡状態における $\prod_{k=1}^{m} x_k^{\nu_k}$ の値が予言できてしまう！

この著しい結果を，「反応物の ν_k は負に生成物の ν_k は正にとる」という約束を思い出して，よくみかける**化学平衡の法則**としてまとめておこう：

定理 19.3 理想混合気体や理想希薄溶液の化学平衡の法則：様々なモル分率で物質を混ぜて化学反応を起こしたとき，反応が終わって最終的に実現される平衡状態が理想混合気体や理想希薄溶液と見なせる場合には，その状態における各分子種のモル分率について，

$$\prod_{k=1}^{m} x_k^{\nu_k} = \frac{\displaystyle\prod_{k\in\,\text{生成物}} x_k^{\nu_k}}{\displaystyle\prod_{k\in\,\text{反応物}} x_k^{|\nu_k|}} = K(T,P) \tag{19.101}$$

が成り立ち，右辺の平衡定数 $K(T,P)$ は温度 T と圧力 P と物質の種類だけで値が決まり，モル分率には依らない．

実在物質の混合物は，理想混合気体でも理想希薄溶液でもないが，希薄であるとか温度が低くないなどの条件が満たされれば，近似的に理想混合気体や理想希薄溶液のように振る舞うこともあるであろう．そういう場合に，(19.101) は有用である．あるいは，理想混合気体や理想希薄溶液では近似できないものの，実験で $\prod_{k=1}^{m} x_k^{\nu_k}$ を測ってみたら，ある範囲内のモル分率では，モル分率依存性が弱かった，ということもありうる．そういう場合にも，(19.101) は有用である．

ではそうでない場合はどうするか？ そういう一般の場合にも，(19.101) に似た形の式を書き下すことがなされているので次項で紹介する．

問題 19.6 ある化合物の反応式は

$$\mathrm{A_1} + 2\mathrm{A_2} \rightleftharpoons 3\mathrm{A_3} \tag{19.102}$$

である．$\mathrm{A_1}, \mathrm{A_2}$ を $N_1 = N_2 = 1$ mol ずつ用意して混合し，一定の温度と圧力の下でこの反応を起こさせたら，反応が終わった平衡状態において，$N_1 =$

0.6 mol, $N_2 = 0.2$ mol, $N_3 = 1.2$ mol であった．ここに A_2 を 1 mol 追加したら，同じ温度と圧力の下で再び反応が起こった．反応が終わった平衡状態における N_1, N_2, N_3 の値を求めよ．ただし，平衡状態は理想混合気体と見なせるとせよ．

19.6.4 ♠ 活量と平衡定数

一般に，化学反応を議論するとき，何か基準になる平衡状態を選んでおくと便利である．その状態を**標準状態** (standard state) と呼ぶ．これは，実験や理論解析の都合に合わせて選ぶので，ケースバイケースで違う状態が選ばれる．解析の都合で，仮想的な状態が選ばれるときもある．したがって，**どんな状態を標準状態に選んだかを議論のはじめに明示しておく必要がある**．標準状態における熱力学量には，上付き添え字 $\ominus$ (p.135 脚注 18) を付ける習慣である．

適当な標準状態を選び，その状態における分子種 k の化学ポテンシャルを $\mu_k^\ominus$ と記す．そして，(19.19) の真似をして，

$$\mu_k(T, P, \boldsymbol{x}) = \mu_k^\ominus + RT \ln a_k(T, P, \boldsymbol{x}; \mu_k^\ominus) \tag{19.103}$$

により，分子種 k の**活量** (activity) a_k を定義する．つまり，

$$\boxed{a_k(T, P, \boldsymbol{x}; \mu_k^\ominus) \equiv \exp\left[\frac{1}{RT}\left(\mu_k(T, P, \boldsymbol{x}) - \mu_k^\ominus\right)\right]} \tag{19.104}$$

である．もしも理想混合気体だったら $\mu_k^\ominus = \mu_k^{\mathrm{ig}}(T, P)$ と選んでやれば $a_k = x_k$ となるが，**一般の溶液では，$\boldsymbol{a_k}$ は標準状態の選択に依存するのはもちろんのこと，たとえ $\boldsymbol{\mu_k^\ominus = \mu_k^{\mathrm{ig}}(T, P)}$ と選んだとしても，$\boldsymbol{x_k}$ とは一致せずに $\boldsymbol{T, P, x}$ の関数になる**．そのことを強調するために，本書ではわざわざ $a_k(T, P, \boldsymbol{x}; \mu_k^\ominus)$ と表記した[33)]．

ともあれ，定義式 (19.103) を化学平衡の条件式 (19.93) に代入すれば，理想混合気体や理想溶液のときと似た形の，**化学平衡の法則**がただちに得られる[34)]：

33)　$T, P, \boldsymbol{x}$ とは異なり，$\mu_k^\ominus$ は変数ではないので，「;」で区切っておいた．

34)　かつては，これ，あるいはこれと関連する結果を，**質量作用の法則** (law of mass action) と呼んだが，どれを指しているのか紛らわしいなどの理由で，この呼び名を使わない教科書が増えたようだ．

定理 19.4　化学平衡の法則：平衡状態における活量は，

$$\prod_{k=1}^{m} a_k(T, P, \boldsymbol{x}; \mu_k^{\ominus})^{\nu_k} = \frac{\displaystyle\prod_{k\in \text{生成物}} a_k^{\nu_k}}{\displaystyle\prod_{k\in \text{反応物}} a_k^{|\nu_k|}} = K(T; \boldsymbol{\mu}^{\ominus}) \qquad (19.105)$$

を満たす．ただし，

$$K(T; \boldsymbol{\mu}^{\ominus}) \equiv \exp\left[-\frac{1}{RT}\sum_{k=1}^{m} \nu_k \mu_k^{\ominus}\right]. \qquad (19.106)$$

この $K(T; \boldsymbol{\mu}^{\ominus})$ も，$\boldsymbol{x}$ には依存しない[35]ので，**平衡定数** (equilibrium constant) と呼ばれる．ただし，その値は標準状態の選び方にもろに依存する．そのことを強調するために，本書では K を $K(T; \boldsymbol{\mu}^{\ominus})$ と記した．$\boldsymbol{\mu}^{\ominus}$ は $\mu_1^{\ominus}$, $\cdots, \mu_m^{\ominus}$ の略記である．

このように，**標準状態の選択を変えれば，K も a_k も，ともに変わってしまう**．そのことを明確化し，また，慣れてもらうために，標準状態の選択のいくつかの例をその帰結とともに紹介しよう．

(i) 混合気体を対象にして，その標準状態を，それぞれの分子種 k の純粋な気体の，今考えている温度 T と圧力 P の平衡状態に選んだ場合.
この場合は，$\mu_k^{\ominus}$ は T, P の関数になるから，**$K(T; \boldsymbol{\mu}^{\ominus})$ も T, P の関数になる**．このケースの最も単純な例が前節の理想混合気体のケースで，その場合は

$$a_k = x_k \qquad (19.107)$$

となり，$K(T; \boldsymbol{\mu}^{\ominus})$ は (19.98) の $K(T, P)$ になる．もちろん，理想混合気体ではない一般の混合気体では，このようなわかりやすい結果にはならない．

(ii) 混合気体を対象にして，その標準状態を，それぞれの分子種 k の純粋な

35) 標準状態を，(19.105) で知りたい量である $\boldsymbol{x}$ に依存するように選ぶ，という変なことをしない限りは．

気体の，今考えている温度 T で圧力が**標準圧力** (standard pressure) $P^{\ominus} = 1 \times 10^5$ Pa のときの平衡状態に選んだ場合．
この場合は，$\mu_k^{\ominus}$ は T だけの関数になるから，$\boldsymbol{K(T;\mu^{\ominus})}$ **も** $\boldsymbol{T}$ **だけの関数になり**，ケース (i) のときの $K(T;\boldsymbol{\mu}^{\ominus})$ とは（$P = P^{\ominus}$ のとき以外は）値が異なる．活量もケース (i) とは異なる値を持つので，全体としては辻褄が合う．

(iii) 溶液を対象にして，溶質の標準状態を，それぞれの分子種 k だけが適当なモル分率 $x_k^{\ominus}$ ($\ll 1$) で溶媒に溶けているときの，今考えている温度 T と圧力 P の平衡状態に選んだ場合（溶媒については，純粋な溶媒の温度 T と圧力 P の平衡状態を標準状態に選ぶ）．
この場合は，$\mu_k^{\ominus}$ は T, P の関数になるから，$\boldsymbol{K(T;\mu^{\ominus})}$ **も** $\boldsymbol{T, P}$ **の関数になる**．
ためしに理想希薄溶液でこれをやってみると，溶質については (19.24) より $\mu_k^{\ominus} = \mu_k^m(T,P) + RT\ln x_k^{\ominus}$，$\mu_k(T,P,\boldsymbol{x}) - \mu_k^{\ominus} = RT\ln(x_k/x_k^{\ominus})$，溶媒については $\mu_m^{\ominus} = \mu_m^l(T,P)$ となるから，

$$a_k = \frac{x_k}{x_k^{\ominus}} \quad (k = 1, \cdots, m-1), \tag{19.108}$$

$$a_m = x_m, \tag{19.109}$$

$$K(T;\boldsymbol{\mu}^{\ominus}) = \exp\left[-\frac{1}{RT}\sum_{k=1}^{m-1}\nu_k\left(\mu_k^m(T,P) + RT\ln x_k^{\ominus}\right) - \frac{1}{RT}\nu_m\mu_m^l(T,P)\right] \tag{19.110}$$

を得る．この場合の活量 a_k は，モル分率を標準状態のモル分率で規格化したもの，というわかりやすい結果になった．もちろん，理想希薄溶液ではない一般の溶液では，このような単純な結果にはならない．

(iv) 溶液を対象にして，$\mu_k^{\ominus}$ を，実在の平衡状態の化学ポテンシャルではなく，解析に便利な別のものに選んだ場合．
この一番簡単な例は，理想希薄溶液について，$\mu_k^{\ominus}$ を (19.23) と (19.24) の右辺第 1 項に選ぶことである．右辺全体が実在の状態の化学ポテンシャルなのに，その一部だけを $\mu_k^{\ominus}$ に採用したことになる．こうすると，前項の (19.98) の結果を得る．このとき，$\mu_k^m(T,P)$ を実験で測りたければ，たとえば，微量の溶質 k だけを溶媒に溶かして μ_k を測り，それを (19.24)

に代入すれば $\mu_k^m(T,P)$ が求まる．もちろん，理想的ではない一般の溶液では，このような単純な結果にはならない．

(v) 溶液を対象にして，標準状態を，その溶液自体の適当な平衡状態に選んだ場合．
その標準状態の温度，圧力，モル分率を $T, P, \boldsymbol{x}^{\ominus}$ とする．T, P は固定 ($T = T^{\ominus}, P = P^{\ominus}$) してもしなくても構わない．この標準状態は，その溶液自体の平衡状態なのだから，その化学ポテンシャル $\boldsymbol{\mu}^{\ominus}$ は，化学平衡の条件式 (19.93) を満たす．すると (19.106) より，

$$K(T; \boldsymbol{\mu}^{\ominus}) = 1 \tag{19.111}$$

となる．**この場合の平衡定数は，温度にも圧力にも依存せず，いつも 1 である**．この結果は，**どんな溶液でも成り立つ厳密な結果**である．

以上のように，標準状態の選択を変えれば K も a_k も変わる．振り返ってみれば，化学平衡の条件式 (19.93) を書き換えたのが活量の化学平衡の法則 (19.105) であった．その書き換えの際に，理想混合気体や理想希薄溶液では，その系特有の μ_k の表式という，(19.93) にはない情報を加えることによって，モル分率と平衡定数の非自明な関係式 (19.101) が得られた．これなら (19.93) よりも使い勝手がよさそうである．(19.108)-(19.110) の場合も同様だ．

しかし，一般の混合物については，活量の化学平衡の法則 (19.105) は，化学平衡の条件式 (19.93) を恒等変形しただけであり，論理的には何も新しい情報を含んでいない．しかも，(19.93) では測定しないとわからない量は m 個の μ_k であったのが，(19.105) では m 個の a_k と K の，合計 $m+1$ 個に増えてしまっている．そのため，一般の混合物については，状況や目的に応じて上手に標準状態を選ぶことによって，このデメリットを上回るメリットを得るようにしたい．

たとえば，ケース (i) や (iii) のように標準状態を選べば，希薄な極限で活量が (19.107) や (19.108) に帰着するので，そのことを解析の基準にできるメリットが出てくると思われる．あるいは，ケース (v) のように標準状態を選べば，測定しないとわからない量を m 個のままにとどめることができる．

このように，目的に応じて標準状態をうまく選んでメリットを引き出すことが重要だと思われる．

19.6.5 化学反応と熱力学関数

この節では，19.6.1 項の一般論以外は，等温等圧条件の下での化学反応を調べたので平衡条件は Gibbs エネルギー最小原理を用いた．別の条件のときは，例えば等温定積なら F を使うなど，個々の条件ごとに最も便利な熱力学関数を用いて解析すればよい．**いずれの場合も，化学平衡の条件式 (19.93) は，その平衡状態において物理量が満たすべき式だから，やはり成り立つ**．ただし，この式を満たす ξ の平衡値を求めるときの固定される変数が異なるので，ξ の平衡値そのものは一般には別の値になり，最終的な平衡状態も異なる．

また，興味がある量が，平衡状態を決めるのに便利な熱力学関数とは別の熱力学関数で与えられることもある．たとえば，断物容器に入れて一定の圧力のもとで化学反応を起こしたときの熱の出入を考えよう．容器内部の系の物質量は化学反応で変わるものの，外部系との間では物質をやりとりしないから，この場合の化学的仕事 W_C はゼロと定義するのが自然だ．（これは，その実験を準静的に行う場合に，(19.88) と (19.93) より $d'W_C = \sum_{k=1}^{m} \mu_k dN_k = \left(\sum_{k=1}^{m} \nu_k \mu_k\right) d\xi = 0$ となることとも整合する．）すると，反応前後のエネルギー変化は，$\Delta U = Q + W_M = Q - P\Delta V$ となるから，$Q = \Delta U + P\Delta V$．これはちょうど，エンタルピー $H(S,P,\boldsymbol{N}) = [U(S,V,\boldsymbol{N}) + PV](S,P,\boldsymbol{N})$ の値の変化に等しい．つまり，化学反応が起こらないときの結果 (17.24) と同様に，H の増分（減少分）が系が吸収（放出）した熱に等しい．そして，熱とは異なり H は状態量であるから，基準になる状態との差を測っておけば他の状態との差もわかって便利なので，よく使われる．

19.7 ♠ 電気化学 — 電池を例に

電荷が移動するような現象が主役になる化学は「電気化学」と呼ばれ，応用上もきわめて重要である．そこで，電池を例にとって，電気化学における熱力学の基礎概念を簡単に説明したい．電池には様々なタイプがあるが，ここでは，その基本形のひとつである，**Daniell**（ダニエル）**電池**を例に採る．

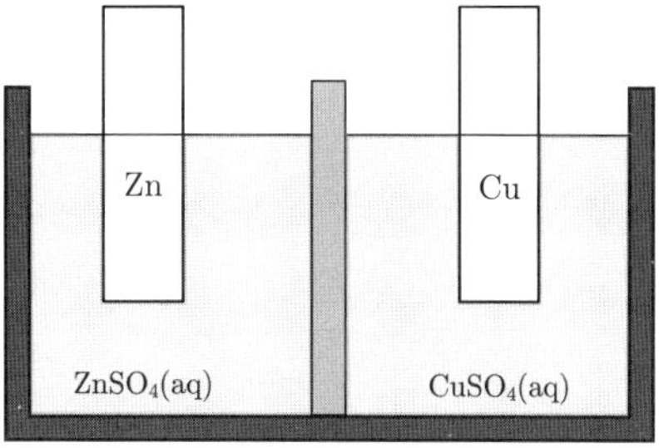

図 19.5 Daniell 電池の構造.

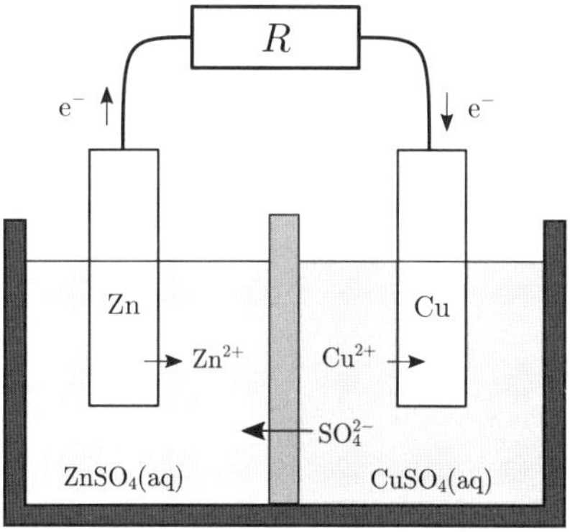

図 19.6 Daniell 電池に導線を繋ぎ，抵抗 R に電流を流せるようにした場合.

19.7.1 ♠ 動作

図 19.5 に，Daniell 電池の構造を示す．容器を素焼きの板[36)]で 2 つに仕切って，左側には硫酸亜鉛 ($ZnSO_4$) の水溶液を，右側には硫酸銅 ($CuSO_4$) の水溶液を入れる．そして，左側には亜鉛 (Zn) の板を入れて負極とし，右側には銅 (Cu) の板を入れて正極とする．素焼きの板は，Zn^{2+} イオンや Cu^{2+} イオンはほとんど通さないが，硫酸イオン SO_4^{2-} は通す，という性質がある．

この電池に導線を繋ぎ，抵抗 R に電流を流せるようにした場合の様子を図 19.6 に示す．このとき，次のようなことが起こる．

負極の側では，亜鉛板の Zn が Zn^{2+} イオンとして $ZnSO_4$ の水溶液に溶け出す．そのことを，Zn が電極にあるときを (s) で，Zn^{2+} イオンとして水溶液

36) 植木鉢のような焼き物の板.

中にあるときを (aq) で表して，次のように書くならわしである：

$$\mathrm{Zn\ (s) \to Zn^{2+}\ (aq) + 2e^-}. \tag{19.112}$$

右辺の e^- は電子を表す．電子は単独では水溶液に溶け込むことがほとんどできないので負極に取り残されるが，図のように導線が繋がれていれば，導線に流れていく．

導線に入った電子は，抵抗 R を通過するときに，様々な散乱を受けながら進む結果，抵抗に電気的仕事をしてエネルギーの一部を渡し，抵抗の温度が上がる（いわゆるジュール熱）．やっとの思いで抵抗を通り抜けた電子は，導線を伝ってやがて正極にたどり着く．

正極にたどり着いた電子は，硫酸銅溶液中の銅イオンと結びつき，正極に銅が析出する：

$$\mathrm{Cu^{2+}\ (aq) + 2e^- \to Cu\ (s)}. \tag{19.113}$$

これにより，硫酸銅溶液は，硫酸イオン SO_4^{2-} が Cu^{2+} に比べて過剰になるが，過剰な SO_4^{2-} は，素焼きの板を通過して負極側に入り，(19.112) のために Zn^{2+} が増えて不足するようになった SO_4^{2-} をちょうど補う．

この一連のプロセスは，実際には同時進行的に起こる．たとえば電子について言うと，わかりやすいように 1 個の電子が負極から正極まで旅をするように書いたが，実際には，負極から N 個の電子が出て，それに押し出されるように正極に N 個の電子が到達すればいいだけなので，個々の電子を追いかけて考える必要はない[37]．

そうやって，このプロセスを全体として見てみると．反応としては，(19.112) と (19.113) を足し合わせた

$$\mathrm{Zn\ (s) + Cu^{2+}\ (aq) \to Zn^{2+}\ (aq) + Cu\ (s)} \tag{19.114}$$

が起こり，それに伴って，負の電荷が負極 → 導線 → 抵抗 → 導線 → 正極 → 素焼き板 → 負極，のように循環し，抵抗のところで仕事をしている．すなわち，電池が仕事源になっている．そして，電気的中性も保たれる．これが Daniell 電池の動作である．

---

37)　そもそも，電子はどれもまったく同じなので，量子論では個々の電子を追いかけ続けることは原理的に不可能である．

19.7.2 ♠ 起電力

なぜ上記のようなことが起こるかというと，導線を繋げる前の平衡状態が，導線が繋がれて反応が可能になったら (19.114) の反応が自発的に起こるような，この反応の平衡条件を満たさない状態だったからである．そのため，この反応の平衡条件を満たすまでは，反応が進むわけだ．

ただし，人為的に上記のプロセスのどこかが起こらないようにすると，この反応は起こらなくなる．たとえば抵抗 R を無限大にすると，あるいは抵抗をはさみで切断すると，この反応は起こらなくなる．というのも，もしもそれ以上反応が進んだら，電気的な中性が保てないためにクーロンエネルギーが上昇し，その分だけ Gibbs エネルギーが上昇する．すると，反応が起こっても Gibbs エネルギーが減少しないことになるから，反応は止む．そして，この条件の下での平衡状態に達するのだ．このときに抵抗の両端で測った電位差 $\Delta\Phi$ を，この電池の**起電力** (electromotive force) と言い，ここでは $\mathcal{V}_{\mathrm{emf}}$ と書くことにする：

$$\mathcal{V}_{\mathrm{emf}} \equiv \Delta\Phi \quad \text{at } R \to \infty. \tag{19.115}$$

たとえば，「この電池の電圧は 1.5 V だ」というのは，$\mathcal{V}_{\mathrm{emf}} = 1.5\,\mathrm{V}$ という意味である．

さて．抵抗 R を無限大ではないものの十分に大きくすれば，反応はきわめてゆっくり進むであろう．そうすれば，各瞬間瞬間には電池が平衡状態にあると見なせる．すなわち，電池にとって準静的な過程になる．その準静的過程の途中の 2 つの時刻 $t_{\mathrm{before}}, t_{\mathrm{after}}$ における状態を比較してみよう．ただし，電池を長い時間動作させると，やがては反応がすべて止んだ平衡状態に移行するが，$t_{\mathrm{before}}, t_{\mathrm{after}}$ は，そうなるよりはずっと手前の，電池が「元気がいい」ときの時刻であるとする．また，電池は等温・等圧の環境で動作させるとする[38]．

すると，t_{before} から t_{after} の間に流れた電子の物質量を N_{e} とすると，それによる仕事 W は，

$$W = eN_{\mathrm{e}}N_{\mathrm{A}}\mathcal{V}_{\mathrm{emf}} = \mathcal{F}N_{\mathrm{e}}\mathcal{V}_{\mathrm{emf}} \tag{19.116}$$

---

38) ♠♠ もしも等温・等体積の環境で動作させたとすると，以下の式の Gibbs エネルギー G は Helmholtz エネルギー F に変わる．

と勘定できる．ここで，e は素電荷，$\mathcal{F} \equiv eN_{\mathrm{A}}$ は **Faraday**（ファラデー）**定数**である．これの上限は，定理 14.6 から，t_{before} から t_{after} までの間の Gibbs エネルギーの変化量 ΔG により $W \leq \Delta G$ と抑えられる．ゆえに，

$$\boxed{\mathcal{V}_{\mathrm{emf}} \leq \Delta G/\mathcal{F}N_{\mathrm{e}}} \tag{19.117}$$

これが，電池の起電力を決める熱力学的な関係式である．電池が「元気がいい」間は，ずっと同じ反応が起こるので，ΔG は N_{e} に比例し，右辺は t_{before}，t_{after} に依らず，電池に用いる反応だけで決まる．そのため起電力は，マンガン電池なら 1.5 V，ニッカド電池なら 1.2 V，リチウム電池なら 3 V というように，電池に用いる反応だけで決まる．

ただし，電池の性能は，起電力だけでは決まらない．内部抵抗の大小とか，全部でどれだけの電流を流せるかなどの，実用上の性能が重要である．それらの性能は，電池の詳細な構造に強く依存する．そのため．用途に合わせて，起電力以外の性能も見比べて選ぶ必要がある．

なお，上記の過程は，熱を仕事に変換しているわけでもないし，サイクル過程でもないから，**このようなタイプの電池の効率は，熱機関の最大効率とは無関係である**．燃料電池ならサイクル過程だが，それも熱だけを仕事に変換しているわけではないから，やはり熱機関の最大効率には縛られない．

19.7.3 ♠ クーロン相互作用と電気化学

化学物質を構成する分子は，イオン化して電荷を帯びていることも少なくない．それでも，**正負のイオンが等しい量だけあって，その空間的濃度分布も同じであれば**，長距離のクーロン力が顕わに効くことはないので，エネルギーの相加性も成り立ち，ふつうに熱力学が適用できる．そもそも，原子核と電子より成る普通の物質で熱力学が成り立つ理由はここにある．

実際には，別の物質（容器や真空も含む）との界面に，ミクロ（nm スケール）からセミマクロサイズ（μm スケール）の薄い層ができて，そこでは正電荷と負電荷の濃度分布が空間的に偏ってしまう，ということがしばしば起こる．そういう場合でも，少なくとも界面を除いた部分，つまりバルクの部分では，電荷の中性が保たれているので，バルクの部分には熱力学は普通に適用できる．だから，バルクの部分だけで系の熱力学的性質が決まってしまう場合には，界面のことを忘れても大丈夫である．

しかし，これに当てはまらない，界面が系全体の性質にもっと大きな影響を

及ぼすケースもある．それは，外部から電場を印加されたり，電池のように起電力を持っていて，そのために界面がマクロな電荷を帯びる場合である．このような系では，正負のイオンの空間的濃度分布も異なってくるし，長距離のクーロン力が顕わに効くので，熱力学を適用する際に，電磁気学を併用するなど，カスタマイズしながら適用する必要がある．そういう場面は，とくに電気化学では頻繁に現れる．

たとえば，電荷が中性またはほとんど中性の部分の間のエネルギーを比較するときにも，両者の間に在る電荷を帯びた領域のために，静電ポテンシャルの差が生じることを考慮する必要がある．エネルギー保存則は，クーロンエネルギー込みで保存されるからだ．すると，次章で重力場について説明するのと同様に，通常の化学ポテンシャルにポテンシャルエネルギーが加わった，**電気化学ポテンシャル** (electro-chemical potential) を使うのが自然になる．電気化学では，そこに化学反応まで絡んできて複雑なので，電気化学ポテンシャルについては，次章の重力場の例で基礎概念を解説する．

この章の結果は，これらのことが顕わには効いてこない結果のみを記したが，より詳細な議論をする際には，電気化学の文献を参照していただきたい．

第 20 章
外場で不均一が生じる系の熱力学

外場により不均一が生じるような系の具体例として，鉛直に立てた円柱容器に，重い気体を閉じ込めた場合の取り扱い方を説明する．この場合，重力のために下の方へ行くほど密度が高くなるような平衡状態が実現するが，そのときに狭義示強変数の平衡条件がどうなるかを中心に議論する．とくに温度については，（一般）相対論の効果が無視できるほど小さい場合には，温度は全系にわたって等しいという結果が得られる．ところが，相対論の効果が効くような状況では，温度が均一でない平衡状態が実現されることが示される．本書の公理系（要請 I, II）を用いれば，どちらのケースでも正しい結果が得られる．そして，これらの分析を行うことで，温度や化学ポテンシャルの均質性に関する理解も深めることができる[1)]．

簡単のため，今まで議論した外場と同様に，**重力は静的（時間変化しない）とする．さらに，着目系自身が作り出す重力場も，着目系が外部重力源に及ぼす影響も，どちらも小さいとして無視する**[2)]．また，当然であるが，熱力学を考えるのだから，**平衡状態にある系を考える**[3)]．

20.1 非相対論的な場合

まず，非相対論的な場合を説明する．ただし，ここで言う「非相対論的」というのは，一般相対論の効果が無視できるほど小さい，という意味であり，

1) それに対して，「平衡状態では温度は均一である」ということを出発点の仮定とする流儀では，相対論的なケースは扱えない．また，非相対論のケースでも，同じ狭義示強変数である温度と圧力で，前者は均一で後者は不均一になる理由が説明できない．温度が均一なのは仮定になってしまうからだ．

2) ♠ 重力の場合には，これは多くの場合によい近似だが，電場や磁場の場合には無視できずに解析が複雑になることがある．

3) ♠ たとえば，ニュートン引力が支配的な天体系は，かなり長い時間待っても平衡状態に達しないことが多いが，平衡状態に達しない限りは対象外である．

20.2.1 項で説明するように**特殊相対論の効果はあっても構わない**．この節の例が，外場で不均一が生じる系の熱力学の，もっとも簡単な例になる．

20.1.1　単純系への分割

z 軸に平行な軸を持つ，堅い断熱円柱容器に，気体または液体が閉じ込められており，一粒子ポテンシャルが $\phi_{\mathrm{ex}}(z)$ であるような外場（重力）がかかっているとする．たとえば外場が一様重力の場合は，z 軸を鉛直上向きにとったとき，

$$\phi_{\mathrm{ex}}(z) - \phi_{\mathrm{ex}}(0) = mgz \tag{20.1}$$

である（m は粒子 1 個の質量）．ここでは，このような一様重力だけでなく，**外場の強さが z に依存するような一般の場合も含めて**議論する．

本書の論理体系では，マクロ系を，それぞれが単純系と見なせるような部分系に分割して考えよ，となっている．そして，「単純系」とは，3.3.2 項で述べたように，内部束縛がないことに加えて，外場がかかっていても，それによって生ずる空間的な不均一が無視できるほど少ないような系である，と定義している[4]．

今の問題では，z 方向に外場による不均一が生じるはずだから，円柱を，**仮想的に**薄い輪切りに分割して考えればよい．そうすれば，薄い円筒である各部分系内での（外場による）不均一は無視できるほど小さくなるので，各部分系は単純系と見なせる．その分割数を M とし，各部分系の中心の z 座標を，下から

$$z_1, z_2, \cdots, z_M \tag{20.2}$$

としよう[5]．分割位置は，最初にこうと決めたら以後は変えないことにしよう．すると，M も $z_1, z_2, \cdots, z_M$ も定数になる．容器に入れた物体のエントロピーの自然な変数は U, V, N であるとし，それらの部分系 i における値を U_i, V_i, N_i とする．V_i は変化できないから，以後は（必要になる場面以外では）V_i を略す．

4)　たとえば磁場で磁化が生ずるように，外場によってゼロでなくなるマクロ物理量があっても，それが系内で均一であればよい．もちろん，相共存が起こって系が自発的に不均一になるのも，外場のせいで不均一になるわけではないので，かまわない．

5)　他の章では，部分系の添え字は上付きの (i) だったが，この章では下付きの i にする．

また，どの部分系も同じ物質でできてはいるが，外場の強さが異なっている可能性がある．そのことは，自然な変数の中の，外場によって値が変化する（したがって部分系ごとに値が異なる）ような相加変数が表してくれる[6)]．ただ，以下の計算ではその相加変数で微分したりすることはしないので，あたかも基本関係式が部分系ごとに（その相加変数の値が異なるために）異なると見なして，それぞれの部分系の基本関係式を $S_i = S_i(U_i, N_i)$ と記すことにする[7)]．

さて，式を見やすくするために，**この章では $\boldsymbol{N_i}$ を mol ではなく個数で勘定する**ことにしよう．すると，各部分系の，外場によるポテンシャルエネルギーは $N_i\phi_{\rm ex}(z_i)$ である．$U = \sum_i U_i$ は保存されないが，外場のポテンシャルを加えた

$$E = \sum_{i=1}^{M} [U_i + N_i\phi_{\rm ex}(z_i)] \tag{20.3}$$

が保存されることに着目する．もちろん，

$$N = \sum_{i=1}^{M} N_i \tag{20.4}$$

も保存される．要請 II のエントロピー最大原理によれば，これらの拘束条件の下で，

$$\widehat{S} \equiv \sum_{i=1}^{M} S_i(U_i, N_i) \tag{20.5}$$

を最大にするような $U_1, \cdots, U_M$，$N_1, \cdots, N_M$ の値が平衡値であり，その平衡値が平衡状態を（実質的に）一意的に定める．そのことから，以下の重要な結果が容易に導ける．

20.1.2 温度と化学ポテンシャル

導出は次項で述べるが，主要な結果を先に示そう．主な結果のひとつめは，

---

6) たとえば，物質が常磁性体で，外場が磁場 $\vec{H}$ で，$\vec{H}$ の値が部分系ごとに異なっている場合には，その効果は，基本関係式 $S(U, N, \vec{M})$ の中の $\vec{M}$ の値が部分系ごとに異なる，というように表される．

7) たとえば脚注 6 の例で言えば，$S(U_i, N_i, \vec{M}_i)$ を $S_i(U_i, N_i)$ と記すわけだ．

$$\boxed{B_1 = B_2 = \cdots = B_M} \tag{20.6}$$

である．つまり，どの部分系も温度が等しい．この結果は，部分系へ仮想的に分割する仕方の詳細に依らないので，**円柱の内部の温度は一様である**ことがわかる．

もうひとつの主要な結果は，

$$\boxed{\mu_1 + \phi_{\rm ex}(z_1) = \mu_2 + \phi_{\rm ex}(z_2) = \cdots = \mu_M + \phi_{\rm ex}(z_M)} \tag{20.7}$$

である．つまり，**化学ポテンシャルは，一粒子ポテンシャル $\phi_{\rm ex}(z_i)$ の分だけ，部分系ごとに異なる**．重い（m が大きい）気体のようにこの効果が無視できない場合，後述のように，たとえば粒子密度が部分系ごとに異なることになる．

これらの結果をみると，**9 章で述べた平衡条件のうち，化学ポテンシャルが一致すべし，という条件が満たされていない**ことに気づく．その原因は，もちろん 9 章の冒頭で述べた「外場により生ずる不均一が無視できる」という前提が満たされていないからである．しかし，この前提が満たされていなくても（非相対論の範囲では）温度については，温度が一致すべし，という 9 章の平衡条件が満たされているのだ．狭義示強変数の間のこのような非対称性の理由は，20.1.6 項で説明する．

化学ポテンシャルに関する新たな（外場により不均一が生ずるときの）平衡条件 (20.7) は，次のように書き換えるとわかりやすい．まず，μ_i に一粒子ポテンシャル $\phi_{\rm ex}(z_i)$ を「くりこんだ」[8)]

$$\boxed{\mu_i' \equiv \mu_i + \phi_{\rm ex}(z_i)} \tag{20.8}$$

を定義し，（一般化した）**電気化学ポテンシャル** (electro-chemical potential) と呼ぶことにする．これは，電気化学や半導体物理学で使われる電気化学ポテンシャルを，静電ポテンシャルに限らない一般のポテンシャル（今の場合は重力ポテンシャル）に拡張した量である．これを用いると，上記の結果は

$$\boxed{\mu_1' = \mu_2' = \cdots = \mu_M'} \tag{20.9}$$

8)　日本語の語意のとおりの意味である．ここでは $\phi_{\rm ex}(z_i)$ を加えただけだが，物理の様々な場面では，もっと非自明な「くりこみ」も登場する．

と美しい形になる．つまり，**平衡状態では（一般化した）電気化学ポテンシャルが至るところで一致する．**

ただし，$\boldsymbol{\mu}'_i$ **は，あくまで，部分系** i **と他の部分系の間の相対的な量（つまり，釣り合いを決める量）であり，部分系** i **だけを見た場合の本来の化学ポテンシャルは，元の** $\boldsymbol{\mu}_i$ **である**[9)]．したがって，たとえば粒子密度は，μ'_i ではなく μ_i で決まる．たとえば (20.1) で与えられる一様重力の場合には，高さ z における μ を $\mu(z)$ とすると，

$$\mu(z) = \mu(0) - mgz \tag{20.10}$$

のように，下に行くほど μ が高くなり，その結果，下に行くほど粒子密度が大きくなる．

なお，言うまでもなく，これらの結果は**系全体が平衡状態になっている場合の結果**である．そうでない場合，たとえば，ある大きさの範囲内は平衡と見なせるが系全体は平衡ではないような**局所平衡状態では，温度も不均一になりうる**．たとえば山の上と下で気温が異なるのは，上部も下部も含む系全体は平衡状態にはなっていないからである．

20.1.3　導出

上記の結果を導くためには，単純系に分割して，束縛条件である保存則を考慮しつつ，要請 II のエントロピー最大原理を適用する，ということを素直に実行すればよい．

具体的には，(20.5) の右辺に現れる $S_i(U_i, N_i)$ のうちのひとつ，たとえば $S_M(U_M, N_M)$ に対して，拘束条件 (20.3), (20.4) を用いて U_M, N_M を消去し，U_1, N_1 がどこに含まれるかがはっきりする形に整理すると，

9)　実際，μ_i が，後述の相対論的な場合の「固有化学ポテンシャル」に相当する．

$$
\widehat{S} = \underbrace{\sum_{i=1}^{M-1} S_i(U_i, N_i)}_{U_1, N_1 \text{ を含む}} + S_M\Big(\underbrace{[E - N\phi_{\rm ex}(z_M)]}_{\text{定数}}
- \underbrace{\sum_{i=1}^{M-1} U_i}_{U_1 \text{ を含む}} + \underbrace{\sum_{i=1}^{M-1} N_i \left[\phi_{\rm ex}(z_M) - \phi_{\rm ex}(z_i)\right]}_{N_1 \text{ を含む}}, \underbrace{N - \sum_{i=1}^{M-1} N_i}_{N_1 \text{ を含む}} \Big). \tag{20.11}
$$

まず，この式を U_1 で偏微分すると，平衡状態では $\widehat{S}$ の微係数がゼロになるから，

$$
\begin{aligned}
0 =& \frac{\partial}{\partial U_1} S_1(U_1, N_1) \\
&+ \frac{\partial}{\partial U_1} S_M\Big([E - N\phi_{\rm ex}(z_M)] - \sum_{i=1}^{M-1} U_i + \sum_{i=1}^{M-1} N_i \left[\phi_{\rm ex}(z_M) - \phi_{\rm ex}(z_i)\right], \\
&\qquad N - \sum_{i=1}^{M-1} N_i \Big) \\
=& B_1 - B_M.
\end{aligned} \tag{20.12}
$$

ゆえに $B_1 = B_M$．他の部分系についても同様だから，(20.6) を得る．

次に，(20.11) を N_1 で偏微分すると，平衡状態では $\widehat{S}$ の微係数がゼロになるから，

$$
\begin{aligned}
0 =& \frac{\partial}{\partial N_1} S_1(U_1, N_1) \\
&+ \frac{\partial}{\partial N_1} S_M\Big([E - N\phi_{\rm ex}(z_M)] - \sum_{i=1}^{M-1} U_i + \sum_{i=1}^{M-1} N_i \left[\phi_{\rm ex}(z_M) - \phi_{\rm ex}(z_i)\right], \\
&\qquad N - \sum_{i=1}^{M-1} N_i \Big) \\
=& - B_1\mu_1 + B_M \left[\phi_{\rm ex}(z_M) - \phi_{\rm ex}(z_1)\right] + B_M\mu_M.
\end{aligned} \tag{20.13}
$$

これに (20.12) を代入すると，

$$
0 = B_1 \left[-\mu_1 + \phi_{\rm ex}(z_M) - \phi_{\rm ex}(z_1) + \mu_M\right]. \tag{20.14}
$$

ゆえに，$\mu_1 + \phi_{\rm ex}(z_1) = \mu_M + \phi_{\rm ex}(z_M)$．他の部分系についても同様だから，

(20.7), (20.9) を得る．

20.1.4　別の導出と解釈

前項のような導出は，基本に忠実なので間違いがないのが取り柄である．しかし，なぜそういう結果が出てきたかをすっきりと理解するには，以下で説明するスマートな導出が役立つと思う．この方法は，後述の相対論的な議論にも威力を発揮する．ただし，本当にこれでいいのか，と出発点から不安になるかもしれない．その場合には，前項の結果と一致することで安心してもらうのがいいと思う．

そのスマートな導出というのは，U の選び方には任意性がある（2.4 節）という本書の論理体系を生かした導出である[10]．それを説明する下準備として，U の代わりに，

$$U' \equiv U + aN \quad (a \text{ は定数}) \tag{20.15}$$

なる U' をエネルギーに採用したら熱力学がどうなるか考えよう．今は N を mol ではなく個数で勘定しているから，これは，一粒子エネルギーを a だけずらすことに対応する．エントロピー S を U', N の関数として表した関数（つまり，変数を U', N に選んだときの基本関係式）を $S'(U', N)$ とする．ただし，要請 II-(i) より各平衡状態ごとに S の値はひとつに定まるので，どんな変数の関数で表そうと S の値は変わらない．ゆえに，

$$S = S'(U', N) = S(U, N) = S(U' - aN, N). \tag{20.16}$$

したがって，逆温度は変わらない：

$$B' = \frac{\partial S'(U', N)}{\partial U'} = \frac{\partial S(U' - aN, N)}{\partial U'} = \frac{\partial S(U, N)}{\partial U} = B. \tag{20.17}$$

しかし，Π_N はずれる：

$$\Pi'_N = \frac{\partial S'(U', N)}{\partial N} = \frac{\partial S(U' - aN, N)}{\partial N} = \Pi_N - aB. \tag{20.18}$$

ゆえに，$\mu = -\Pi_N / B$ より，**化学ポテンシャル $\boldsymbol{\mu}$ が一粒子エネルギーと同じようにずれる**：

---

10)　U を外場のポテンシャルエネルギーなどは含まない「内部エネルギー」に限定している教科書は少なくないが，その場合は，以下に示すようなやり方は（少なくとも論理的には）許されないことになる．

$$\mu' = \mu + a. \tag{20.19}$$

このように，この項で求める**ダッシュ付きの狭義示強変数は，通常の狭義示強変数とは値が一般には異なる**量なので，注意して欲しい[11]．

この結果を参考にして，外場の中の熱力学の問題を解こう．外場によるポテンシャルエネルギー $N_i\phi_{\rm ex}(z_i)$ を U_i に含めた

$$U'_i \equiv U_i + N_i\phi_{\rm ex}(z_i) \tag{20.20}$$

を，部分系 i のエネルギーに採用する．（これは，上記の定数 a が部分系ごとに異なることに相当する．）つまり，U'_i, N_i を独立変数に採用する．このようにすると，2.4 節や 9.6 節で述べたように，z_i もエントロピーの自然な変数に含めるべきであるが，今はこれは固定して考えているので省略できる．

U'_i を独立変数に用いれば，保存されるエネルギー (20.3) は，単純に，

$$E = \sum_{i=1}^{M} U'_i \tag{20.21}$$

と表せる．したがって，もうひとつの保存量 $N = \sum_i N_i$ と併せて，9.3 節の計算がどの 2 つの部分系の間にも当てはまり，

$$T'_1 = T'_2 = \cdots = T'_M, \tag{20.22}$$

$$\mu'_1 = \mu'_2 = \cdots = \mu'_M \tag{20.23}$$

がただちに得られる．

次に，これらのダッシュの付いた狭義示強変数と，普通の狭義示強変数の間の関係式を求めよう．S の値はどんな変数の関数で表そうと変わらないから，

$$S_i = S'_i(U'_i, N_i) = S_i(U_i, N_i) = S_i(U'_i - N_i\phi_{\rm ex}(z_i), N_i). \tag{20.24}$$

これから，(20.17)-(20.19) と同様にして，

$$T'_i = T_i \tag{20.25}$$

11) ♠ 磁性体などで，磁場と磁化の相互作用項を U に入れても等価になるためにはどうするか，という議論をすることがあるが，その場合には，狭義示強変数の値を一切変えないようにする，という強い意味の等価性を求めるので，ここでやっているような，**狭義示強変数の値は変わるけど等価**，という理論とは異なるので注意して欲しい．

と (20.8) を得る．こうして，(20.6)-(20.8) がすべて得られた．

この導出からわかるように，(20.9) に出てきた**（一般化した）電気化学ポテンシャル μ' というのは，実は，エネルギーを（保存される）U' として構成した熱力学の化学ポテンシャル μ' なのである．**

なお，(20.6)-(20.8) を導く方法は，上で述べた解法以外にも，様々な解法がある．たとえば，(20.6) を（導くのではなく）最初から基本原理として認めてしまう立場では，簡単に (20.7)，(20.8) が導ける．ただし，それは相対論的な場合には出発点から破綻する．また，様々な思考実験もある[12)]．あるいは，統計力学に解を求める立場もあるが[13)]，熱力学という美しい閉じた理論体系の中で容易に解ける問題を，その体系の外にある統計力学の助けを借りて解くのは，本筋とは言いがたいように思う．

20.1.5　理想気体の場合の密度と圧力

エントロピーの自然な変数が U, V, N であるような系では，Gibbs-Duhem の関係式 (13.58) より T, P, μ は独立でないから，前項で求めた T, μ の値から P も決まり，他のマクロ物理量の値も（相共存領域でなければ）定まる．その具体例として，円筒に入れた物質が理想気体の場合について，密度や圧力を求めてみよう．

理想気体では，(6.41) と (6.39) を N で偏微分した式から

$$u = ck_{\mathrm{B}}nT \tag{20.26}$$

$$-\frac{\mu}{T} = k_{\mathrm{B}} \ln\left[\left(\frac{u}{u_0}\right)^c \left(\frac{n_0}{n}\right)^{c+1}\right] + \text{定数} \tag{20.27}$$

であるから，

$$n = \text{定数} \times T^c e^{\mu/k_{\mathrm{B}}T}. \tag{20.28}$$

ゆえに，

---

12) たとえば，R. P. Feynman, The Feynman Lectures on Physics, Vol.1, Sec. 40-1．ただしこの議論は，同じことを圧力についてやるとどこが違ってくるのかとか，「rod」内の温度が上下で違わないのかなどの考察が必要ではないかなど，筆者には不十分に思える．

13) たとえば，C. A. Coombes and H. Laue, Am. J. Phys. **53** (1985) 272; F. L. Roman, J. A. White, S. Velasco, Eur. J. Phys. **16** (1995) 83.

$$\frac{n(z)}{n(0)} = e^{(\mu(z)-\mu(0))/k_{\mathrm{B}}T} = e^{(\phi_{\mathrm{ex}}(0)-\phi_{\mathrm{ex}}(z))/k_{\mathrm{B}}T}. \tag{20.29}$$

これと状態方程式 $P = k_{\mathrm{B}}nT$ から，

$$\frac{P(z)}{P(0)} = \frac{n(z)}{n(0)} = e^{(\phi_{\mathrm{ex}}(0)-\phi_{\mathrm{ex}}(z))/k_{\mathrm{B}}T}. \tag{20.30}$$

とくに，(20.1) で与えられる一様重力の場合には，

$$\frac{P(z)}{P(0)} = \frac{n(z)}{n(0)} = e^{-mgz/k_{\mathrm{B}}T} \tag{20.31}$$

となり，参考文献 [5] 第 1 章問題 15 と同じ結果が得られる．ただし，結果は同じでも，導き方はかなり違うことに注意しよう．文献 [5] では，温度が均一であることを最初から仮定し，さらに，熱力学と力学的釣り合いを併用して求めている．それに対して，ここでは，温度が均一であることは仮定せずにきちんと導出し，力の釣り合いの式は使わずに，ポテンシャルエネルギーを含めるとエネルギーが保存するという事実だけを使った．

なお，ポテンシャルエネルギー $N_i\phi_{\mathrm{ex}}(z_i)$ の値はマクロな測定で測れるから，ミクロな理論の情報が足りなくて $\phi_{\mathrm{ex}}(z_i)$ の関数形がわかっていなくても，上の結果は利用できる．

20.1.6　狭義示強変数の間の不平等の由来と帰結

以上のように，（一般）相対論の効果が無視できるときには，**P は不均一，T は均一，μ は不均一だがポテンシャルをくりこんだ（一般化した）電気化学ポテンシャル μ' は均一**，ということがわかった．では，このような，3 つの狭義示強変数 P, T, μ の間の大きな不平等は，どこから来たのだろうか？

E の表式 (20.3) を見ると，N_i は $N_i\phi_{\mathrm{ex}}(z_i)$ のように外場のポテンシャルと結合している．つまり，和でない形（この場合は積）で入っている．それに対して，U_i は $\phi_{\mathrm{ex}}(z_i)$ と結合していない（和で入っているだけである）．このために，N に共役な μ は外場の影響を（今の場合は結合が積だから μ には和として）受け，U に共役な B は外場の影響を受けなかったのである．そして，B, μ がこのようにアンバランスに影響を受けるために，もうひとつの狭義示強変数 P も外場の影響を受けたのだ．

なお，このことから，（一般）相対論の効果を入れると結果が変わることが予想される．U_i が $\phi_{\mathrm{ex}}(z_i)$ と結合するようになるからだ．それについては次節で論ずる．

さて，このような狭義示強変数の間の不平等は，次のような興味深い物理的帰結をもたらす．密度勾配により生じる流れ（拡散流）を外場により生じる流れ（ドリフト流）でキャンセルして，正味の流れをゼロにすれば，平衡状態になりうる．実際，この節の平衡状態がその実例であるし，バイアスをかけていない半導体の p-n 接合でも（外場を内部的な電場に置き換えた）そのような平衡状態が実現している[14]．

では，温度勾配による熱の流れを，電熱効果などの何らかの手段でキャンセルすることにより，正味の流れをゼロにして平衡状態を作ることはできるだろうか？ この節の結果から，**非相対論的な範囲では，温度勾配があることは系が平衡状態にあることと相容れないから，それは決してできない**ことがわかる．温度勾配があると，たとえ正味の流れをゼロにすることができたとしても，それは必ず非平衡状態になるのである．

20.2 ♠ 相対論的な場合

外場が重力の場合に（一般）相対論の効果を考慮すると，重力の特殊性ゆえに，ここまでの議論は修正を要する[15]．そのことを見てみよう．繰り返しになるが，重力は静的（時間変化しない）とし，平衡状態にある系だけを考える．さらに，着目系自身が作り出す重力場も，着目系が外部重力源に及ぼす影響も，どちらも小さいとして無視する．

20.2.1 ♠ 相対論の効果はどんな場合に考慮すべきか

具体的な計算を始める前に，相対論の効果はどんな場合に考慮すべきかを考えよう．

まず，特殊相対論を考えよう．3.2 節脚注 5（第 I 巻 p.43）で注意したように，熱力学は対象とする熱力学系がマクロに静止している座標系で適用するのが原則である．**他の座標系における結果が欲しい場合には，このような座標系で計算した結果を，座標変換すればよい**．その座標変換の際に，熱や温度などの，相対論的力学にはない量をどのように変換するか，という問題が様々に議

14) ♠ このことから，拡散係数と移動度の間の普遍的関係式である「Einstein（アインシュタイン）の関係式」などの，重要な関係式を導くこともできる．詳しくは，線形非平衡熱統計力学や，半導体物理学の教科書を参照されたい．

15) たとえば，R. Tolman, Phys. Rev. **35** (1930) 904.

論されてきた[16]．ただ，**もとの座標系における結果を整合的に変換しさえすれば，どんな変換をしようとも，本質的な結果（実験で直接検証できる結果）は変わらない**．

では，2つのマクロ系が相対運動していて，エネルギーなどをやりとりできるケースはどうか？　その場合には複合系は平衡状態には達していないので，純粋な平衡熱力学の予言の対象ではなくなる．たとえば，そのような2つの系の間を流れるエネルギー流を求めるような問題は，局所平衡状態の間のエネルギー輸送の問題なので，「輸送理論」の問題になり，いま考えている平衡状態の理論の対象外である．

そこで，以下では，平衡状態にあるマクロ系について，それが（マクロに）静止している座標系で熱力学を適用する場合を考えよう．そうであれば，その座標系において，マクロ系の構成粒子が特殊相対論の効果が顕著になる高速度で運動していても構わない．基本関係式の関数形がそれによる効果が入ったものになるだけだ．たとえば何度も例に出した光子気体は，そういう特殊相対論の効果が顕著な系であった．前節の「非相対論的な場合」の主要な結果は，基本関係式の関数形とは無関係であったから，このような特殊相対論の効果があってもそのまま成り立つ．熱力学にとっては，基本関係式は理論の外から与えられる，物質の個性を表す情報に過ぎないので，**構成粒子が従うミクロな法則が，ニュートン力学でも特殊相対論的力学でも，量子力学でも特殊相対論的量子論でも，基本関係式の関数形を変えるという間接的な影響しかない**わけだ．

しかし，一般相対論の効果が効いてくると，事情が変わる．熱力学の対象となる物質が「住んでいる」時空の構造が変わるからだ．この場合には，マクロ系が平衡状態にあってもその温度が均一でなくなるという，物質の個性に依らない新しい現象が現れるのだ．それを以下で説明する．

20.2.2 ♠♠ 固有温度と固有化学ポテンシャル

非相対論または特殊相対論では，ひとつの慣性座標系でマクロ系全体が存在している時空領域を張ることができた．そのため，熱力学を適用する際には，適当に選んだ部分系が静止しているような慣性座標系を選んで，それでマクロ

16) エントロピー S が不変に（スカラーに）なるように変換する，ということに関しては異論は少ないようだ．これは，量子統計力学との整合性を考えると，量子準位の数が座標変換で変わらないことから納得できよう．しかし，熱や温度については，いろいろな意見があるようだ．

系全体を記述すればよかった.

しかし，重力が強くなってくると，ひとつの慣性座標系でマクロ系全体を張ることはできなくなる．そこで，部分系に分割して考えよう．その際，重力により生ずる不均一が無視できるほど小さな部分系に分割してやれば，それぞれが単純系になるので，要請 II を適用するのに都合が良い．そして，熱力学はマクロ系が静止している座標系で適用するのが原則であったから，それぞれの部分系ごとに，その部分系がマクロに静止しているような座標系を設ける．そうすれば，その座標系で測ったマクロ物理量の値が「その部分系の本来の値」つまり「固有の」値ということになる：

定義：固有温度と固有化学ポテンシャル

マクロ系を外場（重力）により生ずる不均一が無視できるような部分系に仮想的に分割して考える．そのとき，部分系が在る場所でその部分系に対して静止している観測者が，ポテンシャルエネルギーを U に含めない通常の熱力学で測った温度や化学ポテンシャルを，その部分系の**固有温度** (proper temperature) や**固有化学ポテンシャル** (proper chemical potential) と定義する．そして，「地点 $\boldsymbol{r}$ における固有温度 $T(\boldsymbol{r})$ と固有化学ポテンシャル $\mu(\boldsymbol{r})$」を，その点を内部に含む上記のような部分系の固有温度と固有化学ポテンシャルとして定義する．

こうして定義された $T(\boldsymbol{r})$ と $\mu(\boldsymbol{r})$ の $\boldsymbol{r}$ 依存性を求めよう．その際，簡単のため，相対論的な重力の効果を最低次で取り入れる**「弱重力近似」で議論する**．つまり，相対論と言っても，特殊相対論とニュートンの重力理論を組み合わせた（弱重力近似の範囲内で一般相対論の結果と一致する）表式ですませることにする．

具体的には，重力ポテンシャルが球の中心からの距離 r のみに依存する，球対称で静的な重力場の場合を考える．つまり，回転していない球状の天体が作り出す重力場だ．その地表面 $(r = r_0)$ 付近では，地表面からの距離が

$$z = r - r_0 \tag{20.32}$$

であることを利用すれば，前節の非相対論的な議論との対応が付く．

前節と同様に M 個の単純系に分割して考えよう．また，相対論らしく，すべての粒子に共通の大きさの（m に依存しない）重力ポテンシャル

$$\varphi_{\mathrm{ex}}(r) \equiv \phi_{\mathrm{ex}}(r)/m \tag{20.33}$$

を用いる．その原点は，重力源から無限に遠ざかったらゼロになるように選んでおく：

$$\lim_{r\to\infty} \varphi_{\mathrm{ex}}(r) = 0. \tag{20.34}$$

すると，重力は引力だから，r が小さくなるほど，$\varphi_{\mathrm{ex}}(r)$ は負の大きな値になってゆく．そして，弱重力近似が有効であるための条件

$$|\varphi_{\mathrm{ex}}(r)|/c^2 \ll 1 \ \ \text{for all } r \tag{20.35}$$

が満たされている場合を考える（c は光速度）．すると，次項で示す計算により，次の結果が得られる．

まず，温度については，

$$\boxed{T'_{\mathrm{rel}}(r) \equiv (1 + \varphi_{\mathrm{ex}}(r)/c^2)T(r)} \tag{20.36}$$

と定義すると[17)]

$$\boxed{T'_{\mathrm{rel}}(r) = 一定 \quad (r \text{ に依らない})} \tag{20.37}$$

が示せる．たとえば重力が一定と見なせる $r \simeq r_0$ なる範囲内であれば，これらの結果に (20.1), (20.32) を代入して，

$$T(z) = (1 - gz/c^2)T(z = 0) \tag{20.38}$$

となるので，非相対論的な結果 (20.6) とは違って，**下へ行く（重力ポテンシャルが深くなる）ほど固有温度が高くなる**．その温度変化の大きさは，地球程度の重力では，地表面で，

$$g/c^2 \simeq 1.1 \times 10^{-16}\mathrm{m}^{-1} \tag{20.39}$$

なので，変化はとてつもなく小さく実験的に検出するのはきわめて難しい．しかし，もっと重力が強い天体では，温度変化が無視できなくなる．

化学ポテンシャルについては，(20.8) の（一般化された）電気化学ポテンシ

17) $1 + \varphi_{\mathrm{ex}}(r)/c^2$ を $\sqrt{g_{00}}$（g_{00} は計量テンソルの時間-時間成分）に置き換えれば，弱重力近似を超えて適用可能な結果になる．

ャルを相対論的に拡張して，

$$\boxed{\mu'_{\rm rel}(r) \equiv \left(1 + \varphi_{\rm ex}(r)/c^2\right)\mu(r) + m\varphi_{\rm ex}(r)} \tag{20.40}$$

と定義すると，(20.9) に対応する結果が得られる：

$$\boxed{\mu'_{\rm rel}(r) = \text{一定} \quad (r\ \text{に依らない}).} \tag{20.41}$$

たとえば重力が一定と見なせる $r \simeq r_0$ なる範囲内であれば，(20.1), (20.32) を用いて

$$\mu(z) = (1 - gz/c^2)\mu(z=0) - (1 - \varphi_{\rm ex}(r)/c^2)mgz \tag{20.42}$$

のように，下に行く（重力ポテンシャルが深くなる）ほど μ が高くなるが，その度合いは，非相対論的な場合の結果 (20.10) に，(20.35) の大きさのわずかな変調がかかったものになる．

20.2.3 ♠♠ 導出

上記の結果を導くには，20.1.3 項と同様の計算を行えばよいが，その際に，エネルギーの表式が以下のように修正を受ける．

まず，重力が無視できるときを考え，部分系 i の，特殊相対論によるエネルギーを $U_i^{\rm rel}$ とする．$U_i^{\rm rel}$ の具体的な表式は以下の結果には不要である．ただし，$U_i^{\rm rel}$ は静止質量分のエネルギー $N_i mc^2$ も含んでいるために，非相対論的な極限をとっても，普通の非相対論的な結果とは，エネルギー密度や化学ポテンシャルがずれてしまう．そこで，非相対論的な結果と比較しやすいように，静止質量分のエネルギーを差し引いた，

$$U_i \equiv U_i^{\rm rel} - N_i mc^2 \tag{20.43}$$

も導入しておく．U_i, N_i を独立変数とする $S_i(U_i, N_i)$ が，非相対論的な極限で，普通の非相対論的な結果を与える．

次に，重力の効果を取り入れる．特殊相対論によると，部分系 i の慣性質量は $U_i^{\rm rel}/c^2$ である．一般相対論の等価原理から，これは重力質量に等しい．ゆえに，重力場による部分系 i のポテンシャルエネルギーは，$U_i^{\rm rel}\varphi_{\rm ex}(r_i)/c^2$ となる．これを U_i で表すと

$$U_i^{\rm rel}\varphi_{\rm ex}(r_i)/c^2 = N_i m\varphi_{\rm ex}(r_i) + \varphi_{\rm ex}(r_i)U_i/c^2 \tag{20.44}$$

のように，非相対論的なポテンシャルエネルギー $N_i m\varphi_{\rm ex}(r_i)$ に，相対論的な補正 $\varphi_{\rm ex}(r_i)U_i/c^2$ が加わったものだとわかる．**U_i と重力場が結合している（和ではない形で入っている）ことが，非相対論的理論にはなかった（一般）相対論ならではの特徴である．** その具体的な表式である上式は，一般相対論の効果を，その効果が微小であるという弱重力近似 (20.35) の下で取り入れたものに相当する．

保存されるエネルギーは，このポテンシャルエネルギーを含めた

$$U_i' \equiv U_i^{\rm rel} + U_i^{\rm rel}\varphi_{\rm ex}(r_i)/c^2 = (1+\varphi_{\rm ex}(r_i)/c^2)(U_i + N_i mc^2) \tag{20.45}$$

の総和

$$E_{\rm rel} = \sum_{i=1}^{M} U_i' \tag{20.46}$$

である．これは (20.21) の E と形は同じだが，ここの U_i' は相対論的なエネルギーに置き換わっているので，E ではなく $E_{\rm rel}$ と書いた．

一方，$N = \sum_i N_i$ の保存則 (20.4) は変わらないから，結局，$E_{\rm rel}$ と N を一定にして，要請 II のエントロピー最大原理を適用すればよい．すると，弱重力近似の条件式 (20.35) も用いて，式 (20.11) が次の式に変わることがわかる：

$$\begin{aligned}
\widehat{S} = &\underbrace{\sum_{i=1}^{M-1} S_i(U_i, N_i)}_{U_1, N_1 \text{ を含む}} \\
&+ S_M\Biggl(\underbrace{(1-\varphi_{\rm ex}(r_M)/c^2)(E_{\rm rel} - Nmc^2 - Nm\varphi_{\rm ex}(r_M))}_{\text{定数}} \\
&\qquad - \underbrace{\sum_{i=1}^{M-1}\left[1 + (\varphi_{\rm ex}(r_i) - \varphi_{\rm ex}(r_M))/c^2\right]U_i}_{U_1 \text{ を含む}} \\
&\qquad \underbrace{+ (1-\varphi_{\rm ex}(r_M)/c^2)\sum_{i=1}^{M-1} N_i m(\varphi_{\rm ex}(r_M) - \varphi_{\rm ex}(r_i))}_{N_1 \text{ を含む}},\ \underbrace{N - \sum_{i=1}^{M-1} N_i}_{N_1 \text{ を含む}}\Biggr).
\end{aligned} \tag{20.47}$$

この式を U_1 で偏微分して，それが平衡状態ではゼロになることから，$B_1 = \left[1+(\varphi_{\rm ex}(r_1)-\varphi_{\rm ex}(r_M))/c^2\right] B_M$ を得る．綺麗な対称形にするために，両辺を $(1+\varphi_{\rm ex}(r_1)/c^2)$ で割り算して，弱重力近似の条件式 (20.35) を用いると，

$$(1-\varphi_{\rm ex}(r_1)/c^2)B_1 = (1-\varphi_{\rm ex}(r_M)/c^2)B_M. \tag{20.48}$$

他の部分系についても同様だから，(20.36)，(20.37) を得る．

化学ポテンシャルについては，式 (20.47) を N_1 で偏微分して，それが平衡状態ではゼロになることから，

$$\begin{aligned} &B_1\mu_1 + B_M(1-\varphi_{\rm ex}(r_M)/c^2)m\varphi_{\rm ex}(r_1) \\ &= B_M\mu_M + B_M(1-\varphi_{\rm ex}(r_M)/c^2)m\varphi_{\rm ex}(r_M) \end{aligned} \tag{20.49}$$

を得るが，(20.48) を用いて整理すれば，

$$(1+\varphi_{\rm ex}(r_1)/c^2)\mu_1 - (1+\varphi_{\rm ex}(r_M)/c^2)\mu_M = m(\varphi_{\rm ex}(r_M)-\varphi_{\rm ex}(r_1)). \tag{20.50}$$

$\mu_2, \mu_3, \cdots$ についても同様だから，(20.40)，(20.41) を得る．

20.2.4 ♠♠ 別の導出と解釈

上記の結果をスマートに理解するために，20.1.4 項と同様のやり方で導出してみよう．すなわち，U'_i と N_i を独立変数に採用して計算をやり直す．U'_i を用いるのだから，2.4 節や 9.6 節で述べたように，r_i もエントロピーの自然な変数に含めるべきであるが，今は r_i を固定して考えているので省略できる．

$E_{\rm rel} = \sum_{i=1}^M U'_i$ と $N = \sum_i N_i$ を一定にして，要請 II のエントロピー最大の原理を適用すると，$E_{\rm rel}$ も N も単純和なので，9.3 節の計算がどの 2 つの部分系の間にも当てはまり，たとえば $B'_1 = B'_M, B'_1\mu'_1 = B'_M\mu'_M$ を得る．こうして（添え字「rel」を付けてやれば），(20.37)，(20.41) を得る．つまり，**$T'_{\rm rel}, \mu'_{\rm rel}$ というのは，実は，相対論的なエネルギーを U' として構成した熱力学の T', μ' なのである．**

一方，エントロピーの値は独立変数の選び方に無関係であるから，

$$S_i = S'_i(U'_i, N_i) = S_i(U_i, N_i) = S_i((1-\varphi_{\rm ex}(r_i)/c^2)U'_i - N_i mc^2, N_i). \tag{20.51}$$

まずこれを U'_i で微分すれば，

$$B'_i = (1 - \varphi_{\rm ex}(r_i)/c^2)B_i \tag{20.52}$$

となり，（添え字「rel」を付けてやれば）(20.36) を得る．次に，(20.51) を N_i で微分すれば，

$$-B'_i\mu'_i = -B_i(\mu_i + mc^2) \tag{20.53}$$

を得るが，B'_i の結果を代入すれば，

$$\mu'_i = (1 + \varphi_{\rm ex}(r_i)/c^2)\mu_i + m\varphi_{\rm ex}(r_i) + mc^2. \tag{20.54}$$

最後の mc^2 は r に依らない定数だから無視すれば，（添え字「rel」を付けて）(20.40) を得る．

問題 20.1 U'_i ではなく，もとの U_i を独立変数に採って，(20.37), (20.41) を導け．

20.2.5 ♠♠ 結果の物理的な由来

相対論的な 20.2 節の結果の $c \to \infty$ 極限をとれば非相対論的な 20.1 節の結果が再現されるから，20.2 節の結果を基にして，外場で不均一が生じる系の熱力学の結果の物理的な由来を振り返っておこう．

一般に，熱力学では，エネルギー U にどこまでを含めるかには，任意性がある．そして，U にどこまでを含めるかで，温度や化学ポテンシャルの値が変わりうる．その自明な例は，一粒子エネルギーの原点を変えたら（これは N に比例するような量を U に加えたことになる），化学ポテンシャルの値がシフトするという結果 (20.19) である．

とくに，外場がある場合には，外場との相互作用エネルギー（ポテンシャルエネルギー）も U に含めた U' を採用する方が簡明になる．保存されるエネルギーは，U ではなくて U' だからだ．とくに，U' を採用した熱力学で定義された熱力学量 $T', \mu', \cdots$ は，平衡状態では位置に依らずに一定になる，というわかりやすい結果が得られる．

しかし，$T', \mu', \cdots$ は，個々の地点（の近傍の部分系）における本来の熱力学量 $T, \mu, \cdots$ とは値が異なる．後者は，U を採用した熱力学で定義される．そこで，$T', \mu', \cdots$ の結果を，$T, \mu, \cdots$ に翻訳する必要がある．そのとき，外場のポテンシャルが位置に依存するために，$T', \mu', \cdots$ と $T, \mu, \cdots$ の間の関係

式が，やはり位置に依存してしまう．そのために，$T', \mu', \cdots$ とは違って，たとえ平衡状態でも，$T, \mu, \cdots$ は位置によって異なってしまう．

ただし，温度についてだけは，相対論的な場合には $T \neq T'$ となるものの，非相対論的な場合には $T = T'$ となる．これは，非相対論的な場合にはエネルギーと外場のポテンシャルが結合しない（単なる和になる）という特殊事情に依るものである．

さて，これらの結果（とくに相対論的な結果）は，温度の一様性を基本的要請にはしないで，エントロピー最大原理（要請 II）を基本原理にしたおかげで，はじめて導出されたものであった．これは，ミクロに見てもそうあるべきで，エントロピー最大原理というのは，圧倒的多数を占める（マクロに）似たような状態が実現される，ということなので[18)]，時空が歪もうが何しようが，変わらない基本原理である．それに比べたら，温度や化学ポテンシャルなどの狭義示強変数は，外場の影響とか基準の取り方で簡単に変わってしまう量に過ぎない．そのため，少し重力の効果を入れただけでも，狭義示強変数の平衡条件は変わってしまうのである．

18)　出版予定の統計力学の教科書で詳しく解説する予定である．

第21章
統計力学・場の量子論などとの関係

現代の物理学では，様々な理論，とくに物理学の骨格を成す基礎理論である熱力学・統計力学・量子論・相対論が，お互いに依存しあい関係しあっている．それについて簡単に述べよう．

21.1 物理学の基礎的な理論の分類と相互の関係

物理学の基礎的な理論を，ミクロかマクロか，平衡か非平衡か，という視点で（だから相対論は入れずに）ごく大ざっぱに整理したものを表 21.1 に掲げる．

表 21.1 物理の基礎的な理論の大ざっぱな分類．(未) と記したものは，まだ限定的なケースについてしか定式化ができていない．

ミクロ系の理論	ミクロとマクロを繋ぐ理論	マクロ系の平衡状態とその間の遷移の理論	マクロ系の非平衡状態の理論
力学，真空中の電磁気学 量子力学，場の量子論 ⋮	平衡系の統計力学 非平衡系の統計力学 (未)	平衡系の熱力学	流体力学 物質中の電磁気学 非平衡系の熱力学 (未)

第 1 列にあるミクロ系の理論は，どれも場の量子論に含めることができているので，粗っぽく言うと量子論である．第 3 列と 4 列がマクロ系の理論である．

第 2 列にある（平衡系の）**統計力学** (statistical mechanics) は，ミクロ系の理論から出発して，マクロ系で重要になる要素だけを抽出してゆく，という作業をなんらかの形で定式化することにより，ミクロとマクロを繋《つな》ごうという理論である．具体的には，次のような内容である：

(a) マクロ系の理論である熱力学に現れる基本関係式や状態方程式を，ミクロ系の理論から，運動方程式を解くことなしに計算する手段を与える．

(b) マクロ系の理論（熱力学や流体力学）とミクロ系の理論が，どのように繋がっているのか，どうして・どうやって整合しているのかを，明らかにしようとする．
まだこれは部分的にしかできていないが[1]，それでも，非常に教訓的なことが示唆されている：**運動方程式をすべて解くのが原理的に不可能だという，著しい困難（に見えたこと）が，実は逆に，マクロ系をほんの少数の変数だけで記述することを可能にしているらしい**．

(c) 非平衡系の熱力学など，まだ完成していないマクロ系の理論を，ミクロ系の法則の知識を助けにして，なんとか導き出そうとする．
まだこれは，ごく限られたケースについてしか成功していない．

これらの但し書きの部分を読むと，なにやら頼りなく思うかもしれない．しかし，ひとたび (a) の手法を正しいと認めてしまえば，統計力学はきわめて強力で有用である．そもそも，統計力学なくしては，量子論も（1.1 節で述べたように）マクロ系に対してはまったく予言能力を持たないという貧弱な理論になってしまう．

その強力な統計力学もまた，実際の予言を行おうとすると，熱力学に頼る必要がある．たとえば (a) に関しては，いくら運動方程式を解く必要はないとは言っても，任意の系に対してこの計算を遂行するのは不可能なので，なんらかの近似計算をする必要がある．ところが，一見すると良さそうに思える近似でも，熱力学の（基本関係式の具体形に依存しない）普遍的な結果と整合しないおかしな結果を与えることが，少なからずある．そういう非物理的な結果を排除したり補正したりする上で，熱力学が強力なサポートになる．また，たとえば 11.4 節で与えた熱機関の最大効率を導くのは，熱力学では拍子抜けするほど簡潔に導けたが，同じ結果を統計力学で導こうとすると大変だし，サイクル過程における「状態が戻る」の意味を熱力学よりも強い意味にする必要があ

1) 要するに，熱力学の要請 I, II について，一部を仮定して残りを示すようなことではなく，すべてをミクロな理論から導き出すことができていない．たとえば平衡状態間の遷移について，「平衡状態に外場を加えるとエネルギーが上昇する」というぐらいまでなら示せても，なぜ最初に平衡状態にあったかとか，エネルギーが上昇した非平衡状態がその後どうなるか等々の，遷移を扱う際に必須になる事項（熱力学ならいずれも要請 I により解決する！）が，十分に一般的には示せていない．

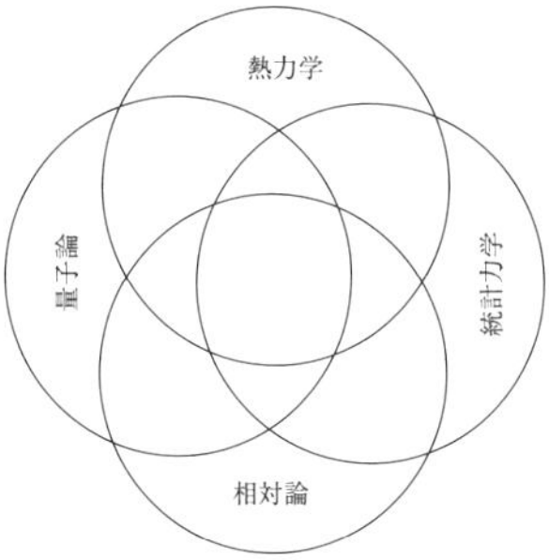

図 21.1 熱力学・統計力学・量子論・相対論は，お互いに依存しあい関係しあって，現代の物理学の根幹を成している．

ったりする．このように，熱力学は物理学の根幹を成す理論のひとつなのである．

その一方で，熱力学も，統計力学や量子論がないと，まだ実験が行われたことのない物質の性質を予言することは不可能だし，実験されている物質について熱力学の議論を展開する際にも方針が立てづらい．つまり，図 21.1 に示すように，**熱力学・統計力学・量子論（およびそこに登場する物質が「住む」時空の構造を扱う相対論）は，お互いに依存しあい関係しあっている理論体系であり，いずれを欠いても現代の物理学は立ち行かない**のである．

21.2 ♠Boltzmann エントロピー

エントロピーの自然な変数が U, V, N であるような単純系をミクロ系の物理学（量子論）で記述したときに，与えられた U, V, N の値を持つミクロな（量子）状態の数を $W(U, V, N)$ とする．このとき，

$$S_B(U, V, N) \equiv k_{\mathrm{B}} \ln W(U, V, N) \tag{21.1}$$

を **Boltzmann**（ボルツマン）**エントロピー**と言う．ここで，k_{B} は 5.5 節にも出てくる Boltzmann 定数と呼ばれる定数だが，温度とエネルギーの間の単位の換算係数にすぎないので本質的ではない．したがって，この節は $k_{\mathrm{B}} = 1$ だと思って読んだ方がわかりやすい．

統計力学によると，この $S_B(U, V, N)$ が $O(V)$ までの精度で熱力学のエントロピー $S(U, V, N)$ に一致する（より詳しくは下の補足）：

$$S(U,V,N) = S_B(U,V,N) + o(V) \quad (U/V, N/V : 一定). \qquad (21.2)$$

つまり，**$S_B(U, V, N)$ の漸近形が $S(U, V, N)$ になる**というのが統計力学の基本的な仮定である．言い換えれば，$S(U,V,N)$ は基本的に，与えられた U, V, N の値においてとりうるミクロな状態の数を対数スケールで見たものだというのだ．どれだけの種類のミクロ状態をとりうるかという，いわば「可能性の広さ」を表しているのがエントロピーだというのである[2)]．

この仮定により，ミクロ系の物理学から $S(U,V,N)$ を求めることが可能になり[3)]，まだ何も実験していないような物質のマクロな性質も予言できるようになった．つまり，ひとたび $S(U,V,N)$ が求まってしまえば，それは基本関係式であるから，後は熱力学を用いて計算・予言ができる．そうすれば，平衡状態についてはすべてが，また平衡状態間の遷移についても多くの場合に，熱力学で予言できる．

漸近形を計算するには，極限を計算するのが手っ取り早いので，実際の計算ではしばしば極限をとる．すなわち，(21.2) 式を，熱力学のエントロピー密度 $s(u,n) = S(U,V,N)/V$ $(u = U/V,\ n = N/V)$ を用いて書き換えて，

$$s(u,n) = \lim_{V\to\infty} \frac{S_B(Vu, V, Vn)}{V} \qquad (21.3)$$

を計算する．このようにエントロピーの自然な変数の密度 $u, n, \cdots$ を一定値に保って $V \to \infty$ とする極限を，**熱力学極限** (thermodynamic limit) と呼ぶ．熱力学極限をとることにより，(21.3) を機械的に計算すれば $S(U, V, N)$ が求まるので便利である．

ただし，このことから，熱力学極限の重要性がしばしば強調されすぎて，誤解を生んでいることもあるので注意しておく．実際には，**極限をとるのは漸近形を計算する便宜にすぎない**から，**ひとたび漸近形さえ求まってしまえば，有限の V について熱力学を適用できる**のである．つまり，実際には，

2)　とりうるミクロ状態の数 $W(U,V,N)$ が大きいほど，その中の大多数のミクロ状態は，乱雑さの程度が高い状態に見えがちなので，この「可能性の広さ」を「乱雑さの程度」と表現するのをよく見かける．しかし，「乱雑さの程度」をどう定量化するのかを問うとトートロジーになってしまうので，筆者は「可能性の広さ」の方が本質的だと思う．

3)　実際には計算はとても大変だが，シュレディンガー方程式をまともに解くという原理的に不可能な計算に比べれば，はるかにましである．

$$S(U,V,N) = V \lim_{V' \to \infty} \frac{S_B(V'u, V', V'n)}{V'} \quad (u = U/V,\ n = N/V) \quad (21.4)$$

により，有限の V について $S(U,V,N)$ を計算しているのである．だからこそ，統計力学で求めた $S(U,V,N)$ を用いて，**有限の V について熱力学で相転移を論じることができる**．もしも V が無限大でないと相転移が議論できないなどと思ってしまったら，17 章の相転移の議論（液相・気相転移での V の「飛び」とか，V を変化させて相転移を起こすなど）がいろいろな面で不自由になってしまう．

「$V \to \infty$ の理想極限でしか理論が well-defined でない」という反論もあるだろう．しかし，第 I 巻 p.3 の補足で述べたように，物理の理論を適用するときには，まず最初にスケールを決める必要があり，それによって有効桁数も有限に制限される．そのスケールと有効桁数の範囲内で，理想極限である $V \to \infty$ のときの結果と一致するような大きな V であれば，もはや理想極限が達成されているのと同じなのである．理想極限を考えること自体はよいのだが，**実際の物理系に適用できるところまで理論を持っていかないと，実験的な検証ができないので自然科学にはならない**．（無限体積系が存在するかとか，存在したとしても，その温度をどうやって測るのかとか想像してみて欲しい．）上記のように有限系に適用できるからこそ，自然科学の理論たりうるのである．

♠ 補足：それぞれのオーダーごとのエントロピー

18.3.3 項で述べたように，理論は，それぞれのオーダーごとに階層的に適用してゆくべきである．その結果，もしも $S(U,V,N)$ の $O(V^{2/3})$ とか $O(V^{1/3})$ の項も議論したいということになったら，それぞれのオーダーの項が，$S(U,V,N)$ と $S_B(U,V,N)$ とで一致すると考えるのが普通である．たとえば $O(V^{2/3})$ の項を議論するなら，

$$[S(U,V,N) \text{ の } O(V^{2/3}) \text{ の項}] = [S_B(U,V,N) \text{ の } O(V^{2/3}) \text{ の項}] + o(V^{2/3}) \quad (21.5)$$

ということになる．これを具体的に計算するには，

$$\lim_{V \to \infty} \frac{S_B(Vu, V, Vn) - [(21.4) \text{ で求めた } O(V) \text{ の項}]}{V^{2/3}} \quad (21.6)$$

という極限を求めて，それを $V^{2/3}$ 倍すればよい．

21.3　♠♠ 統計力学・場の量子論に熱力学が与える知見

経験によると，長距離力が本質的になる場合を除くと，すべてのマクロ物理系は熱力学に従う．考えてみれば，これはすごいことである．物理系によって構成粒子も違えば，その運動を支配する主要な相互作用の種類も様々である．そのような多種多様な物理系のどれもが，要請 I, II に従うのだ．しかも，基本関係式には，少数個の（系のサイズに依らない個数の）マクロ変数しか出てこない．それぞれの物理系は，典型的には 10^{24} あるいはそれ以上の自由度を持つのに，それらのマクロな性質は，少数個の変数しか持たない関数で記述できてしまうのだ．

このように，多種多様な系の性質が共通の性質に集約されて，その性質を記述する関数形の違い[4)]だけに個々の系が持つ個性が集約されてしまうことを，一般に**くりこみ** (renormalization) と言うことがあるが，これこそ現在知られている中で最大最強のくりこみである．現在のところ，なぜこのような不思議なことが起こるのかは十分にはわかっていない．つまり，特定の都合のよいモデルに限らず，一般にこのようなことが起こることを示すことには，まだ誰も成功していない．

しかし，これを逆さまに見ると次のように面白いことが言える．場の量子論や統計力学において何かミクロなモデルを設定したとする．上記の経験によれば，もしもそのモデルが現実の自然現象を記述する良いモデルであるならば[5)]，**マクロな現象についてはすべて熱力学と整合しないといけない**ことになる．これは，ミクロなモデルに対する大変強い制限であり知見になる．制限というのは，**勝手なモデルではいけない**ということであり，知見というのは，**わざわざ解いてみなくても熱力学の定理から様々なことが言える**ということである．

たとえば，(5.13) と整合するためには，(21.3) より

$$\ln W(U,V,N) \sim V \times (U/V, N/V \text{ だけの関数}) \tag{21.7}$$

---

4)　通常のくりこみ理論では，関数形の違いを，関数形を決めるパラメータの値の違いとして表す．

5)　現実の自然現象を記述できないようなモデルは，数学としては興味深いモデルである可能性もあるが，自然科学のモデルとしては悪いモデルである．

のように，ミクロな（量子）状態の数 $W(U, V, N)$ が振る舞わないといけない．さらに，エントロピーの凸性と整合するためには，右辺は上に凸でないといけない．さらに，温度が正であることと整合するためには，右辺を U で微分したら常に正でないといけない…等々が言える．このような熱力学が要求する様々な条件を満たすモデルを，**統計熱力学的に正常な**モデルと呼ぶことがある（参考文献 [5]）．

逆に言えば，統計熱力学的に正常なモデルだと信じるに足るモデルを採用していれば，マクロ変数と関係づけられる量に関しては，**わざわざミクロな計算をしてみなくても，様々なことがわかる**．その知見をミクロな（量子論の）計算に取り入れることによって，**ミクロな計算だけでは導くのが困難だったことを導くことができる**（実例はたとえば脚注 16 の文献）．しかも，熱力学から得られる知見はモデルの詳細に依らないので，そうして得られた結果は，**一群のモデル全体に対して成り立つ普遍的な結果**である．

さらに，**熱力学と整合するモデル全体に成り立つべき結論を導き出すことさえできる**．たとえば，エネルギーの自然な変数 $S, V, X_2, X_3, \cdots$ のうち，S, V 以外の変数は[6]，場の量子論では局所物理量を表す演算子の全体積にわたる和（積分）で表せると考えられる．したがって，並進対称な状態を考えると，これらの変数の密度 $s = S/V$, $x_2 = X_2/V$, $x_3 = X_3/V$, $\cdots$ のうち，エントロピー密度 s 以外は，局所物理量の期待値になる．一方，エネルギー密度 $u(s, x_2, x_3, \cdots) \equiv U(S, V, X_2, X_3, \cdots)/V$ の絶対零度極限[7] $u(0, x_2, x_3, \cdots)$ は，$x_2, x_3, \cdots$ の期待値を固定したときの最低エネルギー状態のエネルギー密度 $\mathcal{U}(x_2, x_3, \cdots)$ と $V \to \infty$ で（有限の V では，$o(V)/V$ の誤差の範囲内で）一致するはずだ．したがって，熱力学の u の凸性（定理 5.10）より次の定理を得る[8]：

---

6) S は熱力学に特有な量だし，V は空間的な境界条件であるから除かれる．ただし後者は，境界を形成する物質のマクロな位置として表せば，局所物理量を表す演算子の和で表現することもできる．

7) 第 I 巻 p.89 の補足で述べたように，絶対零度極限をとると $u(s, x_2, x_3, \cdots)$ は一般には連続的微分可能でなくなりうるが，凸性は保持されると考えられる．

8) ただし，$\mathcal{U}(x_2, x_3, \cdots)$ が水平な部分を持つ場合は，最低エネルギー状態に次節で述べるように異常にゆらぎが大きい状態も入ってくるので，この定理の解釈はやや難しくなることは注意しておく．

定理 21.1　熱力学と整合する場の量子論のモデルにおいて，エネルギーの自然な変数のうちのエントロピー以外の変数の密度の期待値を $x_2, x_3, \cdots$ とする．これらを固定したときの並進対称な最低エネルギー状態のエネルギー密度 $\mathcal{U}(x_2, x_3, \cdots)$ は，$o(V)/V$ の誤差の範囲内で，$x_2, x_3, \cdots$ について下に凸である．

たとえば，秩序変数 Φ をきちんと 18.1.2 項の条件 (1)〜(4) を満たすように選んでおけば，その密度 $\phi = \Phi/V$ は $x_2, x_3, \cdots$ のひとつになるから，$\mathcal{U}$ は ϕ について下に凸である．特に，もしも ϕ が場の期待値であれば，$\mathcal{U}$ は場の量子論で**有効ポテンシャル** (effective potential) と呼ばれる量に対応する．したがって，

定理 21.2　熱力学と整合する場の量子論のモデルの有効ポテンシャルは，$o(V)/V$ の誤差の範囲内で，場の期待値について下に凸である．

これに対応する定理を場の理論の講義で聴いたことがある人もいると思うが，場の理論では証明にそれなりの長さが必要だった．ところが熱力学を用いると，わざわざ証明するまでもなく，この定理が自明に導けてしまったのである．さらに，定理 21.1 は場の理論のものよりもずっと一般的で，ϕ 以外の変数についても凸性を主張しているし，ϕ についても Φ が 18.1.2 項の条件さえ満たしていれば何でもよい．

この定理の応用例として，相転移が起こるときの有効ポテンシャルの振舞いを見てみよう．絶対零度の極限では，$F = U - 0 \times 0 = U$ だから，F/V の振舞いと同じになるはずである．したがって，我々が前章で得た，正しい凸性を持つ F のグラフの例（図 18.2，図 18.3）が，そのまま上記の定理を満たす正しい有効ポテンシャルのグラフの例になる．

これに対して，場の量子論の教科書などで，図 18.4 のような「有効ポテンシャル」のプロットを見かけることがあるが，それは下に凸でないので上記の定理に反する．したがってそれは，「ϕ が与えられた値を持つようなあらゆる状態の中で最小のエネルギー密度を持つ状態のエネルギー密度」として定義さ

れた真正の有効ポテンシャルではないことがわかる．それでは何かというと，対称性の破れた状態を見つけ出すための補助概念として導入された別の「有効ポテンシャル」なのである．これは，真正の有効ポテンシャルを計算するつもりで簡単な近似計算を行っても（近似的に）得られるので紛らわしいが，混同しないように注意して欲しい．両者の物理的な違いは，図 18.2・図 18.3 の水平な部分にあたる状態を含むかどうかである．それらの状態の中には，18.2.5 項で述べたようなドメイン構造を持つ状態だけではなく，次節で述べるようなドメイン構造を持たない対称性の高い状態も含まれている．

また，よく知られているように，場の理論をユークリッド化すると統計力学の分配関数などと同じ形の計算式になる．したがって，**上記の定理に限らず，場の量子論に出てくるいくつかの重要な量は，$o(V)/V$ の誤差の範囲内で熱力学に出てくる量に還元でき（したがって，$V \to \infty$ では，熱力学に出てくる密度たちに誤差なく還元でき），熱力学の知識から有用な結論を導き出すことができる**．場の理論だけで考えているとわかりにくかったことが，そうして熱力学に還元することにより，容易に理解できるようになることも少なくないと思われる．

有限温度の場の量子論についても少し触れておこう．無限体積系では Gibbs 状態 $\hat{\rho} = e^{-\beta \hat{H}}/Z$ で状態を表すことはできない．なぜなら，$\hat{H}$ の固有値が $V \to \infty$ では発散してしまうために，この表式が数学的に無意味な表式になってしまうからである．そこで，**Kubo-Martin-Schwinger (KMS) 条件**と呼ばれる条件を満たす状態として，平衡状態を定義する．そのときに，平衡状態を指定するマクロ変数としては，逆温度 $\beta = 1/k_{\mathrm{B}}T$ などの狭義示強変数を含む変数の組を採用している．しかしながら，本書で何度か強調したように，狭義示強変数を含めてしまうと，相共存領域においては平衡状態の指定が不完全になってしまう．したがって，本当は，エントロピーの自然な変数の密度[9)]で状態を指定しなければならない，というのが熱力学の教えである．つまり，KMS 条件の代わりに，エントロピーの自然な変数の密度を用いた新しい条件で平衡状態を定義することが必要なのである[10)]．これもまた，場の量子論に熱力学が決定的な知見を与える好例である．

また，相転移がある場合に場の理論で真空たちの構造を決めるのに，17.7.2

9) 無限体積系を考えているから，密度にしないと発散してしまう．

10) 場の理論における熱力学的状態の特徴付けを長年研究してこられた小嶋泉氏は，筆者のこの指摘をただちに了解し，そのような定式化の妥当性を確認した．

項の一般化された相律や，17.9.5 項の対称性があっても成り立つ相律や，17.9.6 項の相の割合の一意性の条件が大いに役立つはずである．これについては，現状では場の理論と熱力学の両方に精通した研究者が少ないのでまだ実例が少ないが，今後の発展が期待される．

21.4 ♠♠ マクロ系の様々な状態

マクロ系の状態の中には，熱力学で通常扱われる状態以外にも，様々な状態が原理的にはありうる．それらと熱力学の関係を簡単に述べる．

21.4.1 ♠♠ 絶対零度極限は基底状態とは限らない

(21.2) によると，**$S_B(U, V, N)$ と $S(U, V, N)$ には $o(V)$ の項だけの違いはありうる**．同様にして，自由エネルギーについても，**統計力学の $-k_{\rm B}T \ln Z$ ($\equiv F_B$) と熱力学の F には $o(V)$ の項だけの違いはありうる**．

たとえば，後述のように，秩序変数がハミルトニアンと交換しないような量子系の F_B は，$T < T_c$ において図 18.2（p.104）の右側のような図とはややずれて，図 21.2 のように秩序変数の値がゼロの付近が $o(V)$ だけ下がることがしばしば起こる．これは，そのような量子系では，（有限体積の）厳密な基底状態が完全な対称性を持つ状態になり，対称性が破れている状態はそれよりもエネルギーが高くなってしまうためである（21.4.2 項参照）．

この事実をきちんと把握していないと，しばしば混乱の元になる[11]．たとえば，「基底状態が縮退しているから対称性が自発的に破れる」などというよく見かける議論は，21.4.3 項で説明するように，一般には正しくない．したがって，**絶対零度極限の状態を基底状態と決めつけるのは，一般には誤り**である．

21.4.2 ♠♠ ドメイン構造を持たずに相が「共存」する状態

18.3.3 項において，F が水平になっている部分の状態ではドメイン構造ができると述べた．実際，普通に実験すればドメイン構造ができることも多いの

11) もしも簡単な近似計算ですませるならば，このような厳密な基底状態は得られないし，図 18.4 のように凸性も大きく破れることが多いが，それが近似の限界だということを認識しておく必要があるだろう．そのような，**本書で説明したことをきちんとわかった上で使うのであれば，簡単な近似計算（たとえば平均場近似）は極めて有用**である．

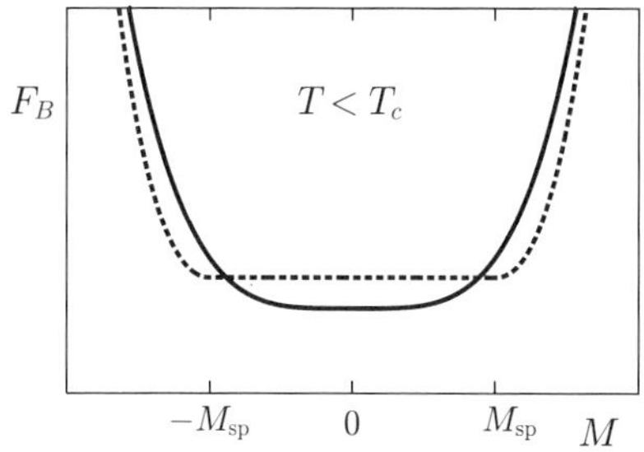

図 21.2 量子系の F_B は，$T < T_c$ において，熱力学の F（点線）よりも，秩序変数の値がゼロの付近が $o(V)$ だけ下がることがある．図では秩序変数を M と書いたが，反強磁性体などの，全磁化とは異なる秩序変数を持つ系でこうなることが多い．

だが，原理的には別の可能性もある．

たとえば次のような状況を考えよう．T_c より高温の常磁性相にある強磁性体を箱の中に入れて，$T < T_c$ まで冷やして平衡状態になるまで待つ．ドメイン構造も（ドメイン・ウォールによる自由エネルギーの上昇のために）解消されてしまうぐらい，十分冷やして十分に長い時間待つ．そうしてできる状態を ψ と定義する[12]．外場などが何もかかっていないという理想的な条件下でこのような実験をすると，状態 ψ においてできている $\vec{M}$ は，絶対値は $M_{\mathrm{sp}}(T)$ と決まっているが，どんな向きを向いているかは，実験するたびに変わる．つまり，状態 ψ における $\vec{M}$ の向きは，11.7 節で述べた**本質的に定まらない部分**の一例である．もちろん，ψ に対して $\vec{M}$ の測定を行ってやればどの向きの $\vec{M}$ が出来ているか確認できるが，測定前の状態である（と我々が定義した）ψ では $\vec{M}$ の向きは定まっていない，ということである．このような状態 ψ も，原理的にありうる状態である．

具体的に見るために，$\vec{M}$ の絶対値が $M_{\mathrm{sp}}(T)$ で向きが $\vec{\theta}$ であるような状態（それを $\psi_{\vec{\theta}}$ と記す）と ψ がどんな関係にあるか考えよう．測定するまでは，どの向きになりやすいということもないのだから，状態 ψ というのは，すぐ下で述べる量子的な重ね合わせ状態でないとすれば，様々な $\vec{\theta}$ を持つ状態 $\psi_{\vec{\theta}}$

12) 参考文献 [11] の 2.6 節で解説したように，自然科学である物理学で状態を定義するには，このように，量子論とか古典論とかの特定の理論形式に依らずに，その状態の実験的準備の仕方で定義するのが最も自然かつ健全である．そうしておけば，特定の理論形式が破綻している状況であると後から判明しても，状態の定義自体は揺るがない．

たちを等しい確率で混合した，古典混合状態[13] ψ_{mixed} であろう．どの $\vec{\theta}$ を持つ $\psi_{\vec{\theta}}$ も F の値は同じだから，それを混合した ψ_{mixed} の F も同じ値を持つ．したがって，この状態が，F の水平な部分の（中央の $\vec{M}=\vec{0}$ の）状態のひとつとしてありうる．$\psi_{\vec{\theta}}$ はドメイン構造を持たないので，ψ_{mixed} もドメイン構造を持たない空間的に均一な状態である．したがって，ドメイン・ウォールのせいで自由エネルギーが $o(V)$ だけ高いということもない．

ψ としては，あるいは次のような量子状態も考えられる．簡単のため，基底状態を考える．もしも，様々な $\vec{\theta}$ を持つ状態 $\psi_{\vec{\theta}}$ たちのどれもが基底状態であれば，それらを任意の重ね合わせ係数で重ね合わせた純粋状態 ψ_{pure} も基底状態である[14]．そして，重ね合わせの結果として，$\vec{M}$ の期待値は，絶対値が $M_{\mathrm{sp}}(0)$ より小さくなる[15]．このような状態も原理的にはありうる．これもドメイン構造を持たない空間的に均一な状態である．

さらに，秩序変数とハミルトニアンが交換しないような量子系では，相転移を（熱力学的には，あるいは体積無限大の極限では）起こすにもかかわらず，有限体積における厳密な基底状態は，対称性の破れた $\psi_{\vec{\theta}}$ ではなく，完全に対称な状態 $\psi_{\mathrm{symmetric}}$ になる場合があることが知られている[16]．ψ はこの厳密基底状態 $\psi_{\mathrm{symmetric}}$ でありうる．これは完全に対称な状態なので，$\vec{M}$ の期待値はゼロであり，F の水平な部分の状態のひとつとしてありうる．

実は，$\psi_{\mathrm{mixed}}, \psi_{\mathrm{pure}}, \psi_{\mathrm{symmetric}}$ はいずれも，通常の熱力学の範囲からは逸脱した状態である．なぜなら，計算してみればすぐわかるように，示量変数である $\vec{M}$ のゆらぎ（標準偏差）が，$O(V)$ になってしまうからだ．そのために，2.8 節で述べた「示量変数のゆらぎが $o(V)$ である」という通常の状況になっていないのだ．このような異常な状態を，ここでは**異常にゆらぐ状態**と呼ぶことにしよう．これに対して，どんな示量変数のゆらぎも $o(V)$ であるような，通常の熱力学の前提を満たしている状態を**正常にゆらぐ状態**と呼ぼう．

---

13) 古典論の混合状態については，参考文献 [11] の 2.5.5 項を見よ．

14) ψ_{pure} も，すぐ下で出てくる $\psi_{\mathrm{symmetric}}$ も，下で述べるように，無限体積の系では純粋状態としてはありえない状態なのだが，有限体積系では純粋状態である．

15) たとえば，$\psi_{\vec{\theta}}$ と $\psi_{-\vec{\theta}}$ を同じ係数で重ね合わせたら，$\vec{M}$ の期待値はゼロになる．

16) A. Shimizu and T. Miyadera, Phys. Rev. E **64** (2001) 056121 で示されたように，$\psi_{\vec{\theta}}$ と $\psi_{\mathrm{symmetric}}$ のエネルギー期待値の差 ΔE は，$V\to\infty$ の極限でも，一般には解消しない．なお，$\lim_{V\to\infty}\Delta E\neq 0$ ではあっても $\Delta E=o(V)$ なので，$\psi_{\vec{\theta}}$ の方がエネルギーが高いことは，（熱力学的にあるいは体積無限大の極限で）相転移が起こることとは矛盾しない．

異常にゆらぐ状態は，無限体積極限ではある種の混合状態になることが，（いわゆる公理論的場の理論のひとつである）代数的場の理論で厳密に示されている．したがって，$\psi_{\rm pure}$ や $\psi_{\rm symmetric}$ は有限体積系では純粋状態であるが，無限体積極限では混合状態になってしまうのである．この場合の混合状態は，少数自由度系でよく見かけるようなミクロ状態だけが異なる（マクロには同じ）状態たちの混合ではなく，マクロに異なる状態たちを混合した，特殊な状態である（そのため，代数的場の理論では**混合相** (mixed phase) と呼ばれることもある）．無限体積系がそのような状態にある（大きな系の実際の状態がそれで近似できる）とは考えがたいので，**場の理論や統計力学では，無限体積系の真空状態や平衡状態が正常にゆらぐ状態にあることを**[17]**，通常は要請する**．そして，その状態と，そこからの有限励起状態たちだけを扱うように定式化される．そうすれば，ほとんど有限自由度系の量子力学と同じような整合した議論ができるのである．

21.4.3 ♠♠ 場の量子論や統計力学における対称性の破れ

ところで，図 18.2・図 18.3 の水平な部分の端の状態（水平な部分の中で $|\vec{M}|$ が最大になる状態）はどれも，正常にゆらぐ状態である．それは明らかに複数個ある（特にこれらの図の場合は無数にある）．通常の場の量子論や統計力学では，上記のことから，その中からどれかひとつの状態を真空状態や平衡状態として選び出すことになる．そうすると，18.1.1 項や 18.2.2 項で述べたように，対称性が破れる．これが，場の量子論や統計力学における対称性の破れである．

しばしば，「基底状態が複数個縮退していて，どれも対称性を破っているから，どれかひとつを選ぶと対称性が破れる」というような説明を見かけるが，これは正確な説明とは言いがたい．上述の $\psi_{\rm pure}$ や $\psi_{\rm symmetric}$ のように，普通の真空と同じエネルギー密度を持つのに異常にゆらぐ状態もあるからだ．（特に $\psi_{\rm symmetric}$ は，エネルギーで言えば純粋相の真空より低い！）

こうしてどれかひとつの真空状態なり平衡状態なりを選び出すと，U が最小の状態はひとつだけになるから，自動的に Nernst-Planck の仮説が満たされる．逆に言えば，普通の場の量子論や統計力学は，Nernst-Planck の仮説まで含めて熱力学と整合するように理論を構成している，とも言える（詳しく

17) 正確に言えば，**クラスター性** (cluster property) と呼ばれる性質を持つこと．

は，下の補足）．

では，そもそもなぜ異常にゆらぐ状態ではいけないのか？ 無限体積系であれば，そのような状態を既約表現するヒルベルト空間は構成できないことが証明されてはいるが，なぜ既約表現でなければならないのか？ それに，現実の物理系である有限体積系では，$\psi_{\rm pure}$ や $\psi_{\rm symmetric}$ のような示量変数のゆらぎが $O(V)$ の状態も，通常のヒルベルト空間で（純粋状態として）既約表現できるのだ．したがって，「示量変数のゆらぎが $O(V)$ の状態は，ごく一部を測るような測定に対してすら不安定だ」という一般的定理[18]に答えを求めるのが自然ではないだろうか．すなわち，そのような状態がたとえ作れたとしても，ごく一部を測るだけで壊れてしまうからではないだろうか[19]？

♠♠ 補足：Nernst-Planck の仮説が成り立つ訳

統計力学では「Nernst-Planck の仮説が成り立つのは量子効果のためである」と説明するのが普通である．つまり，(21.1) において，エネルギー U を小さくするにつれて，そのエネルギーを持つ量子状態の数 $W(U,V,N)$ が減り，ついには $\ln W$ が $o(V)$ になってしまう，と言うのである．（そうすると，(21.4) より $S = 0$ になる．）たしかに，もっともらしいモデルではすべてそのようになっている．しかし，量子系でありさえすれば何でもよいかというと，U をいくら下げても $\ln W$ が $O(V)$ に留まり続けるような量子系のモデルも（たとえば相互作用が長距離になるモデルなどで）簡単に作れるので，ノーである．だから，高い視点から眺めてみると，**量子論のモデルと，そこで扱う状態たちは，Nernst-Planck の仮説を満たすように選ぶべし**と，逆に熱力学が量子論に制限を課している，と見ることもできる．

18) A. Shimizu and T. Miyadera, Phys. Rev. Lett. **89** (2002) 270403. また，M. Tatsuta and A. Shimizu, Phys. Rev. A **97** (2018) 012124 の Appendix も参照のこと．

19) もちろん symmetry-breaking field を導入すれば純粋相を取り出すことができるが，脚注 18 の文献で論じたように，強磁性体のような単純な場合を除くと，目の前の試料に適した symmetry-breaking field が常にあらかじめ実験室に存在するなどとは考えにくい．また，不純物の効果も，一般には十分なエネルギー差を作り出せない場合があるし，そもそも不純物がない系における問題解決にはならない．

21.5 ♠♠ 相対論などとの関係

相対論的な効果があるときの熱力学について，現時点ではっきりわかっていることは，既に 20.2 節で説明した．最後に，その補足的な事項と，まだ研究途上の事柄を述べる．

相対論は，熱力学と同じく古典論（正確に言うと，参考文献 [11] に述べた「局所実在論」）であるから，熱力学との相性は良い．そもそも，マクロ現象が起こる舞台としての時空の理論がないと熱力学は困るので，相対論は熱力学を背後で支えているとも言える．他方，一般相対論を用いて宇宙のようなマクロ系を扱う場合には，しばしば熱力学が中心的な役割を果たす．たとえば，宇宙の初期にインフレーションと呼ばれる急膨張があったのではないかという仮説がある．急膨張により温度が下がるので，一次相転移が起こり，潜熱が解放され…と熱力学を駆使して議論してゆく仮説である．ここでも異なる理論の助け合いの構図が見られる．

さらに，物理学の大きな課題として，一般相対論（重力）と量子論の統一があるが，そこでも熱力学が重要な役割を果たしている．その典型例がブラックホールの熱力学である[20]．これは，熱力学エントロピーに似た量がブラックホールに定義できるというところから始まった議論だったが，適当な設定の下では，どうやら本当に熱力学の法則を（第三法則については不明だが）満たすらしい[21]．そして，重力を含む量子論の候補のひとつを用いて，統計力学でブラックホールのエントロピーを計算してみると，すべての辻褄が合うそうだ．これは 2 つの重要なことを意味する．ひとつは，熱力学が，ブラックホールのような時空が極端に歪んでいるような状況でも成り立つほどの強大な普遍性を持っていることである．もうひとつは，重力を含む量子論の候補がたくさんある中で，どれが良い理論であるかを絞り込むときに，「ブラックホールに適用したときに熱力学と整合する結論を出すか」というテストが，格好の試金石（あるいは手がかり）になることだ．熱力学は，重力と量子論を統一しようとするときにも，重要な役割を演じているのである．

---

20) 以下のブラックホールに関する記述は，主に向山信治氏から筆者が聞きかじったことであるが，読者の参考になると考え，ここだけは聞きかじりを書いておく．

21) ただし，重力に特有な力の長距離性によりエネルギーが相加的にならないことなど，微妙な問題もある．

このことは，Einstein が 1905 年のいわゆる「奇跡の年」の 3 つの論文（相対論，光電効果，ブラウン運動）の理論を作るときに，熱力学だけが正しい理論だという信念に基づいて，熱力学に整合するように理論を作っていったというエピソードを思い起こさせる．Einstein ほどの偉大な物理学者は，熱力学の強大な普遍性をよく理解していたのであろう．

この章で述べてきたことは，熱力学と他の理論との深い関係のほんの一端にすぎないが，これらの例を読んだだけでも，読者は図 21.1（p.185）の意味を実感していただけたのではないだろうか？　これに限らず，自然科学の様々な理論は，相互に依存し合い，助け合っているものである．そのことを常に意識して，自然現象という広大で魅力的な対象の理解に挑戦して欲しい．

あとがき

本書では，熱力学の重要な事項を，通常の教科書よりも一般的にかつ丁寧に解説した．平衡熱力学の基礎知識としては，これで十二分だと思われる．

したがって，化学系や生物系や工学系に進むのであれば，ここから先は様々な系への熱力学の応用を，多くの具体例を通して学ばれることをお勧めしたい．

一方，物理系に進むのであれば，統計力学や量子論の習得に進まれることを勧める．それらを学ぶ中で本書の内容を思い出してもらえれば，統計力学や多体系の量子論についての理解も一層深まるに違いない．そして，統計力学も場の量子論も（できれば有限温度の場の量子論まで）ひととおり学び終えてから，もう一度本書を取り出して，スペードマークの付いた項目も含めて読みかえしてみれば，様々な知識が繋がり，視界が広がるような感覚を覚えていただけるのではないだろうか．

筆者が研究時間を削って多大な時間を割いてまで「○○の基礎」というタイトルのシリーズの執筆を始めた理由は，あまりにも計算方法の習得や個別の応用に重心を置きすぎて，基礎的なことがおろそかにされる風潮が蔓延《まんえん》しているように感じるからだ．応用さえできればそれでいい，という考え方もありうるが，基礎が身に付いていないことが，個別の応用にも悪影響を与えている事例が多いように思う．参考文献 [11] にも書いたが，学問でもスポーツでも，基礎が大事であると繰り返し強調される理由は，基礎を身につけていないために困っている人がとても多いからではないだろうか？

本書によって，読者が熱力学の基礎をしっかりと身につけて下さることを願いつつ，筆を置く．

参考文献

本書では割愛した科学史を詳しく述べた文献としては，次の大作が評価が高い：

[1] 山本義隆『熱学思想の史的展開』(現代数学社).

また，1.3 節の A の流儀の教科書として有名なのは，

[2] H.B. Callen, *Thermodynamics and an introduction to thermostatistics*, 2nd edition (Wiley, 1985).

この第 2 版では抜け落ちているが，第 1 版のまえがきには，L. Tisza の講義の内容に従って本を書いたと記してある．しかし，1.3 節で述べたように A の流儀を提唱したのは J. W. Gibbs であり，その論文は次の論文集にまとめられている：

[3] The Scienetific Papers of J. W. Gibbs Vol. I (Longmans, Green, and Co., 1906). 現時点では Ox Bow Press から出版されている.

一方，B の流儀の教科書は非常に多い．この流儀の中で比較的よさそうな和書を挙げると，たとえば，

[4] 原島鮮『熱力学・統計力学』(培風館）の前半

[5] 久保他『大学演習 熱学・統計力学』(裳華房).

しかし，これらの「古典」が熱力学がわからない人を大量生産してきた事実は重いので，今なら

[6] 田崎晴明『熱力学 — 現代的な視点から』(培風館)

をお勧めする．

これらとは別のアプローチもある．たとえば，熱力学をひとつの数学理論のように組み上げた例として

[7] E. H. Lieb and J. Yngvason, Physics Reports **310** (1999) 1

を挙げておく．また，統計力学と融合したような形で理論を展開する教科書も多いのだが，このやり方では，ほぼ間違いなく熱力学の理解が不完全になる．その中で，

[8] ランダウ・リフシッツ『統計物理学』(岩波書店)
は例外的にすばらしいが，とても難しいし，熱力学の価値をわかりにくくした負の側面も持つので，熱力学をきちんと身につけてから読んだ方がいいと思う．

熱力学で用いる数学については，たとえば，

[9] 高木貞治『解析概論』(岩波書店) の前半
[10] 山本昌宏『基礎と応用 微分積分』(サイエンス社)
をお勧めする．[9] はいわずと知れた名著だが，[10] は微分・積分の「ココロ」が書いてあって，理工系の学生なら是非持っていたい一冊である．

また，本書では，できるだけ高い視点から熱力学を理解して欲しいので，ときどき量子論を引き合いに出して説明している部分がある．だから，量子論もできるだけ高い視点から書かれた本を参考にするのが良い．易しい本でそのような書き方をしているものはなかったので書き下ろしたのが，拙著

[11] 清水明『新版 量子論の基礎』(サイエンス社)
である．

なお，筆者が具体的な文献名を挙げたからといって，それは，**決してこれらの文献に不満や誤りがないということではない**．もともと，自分が書いた文献以外に，責任を持てるはずがない．特に，本文中でも述べたように，熱力学はたいへん難しい理論体系であるので，どの本にも（この本にも）少なからぬ不満点がある．しかし，**たとえ完璧な本があったとしても，結局は自分で計算をやり直すなどして自分の頭で整理し直して消化しないと身に付かない**ことを注意しておく．それは，どんなに素晴らしいサッカーの本を読んでも，実際にボールを蹴って練習しなければサッカーができないのと同じことである．

付録 C

二次形式

二次形式については，齋藤正彦『線型代数入門』（東京大学出版会）や有馬哲『線型代数入門』（東京図書）などを参照して欲しいが，ごく簡単に記しておく．

k 行 l 列成分が a_{kl} であるような $n \times n$ 実対称行列 $A = (a_{kl})$ と，n 行 1 列の実ベクトル $\boldsymbol{x}$ について，

$$\boldsymbol{x}^t A \boldsymbol{x} = \sum_{k,l} a_{kl} x_k x_l \tag{C.1}$$

を**二次形式** (quadratic form) と呼び，A を**係数行列**と呼ぶ．ただし，t は転置行列を表す．

もしも二次形式の値が，どんな $\boldsymbol{x}$ についても負にならなければ，その二次形式および係数行列 A は，**非負定値** (non-negative definite) であると言う．同様に，二次形式の値がどんな $\boldsymbol{x}$ についても正にならないとき，その二次形式および A は，**非正定値** (non-positive definite) であると言う．

A が非負定値であるとき，$\boldsymbol{x} = (0, \cdots, 0, x_k, 0, \cdots, 0)^t$（$k$ 成分が x_k で他はゼロ）と選ぶと

$$\boldsymbol{x}^t A \boldsymbol{x} = a_{kk} x_k^2 \geq 0 \quad (k = 1, 2, \cdots, n) \tag{C.2}$$

となるから，A の**対角成分は非負**だということがわかる．また，$\boldsymbol{x}$ を A の固有ベクトルに選べば，A の**どの固有値も非負**ということがわかる．また，p 個の自然数 $(1 \leq)\ j_1 < j_2 < \cdots < j_p\ (\leq n)$ を勝手に持ってきて，k 行 l 列成分が $a_{j_k j_l}$ であるような $p \times p$ 実対称行列 $A_p \equiv (a_{j_k j_l})$ を作ったとき，その行列式 $\det A_p$ を A の**主小行列式** (principal minor) と呼ぶが，A が非負定値であればその**どんな主小行列式も非負**であることが言える．「A の対角成分が非負」というのは，この結果の特殊な場合 $(p = 1)$ に相当するとも言える．

同様に，A が非正定値であれば，A のどの対角成分も，どの固有値も，どの主小行列式も非正であることが言える．

問題解答

問題 15.4 (i) (15.9) の左辺 $= \dfrac{\partial(x,z)}{\partial(y,z)}\dfrac{\partial(y,x)}{\partial(z,x)}\dfrac{\partial(z,y)}{\partial(x,y)} = -\dfrac{\partial(z,x)}{\partial(y,z)}\dfrac{\partial(x,y)}{\partial(z,x)}\dfrac{\partial(y,z)}{\partial(x,y)} = -1$. (ii) z の微分を，z が一定の場合（すなわち $dz=0$）について dy で割り算すると，$0 = \left(\dfrac{\partial z}{\partial x}\right)_y \left(\dfrac{\partial x}{\partial y}\right)_z + \left(\dfrac{\partial z}{\partial y}\right)_x$. 最後の項に (15.7) を適用して整理すれば，(15.9) を得る.

問題 17.4 エントロピーの自然な変数 U, V, N の値を相共存領域の内点にとる．たとえば 2 相が共存するとき，それぞれの相の U, V, N に添え字 (1), (2) を付けると，$S(U,V,N) = S(U^{(1)}, V^{(1)}, N^{(1)}) + S(U - U^{(1)}, V - V^{(1)}, N - N^{(1)})$ が成り立つ．$U^{(1)}, V^{(1)}, N^{(1)}$ が U, V, N の関数であることに注意して，両辺を V, N を固定して U で偏微分すると，

$$B = \frac{\partial U^{(1)}}{\partial U} B^{(1)} + \frac{\partial V^{(1)}}{\partial U}\Pi_V^{(1)} + \frac{\partial N^{(1)}}{\partial U}\Pi_N^{(1)} + \left(1 - \frac{\partial U^{(1)}}{\partial U}\right) B^{(2)} - \frac{\partial V^{(1)}}{\partial U}\Pi_V^{(2)} - \frac{\partial N^{(1)}}{\partial U}\Pi_N^{(2)}$$

を得るが，部分系の間の平衡条件 $B^{(1)} = B^{(2)}, \Pi_V^{(1)} = \Pi_V^{(2)}, \Pi_N^{(1)} = \Pi_N^{(2)}$ を代入すれば，$B = B^{(1)} = B^{(2)}$ を得る．Π_V, Π_N についても同様.

問題 17.5 (17.29) に数値を入れると，$dP_*/dT_* \simeq 3.6 \times 10^3$ Pa/K となるから，$dT_* \simeq -0.1 \times 10^5\,\mathrm{Pa}/(3.6 \times 10^3\,\mathrm{Pa/K}) \simeq -3\,\mathrm{K}$. ゆえに，$T_* \simeq 97°\mathrm{C}$ 程度と見積もれる.

問題 17.7 まず，$D(T, P, \boldsymbol{\mu})$ を考える．相が共存しているとき，$T, P, \boldsymbol{\mu}$ の値は，どの相でも同じである．この $m+2$ 個の狭義示強変数に対して，どの相でも Gibbs-Duhem 関係式が成り立たねばならない．したがって，変数の数から条件式の数を引いて，$D(T, P, \boldsymbol{\mu}) = m + 2 - r$ である．次に，$f = D(T, P, \boldsymbol{x}^{\sigma_1}, \cdots, \boldsymbol{x}^{\sigma_r})$ を考える．i 番目 $(i = 1, 2, \cdots, r)$ の相 σ_i における成分 k の化学ポテンシャル $\mu_k^{\sigma_i}$ は，$T, P, x_1^{\sigma_i}, \cdots, x_{m-1}^{\sigma_i}$ の関数である．これがどの相でも等しい：$\mu_k^{\sigma_1} = \cdots = \mu_k^{\sigma_r}$ $(k = 1, 2, \cdots, m)$. ゆえに，変数の数 $2 + (m-1)r$ から条件式の数 $m(r-1)$ を引いて，$f = m + 2 - r$ である.

索　引

太字は第II巻，細字は第I巻のページ数を表す．

[英字]

Boltzmann（ボルツマン）エントロピー **185**
Boltzmann（ボルツマン）定数　89
Carnot（カルノー）サイクル　207
Clapeyron-Clausius（クラペイロン-クラウジウス）の関係式　**55**
Clausius（クラウジウス）の不等式　190, 191
Dalton（ドルトン）則　**120**
Daniell（ダニエル）電池　**158**
Euler（オイラー）の関係式　265
Faraday（ファラデー）定数　**162**
fundamental function　249
Gibbs（ギッブズ）エネルギー　249, 258, 261
Gibbs（ギッブズ）エネルギー最小の原理　288
Gibbs（ギッブズ）エネルギー密度　259
Gibbs-Duhem（ギッブズ-デュエム）関係式　266
Helmholtz（ヘルムホルツ）エネルギー　248, 250, 251
Helmholtz（ヘルムホルツ）エネルギー最小の原理　283
Helmholtz（ヘルムホルツ）エネルギー密度　252
Henry（ヘンリー）則　**140**
Henry（ヘンリー）定数　**140**
Hess（ヘス）の法則　**53**
Joule（ジュール）の実験　122
Joule-Thomson（ジュール-トムソン）過程　**9**
Joule-Thomson（ジュール-トムソン）係数　**10**
Kosterlitz-Thouless（コステリッツ-サウレス）転移　**42**
Kubo-Martin-Schwinger （KMS）条件 **191**
Landau（ランダウ）の二次相転移の理論 **106**
Le Chatelier（ル・シャトリエ）の原理 **16, 23**
Le Chatelier-Braun（ル・シャトリエ-ブラウン）の原理　**23**
Massieu（マシュー）関数　269
Maxwell（マクスウェル）の関係式　270
Maxwell（マクスウェル）の等面積則 **91**
Nernst-Planck（ネルンスト-プランク）の仮説　112
Raoult（ラウール）則　**139**
van der Waals（ファン・デア・ワールス）気体　139
van der Waals（ファン・デア・ワールス）の状態方程式　140
van 't Hoff（ファントホッフ）係数 **127**

[あ行]

圧力 (pressure)　20, 100
圧力溜 (pressure reservoir)　280
アボガドロ定数　22
安定 (stable)　**13**

安定性 (stability) **13**, **16**
異常にゆらぐ状態 **194**
一次相転移 (first-order phase transition) 49, 253, 263, **36**, **41**, **42**
一次転移 (first-order transition) **41**
1 成分理想気体 107
一価 (single-valued) **42**
一般化された相律 (generalized phase rule) **67**
上に凸 (concave) 79, 83
液相 (liquid phase) 262, **27**
液相線 (liquidus) **71**
SPN 表示 249
SVN 表示 247
n 階連続的微分可能 10
n 次相転移 (nth-order phase transition) **42**
エネルギー移動 (energy transfer) 115
エネルギー最小の原理 (energy minimum principle) 164
エネルギー表示 (energy representation) 94, 247
エネルギー表示の示強変数 98
エネルギー密度 (energy density) 76, 94
エンタルピー (enthalpy) 249, 267, **52**
エンタルピー最小の原理 288
エントロピー (entropy) 44, 58
エントロピー最大の原理 (entropy maximum principle) 57
エントロピー増大則 172, 173, 177
エントロピー表示 (entropy representation) 94
エントロピー表示の示強変数 96
エントロピー密度 (entropy density) 76
オイラーの関係式 → Euler の関係式
応答 (response) 21
大きな乱れ **13**
同じ状態 41
温度 (temperature) 99
温度計 290

［か行］

開区間 305
会合 (associate) **127**
解析的 (analytic) 12, **27**
外場 42
外部系 (external system) 115, 149
外部系にとって準静的な過程 149
解離 (dissociate) **126**
解離度 (degree of dissociation) **126**
化学的仕事 (chemical work) 152, 299
化学反応式 (chemical equation) **146**
化学平衡の条件式 **149**
化学平衡の法則 **153**, **154**
化学ポテンシャル (chemical potential) 101, 292
化学ポテンシャル差 293
化学量論係数 (stoichiometric coefficient) **146**
可逆過程 (reversible process) 150, 181, 183
可逆仕事源 (reversible work source) 175
下限 304
可積分系 55
仮想的な状態 (virtual state) 66
仮想的に 26
仮想変位 (virtual displacement) 66
堅い (rigid) 28
片側微係数 7
片側偏微分係数 9
活量 (activity) **134**, **154**
可動 (movable) 28
過熱状態 (superheated state) **90**
「壁」 28
過飽和蒸気 (supersaturated vapor) **91**
カルノーサイクル → Carnot サイクル
過冷却状態 (supercooled state) **91**
関数行列式 **4**
完全な壁 (perfect wall) 28
完全な仕切り 28
完全な熱力学関数 249, 267

完全な容器　29
完全微分 (exact differential)　125
完全ルジャンドル変換　227
気圧　22
気液転移 (gas-liquid transition)　**34**
気化熱 (heat of vaporization)　**53**
気相 (gaseous phase)　262, **27**
気体温度計　291
気体定数　89
ギッブズエネルギー　→　Gibbs エネルギー
ギッブズエネルギー最小の原理　→　Gibbs エネルギー最小の原理
ギッブズエネルギー密度　→　Gibbs エネルギー密度
ギッブズ-デュエム関係式　→　Gibbs-Duhem 関係式
起電力 (electromotive force)　**161**
希薄溶液 (dilute solution)　**125**
揮発性 (volatile)　**140**
基本関係式 (fundamental relation)　47, 58, 249, 267
基本法則　39
逆温度 (inverse temperature)　97
逆転温度　**11**
逆ルジャンドル変換　222, 242
吸熱過程 (endothermic process)　**52**
狭義示強変数 (intensive variable in a narrow sense)　28, 97
強減少関数　6
強減少する　6
凝固点降下 (freezing-point depression) **145**
凝固熱 (heat of solidification)　**53**
強磁性 (ferromagnetism)　**98**
強磁性体 (ferromagnet)　**98**
凝縮熱 (heat of condensation)　**53**
強増加関数　6
強増加する　6
共存する (coexist)　**29**
共存線 (coexistence curve)　**35**
強単調　7
強単調関数　7
共役 (conjugate)　96, 98
共役な示量変数　97
共役な相加変数　97
局所的 (local)　**13**
局所的な安定性 (local stability)　**14**
局所平衡エントロピー　66
局所平衡状態 (local equilibrium state) 66
局所平衡状態空間　67
均一な状態　41
空洞放射 (cavity radiation)　109, 111
クラウジウスの不等式　→　Clausius の不等式
クラスター性 (cluster property)　**195**
クラペイロン-クラウジウスの関係式　→　Clapeyron-Clausius の関係式
くりこみ (renormalization)　**188**
系 (system)　1, 149
係数行列　**203**
ケルビン　100
減少関数　6
減少する　6
原理的限界 (fundamental limit)　144
光子気体 (photon gas)　109, 111
拘束　28
剛体　23
効率 (efficiency)　189
固液転移 (solid-liquid transition)　**76**
黒体 (black body)　110
黒体放射 (black body radiation)　110, 111
個々の系にとって準静的な過程　150
コステリッツ-サウレス転移　→　Kosterlitz-Thouless 転移
固相 (solid phase)　263, **32**
固相線 (solidus)　**71**
異なる状態　41
固有温度 (proper temperature)　**176**
固有化学ポテンシャル (proper chemical potential)　**176**
固溶体 (solid solution)　**124**

孤立系 (isolated system)　29
混合相 (mixed phase)　**195**
混合のエントロピー (entropy of mixing) **123**
混合の自由エネルギー (free energy of mixing)　**122**

［さ行］

サイクル過程 (cyclic process)　188
最大仕事の原理　286, 289
差分　123
三重点 (triple point)　100, 264, **35**
C^n 級　10
磁化 (magnetization)　20
磁化率 (magnetic susceptibility)　**98**
示強変数 (intensive variable)　28, 97
磁区 (magnetic domain)　**111**
仕事 (work)　152, 299
仕事から熱への変換効率　191
仕事当量　122
次数 (order)　**42**
磁性体　**97**
自然な変数 (natural variables)　47, 58, 76, 94, 268
下に凸 (convex)　79, 83
実質的に定まる　53
質量作用の法則 (law of mass action) **154**
自発磁化 (spontaneous magnetization) **98**
自発的　49
磁壁 (magnetic domain wall)　**111**
自由エネルギー (free energy)　248, 250, 258
ジュール-トムソン過程　→ Joule-Thomson 過程
ジュール-トムソン係数　→ Joule-Thomson 係数
ジュール熱　210
ジュールの実験　→　Joule の実験
主小行列式 (principal minor)　**203**
準安定状態 (metastable state)　**91**
準静的過程 (quasistatic process)　126, 150
準静的断熱圧縮　134
準静的断熱膨張　136
準静的等温圧縮　132
準静的等温過程　130
準静的等温膨張　134
昇華曲線　**35**
昇華熱 (heat of sublimation)　**53**
蒸気圧 (vapor pressure)　**50**
蒸気圧曲線　**35**
蒸気圧降下 (vapor pressure depression) **140**
上限　304
常磁性 (paramagnetism)　**98**
商集合 (quotient set)　54
状態空間 (state space)　67, 95
状態方程式 (equation of state)　108
状態量　122
蒸発熱 (heat of evaporation)　**53**
正味の　116
示量的 (extensive)　27
示量変数 (extensive variable)　27
示量変数の密度　28, 76
浸透圧 (osmotic pressure)　**129**
スカラー (scalar)　**98**
スケーリング則 (scaling relation)　**112**
スケール (scale)　3
正常にゆらぐ状態　**194**
静的　42
析出 (deposit)　**143**
積分経路　129
摂氏温度 (Celsius temperature)　99, 100
絶対温度 (absolute temperature)　99
絶対零度　88, 100
遷移 (transition)　4, 45, 174
全系 (total system)　149
全系にとって準静的な過程　150
全磁化 (total magnetization)　19
線積分　129

潜熱 (latent heat)　296, **51**
全微分 (total differential)　11
相 (phase)　49, **26**
増加関数　6
増加する　6
相加的 (additive)　27
相加変数 (additive variable)　27
相加変数の平均密度 (mean density of additive variable)　76
相共存 (phase coexistence)　49, **29**
相共存領域 (phase coexistence region) **35**
相互作用エネルギー (interaction energy) 36
操作 (operation)　45
操作限界　4
相図 (phase diagram)　**33**
相転移 (phase transition)　215, 262, **28**
相転移領域 (phase transition region) **28**, **35**
相分離 (phase separation)　49, **29**
相律 (phase rule)　**67**
束一的性質 (colligative properties) **131**
束縛 (constraint)　28

[た行]

大域的 (global)　**13**
大域的な安定性 (global stability)　**14**
第一種永久機関　209
対称性の破れ (symmetry breaking)　**94**
対称性を破る場 (symmetry-breaking field)　**101**
第二種永久機関　210
多価 (multivalued)　**42**
多原子分子　107
ダニエル電池　→　Daniell 電池
溜 (reservoir)　280
短距離力 (short-range force)　37
単原子分子　106
単原子理想気体　107
単純系 (simple system)　46
単相　**26**
単調　6
単調関数　6
断熱 (adiabatic)　28
断熱過程 (adiabatic process)　120
断熱可動壁 (adiabatic movable wall) 212
断熱材　120
断熱磁化率 (adiabatic magnetic susceptibility)　**113**
断熱自由膨張　137
断熱ピストン　120
断熱壁　120
暖房効率　205
小さいがマクロな　20
小さな乱れ　**13**
秩序 (order)　**93**
秩序変数 (order parameter)　**94**
着目系　149
着目系にとって準静的な過程　149
長距離力 (long-range force)　37, **116**
超臨界流体 (supercritical fluid)　**36**
定圧熱容量　276
定圧モル比熱　277, **6**
TPN 表示　249, 263, 264
TVN 表示　248, 264
定常状態 (steady state)　41
定積熱容量　272
定積モル比熱　275
テイラー展開 (Taylor expansion)　**24**
てこの規則 (lever rule)　**62**, **75**
転移温度 (transition temperature) 296, **33**
電位差　293
転移点 (transition point)　**28**, **33**
電解質 (electrolyte)　**127**
電気化学ポテンシャル (electro-chemical potential)　292, **163**, **167**
テンソル (tensor)　**98**
電離 (ionize)　**127**
電離度　**127**

電力　206
等温磁化率 (isothermal magnetic susceptibility)　**113**
等温線 (isotherm)　**59**
統計熱力学的に正常な　**189**
統計力学 (statistical mechanics)　**183**
同次関数　75
同次性　74
到達距離 (range)　37
同値関係 (equivalence relation)　54
同値類 (equivalence class)　54
透熱 (diathermal)　28
特異性 (singularity)　**27**
特異的 (singular)　**27**
閉じた系 (closed system)　29
凸関数　80
凸結合 (convex combination)　**82**
凸集合 (convex set)　83
突沸　**90**
ドメイン (domain)　**111**
ドメイン・ウォール (domain wall)　**111**
ドメイン構造 (domain structure)　**111**
ドルトン則　→　Dalton 則

［な行］

内点　305
内部エネルギー (internal energy)　23
内部束縛 (internal constraint)　32
2 原子分子　107
二次形式 (quadratic form)　**203**
二次相転移 (second-order phase transition)　**42**
にとって準静的な過程　149, 150
熱 (heat)　119, 148, 300
熱から仕事への変換効率　192
熱機関　193
熱源 (heat source)　123
熱素　119
熱接触 (thermal contact)　178
熱溜 (heat reservoir)　189, 279
熱平衡状態 (thermal equilibrium state) 18, 41
熱膨張率 (coefficient of thermal expansion)　**6**
熱容量 (heat capacity)　272
熱浴 (heat bath)　189, 279
熱力学 (thermodynamics)　1
熱力学エントロピー (thermodynamic entropy)　72
熱力学関数 (thermodynamic function) 249
熱力学関数最小の原理　289
熱力学極限 (thermodynamic limit) 114, **186**
熱力学第一法則　123
熱力学第三法則　112
熱力学第 0 法則　156
熱力学第二法則　173, 177, 178, 210
熱力学的自由度 (thermodynamic degrees of freedom)　**49**, **66**
熱力学的状態空間 (thermodynamic state space)　67, 76
熱力学的性質 (thermodynamic property)　52
熱力学的正方形 (thermodynamic square)　**1**
熱力学的不等式 (thermodynamic inequality)　**19**, **22**, **25**
熱力学ポテンシャル (thermodynamic potential)　249
ネルンスト-プランクの仮説　→ Nernst-Planck の仮説

［は行］

Pa（パスカル）　22
発熱過程 (exothermic process)　**52**
反磁界　**117**
半透膜 (semipermeable membrane) **128**
反応進行度 (extent of reaction)　**147**
反応熱 (heat of reaction)　**53**
ヒートポンプ (heat pump)　205

微係数　7
ヒステリシス (hysteresis)　**117**
非正定値 (non-positive definite)　**203**
左微係数　7
左偏微分係数　9
非負定値 (non-negative definite)　**203**
微分 (differential)　11
微分可能　7
微分磁化率　**101**
非平衡系の熱力学 (nonequilibrium thermodynamics)　1, 21
非平衡状態 (nonequilibrium state)　19
非平衡定常状態　291
標準圧力 (standard pressure)　**135**, **156**
標準状態 (standard state)　**154**
ファラデー定数　→　Faraday 定数
ファン・デア・ワールス気体　→　van der Waals 気体
ファン・デア・ワールスの状態方程式　→　van der Waals の状態方程式
不安定 (unstable)　**13**
不可逆過程 (irreversible process)　181, 183
不可逆性 (irreversibility)　4, 181
不完全微分 (imperfect differential)　125
不揮発性 (non-volatile)　**140**, **143**
複合系 (composite system)　26
物質量　22
物質量密度　76
沸点 (boiling point)　**34**, **75**, **142**
沸点上昇 (boiling-point elevation)　**144**
部分系 (subsystem)　25
部分ルジャンドル変換　227
普遍的 (universal)　18, **112**
不連続相転移 (discontinuous phase transition)　**81**
分圧 (partial pressure)　**121**
分子種 (molecular entity)　**118**
平均エネルギー密度　79
平均エントロピー密度　79
平均物質量密度　79
閉区間　305
平衡 (equilibrium)　156
平衡系の熱力学 (equilibrium thermodynamics)　1
平衡状態 (equilibrium state)　18, 41, 43
平衡状態間遷移　142
平衡値 (equilibrium value)　41
平衡定数 (equilibrium constant)　**152**, **155**
ヘスの法則　→　Hess の法則
ヘルムホルツエネルギー　→　Helmholtz エネルギー
ヘルムホルツエネルギー最小の原理　→　Helmholtz エネルギー最小の原理
ヘルムホルツエネルギー密度　→　Helmholtz エネルギー密度
変化しない　41
偏導関数　9
偏微分　9
偏微分可能　9
偏微分係数　9
保存量　20
ポテンシオメーター　292
ボルツマンエントロピー　→　Boltzmann エントロピー
ボルツマン定数　→　Boltzmann 定数
本質的に定まらない部分　212, **110**, **193**

［ま行］

マクスウェルの関係式　→　Maxwell の関係式
マクスウェルの等面積則　→　Maxwell の等面積則
マクロ（巨視的な）系 (macroscopic system)　1
マクロな (macroscopic)　1
マクロな流れ　21
マクロな物理量　19
マクロな振舞い (macroscopic behavior)　1

マクロな変化 1
マクロに見た力 116
マクロに見て同じ状態 40
マクロに見て均一な状態 40
マクロに見て異なる状態 40
マクロに見て無視できる 36
摩擦熱 210
マシュー関数 → Massieu 関数
右微係数 7
右偏微分係数 9
ミクロ（微視的な）系 (microscopic system) 1
ミクロな物理量 19
ミクロな変化 1
短いがマクロな 21
mol (モル) 22
モル分率 (molar fraction) **62**, **64**, **120**

[や行]

ヤコビアン (Jacobian) **4**
有界 304
融解曲線 **35**
融解熱 (heat of fusion) **53**
有限温度の場の量子論 **191**
有効ポテンシャル (effective potential) **190**
有効理論 (effective theory) 3
融点 (melting point) **142**
UVN 表示 247, 263
溶液 (liquid solution) **124**
溶解度 (solubility) **73**
溶質 (solute) **124**
要請 39
溶媒 (solvent) **124**

[ら行]

ラウール則 → Raoult 則
ランダウの二次相転移の理論 → Landau の二次相転移の理論
力学的仕事 (mechanical work) 119
理想気体 (ideal gas) 106
理想気体温度計 291
理想希薄溶液 (ideal dilute solution) **125**
理想極限 125
理想混合気体 (ideal gas mixture) **118**
粒子溜 (particle reservoir) 280
流体力学 21
量子効果 1
臨界圧力 **35**
臨界温度 **35**, **100**
臨界現象 (critical phenomena) **112**
臨界指数 (critical exponent) **112**
臨界点 (critical point) **35**, **56**, **100**
ル・シャトリエの原理 → Le Chatelier の原理
ル・シャトリエ–ブラウンの原理 → Le Chatelier-Braun の原理
ルジャンドル変換 (Legendre transform) 217, 221, 223, 233, 242, 243
ルジャンドル変換する 217, 233
冷却効率 203
零度 100
連続相転移 (continuous phase transition) **36**, **41**
連続的微分可能 (continuously differentiable) 8, 10
連続転移 (continuous transition) **41**
露点 (dew point) **76**

著者略歴
1956 年　生まれる
1979 年　東京大学理学部物理学科卒業
1984 年　東京大学大学院理学系研究科物理学専攻修了
（理学博士）
キヤノン（株）中央研究所主任研究員，新技術事業団榊量子波プロジェクトグループリーダー，東京大学教養学部物理学教室助教授，同大学大学院総合文化研究科広域科学専攻教授，同研究科附属先進科学研究機構機構長を経て，
現　在　東京大学名誉教授／同大学院理学系研究科附属フォトンサイエンス研究機構特任研究員

主要著書
『量子論の基礎』（サイエンス社，2004），『アインシュタインと 21 世紀の物理学』（日本物理学会編，日本評論社，2005）
応用物理学会賞受賞（1994 年）

熱力学の基礎　第 2 版　II
安定性・相転移・化学熱力学・重力場や量子論

2007 年 3 月 22 日　初　版
2021 年 8 月 10 日　第 2 版第 1 刷
2022 年 8 月 25 日　第 2 版第 2 刷

［検印廃止］

著　者　清水《しみず》　明《あきら》

発行所　一般財団法人　東京大学出版会

代表者　吉見俊哉

153-0041 東京都目黒区駒場 4-5-29
電話 03-6407-1069　Fax 03-6407-1991
振替 00160-6-59964

印刷所　大日本法令印刷株式会社
製本所　誠製本株式会社

ISBN 978-4-13-062623-1　Printed in Japan